EDA 应用技术

轻松玩转 STM32Cube
（第 2 版）

杨百军　编著

电子工业出版社.

Publishing House of Electronics Industry

北京·BEIJING

内 容 简 介

这是一本介绍如何使用 STM32Cube 组件学习 STM32 微控制器的入门图书，也是一名工程师自身学习 STM32 微控制器的经验总结。全书围绕 STM32F10××× 参考手册，结合 STM32CubeF1 软件包提供的例程，参考 Cortex-M3 编程手册等资料，全面、系统地对 STM32F103 的各个功能项进行分析和讲解，并通过可视化图形配置工具 STM32CubeMX 重新生成例程。本书介绍的学习方法几乎可以适用于任何一款 STM32 微控制器的芯片。

本书适合 STM32 微控制器初学者和使用 STM32 微控制器从事项目开发的工程技术人员阅读使用，也可以作为高等学校自动控制、智能仪器仪表、电力电子、机电一体化等相关专业的教学用书。

图书在版编目（CIP）数据

轻松玩转 STM32Cube/杨百军编著 . —2 版 . —北京：电子工业出版社，2023. 3
（EDA 应用技术）
ISBN 978-7-121-45273-4

Ⅰ. ①轻…　Ⅱ. ①杨…　Ⅲ. ①微控制器-系统开发　Ⅳ. ①TP368.1

中国国家版本馆 CIP 数据核字（2023）第 048821 号

责任编辑：张　剑（zhang@ phei. com. cn）　　　特约编辑：杨雨佳
印　　刷：三河市鑫金马印装有限公司
装　　订：三河市鑫金马印装有限公司
出版发行：电子工业出版社
　　　　　北京市海淀区万寿路 173 信箱　邮编　100036
开　　本：787×1 092　1/16　印张：17. 75　字数：455 千字
版　　次：2017 年 8 月第 1 版
　　　　　2023 年 3 月第 2 版
印　　次：2023 年 3 月第 1 次印刷
定　　价：89. 00 元

凡所购买电子工业出版社图书有缺损问题，请向购买书店调换。若书店售缺，请与本社发行部联系，联系及邮购电话：（010）88254888，88258888。

质量投诉请发邮件至 zlts@ phei. com. cn，盗版侵权举报请发邮件至 dbqq@ phei. com. cn。

本书咨询联系方式：zhang@ phei. com. cn。

前　　言

前些年我编写《轻松玩转 STM32 微控制器》时，就注意到 ST 公司开始主推 STM32Cube 组件，但因我自己是从 STM32F10×标准外设固件库（Standard Peripheral Library，SPL）上手的，而且当时网上有对 STM32Cube 组件的负面评价，所以仍选择 SPL 进行讲解。近年来，随着对 STM32Cube 组件的深入了解，我越来越喜欢它，也慢慢习惯于利用 STM32CubeMX 便捷地生成 C 语言工程框架。

其实，对于一个新生事物，大家总要有一个从了解到熟悉的过程。学习 STM32 的读者大都是从 SPL 入门的，许多 STM32 开发板提供的例程也是基于 SPL 的，STM32F1××系列的例程几乎都是基于 SPL 的。大家可能会发现：在 ST 公司推出 STM32Cube 组件和硬件抽象层（Hardware Abstraction Layer，HAL）固件库后，有部分公司开始为 STM32F4××系列提供基于 HAL 固件库的例程，而 STM32F7××系列开发板的例程清一色都是基于 HAL 固件库的，因为 ST 公司没有推出基于该系列微控制器的 SPL（至少目前尚未推出）。由此可见，学习和应用 STM32 微控制器，使用 HAL 固件库和 STM32Cube 组件是大势所趋，即使是"资深工程师"，也必须适应技术的更新。

利用图形配置工具 STM32CubeMX，开发者可以快捷地生成 STM32 微控制器的 C 语言工程框架，仅在工程中实现自己的应用代码即可。然而，这并不是说不用学习 STM32 微控制器了；在配置 STM32CubeMX 的过程中，读者会发现，还有很多 STM32 微控制器的知识点须要掌握，只有这样才能有目的地进行配置，否则只能对着该工具"干瞪眼"。

其实，针对 STM32Cube 组件和 STM32 微控制器，ST 公司提供了大量的技术资料。有关图形配置工具 STM32CubeMX 和 STM32CubeF1 软件包，可以重点参考的资料有：

- STM32CubeMX for STM32 Configuration and initialization C code generation（STM32CubeMX 用户手册，UM1718）
- Getting started with STM32CubeF1 firmware package for STM32F1 series（STM32CubeF1 用户手册，UM1847）
- Description of STM32F1×× HAL drivers（HAL 固件库用户手册，UM1850）
- STM32Cube firmware examples for STM32F1 series（STM32Cube 应用手册，AN4724）

有关 STM32 微控制器的学习，可参考的资料就更多了。在此简单列举一下入门学习时应重点关注的资料：

- 《ARM Cortex-M3 权威指南》（宋岩 译）
- The Cortex-M3 Technical Reference manual（Cortex-M3 技术参考手册）
- STM32F10××× Reference manual（STM32F10×××参考手册，RM0008）
- STM32F10××× Cortex-M3 Programming manual（STM32F10××× Cortex-M3 编程手册，PM0056）
- STM32F10××× Flash programming manual（STM32F10××× Flash 编程手册，PM0075）
- DS5319：STM32F103×8、STM32F103×B Datasheet（数据手册）

- DS5792：STM32F103×C、STM32F103×D、STM32F103×D Datasheet（数据手册）
- MDK-ARM 开发环境、例程及帮助文档
- 其他相关器件数据手册及网络资料

学习新知识时，如果没有资料可以参考，会觉得很困难；如果资料太多，又不知从何处入手、重点/难点在哪里。写作本书的目的就是结合 ST 公司和 ARM 公司提供的丰富资料，帮助读者找到一个属于自己的学习方法。本书首先介绍如何从 ST 公司官网获取想要的技术资料，然后从 STM32CubeF1 软件包提供的例程入手，引导读者通过例程了解利用技术资料的方法，并通过对例程进行功能认识、代码分析和重新生成，逐步将例程变成自己的应用实现。

建议有心自学的读者：先学习《STM32F10×××参考手册》的前面几章，对 STM32 有个初步的认识；再学习《ARM Cortex-M3 权威指南》，无须看完、吃透，对其内核有个了解即可；然后阅读 STM32CubeMX 用户手册和 STM32CubeF1 用户手册，使用 STM32CubeF1 软件包提供的例程，结合 ST 公司提供的 HAL 固件库的源代码及其用户手册 UM1850，有针对性地学习《STM32F10×××参考手册》的相关章节。本书正是根据上述流程来引导读者使用 STM32CubeMX 和 MDK-ARM 学习 STM32 微控制器的，书中并没讲晦涩高深的内容，只是在例程中适当的地方加以注释，以便新手轻松入门、少走弯路。

目前，市面上的 STM32 开发板品种繁多，但没有本质上的区别，不同的只是开发板上的外设数量有多有少。本书选择的开发板是 ST 公司的 Nucleo-F103RB，并基于这个开发板的原理图来分析例程，最后使用 STM32CubeMX 重建例程。对于 STM32 入门者来说，几乎所有的开发板均可满足要求，只要依据自身的技术需求进行选择就行。

在本书编写过程中，段富军、高维娜、黄得建、聂运中、王盛等曾参与了前一版的编写工作，刘帅、黄雅琴、周乐平等也提供了大量的帮助，在此表示感谢。

最后，感谢我的家人和朋友，特别是我的父母，在社会压力较大的今天，能如此放任我自由地写作而不给太多的压力，实属不易。另外，感谢在洛阳求学和工作时的师长和同事——刁海南、张文勇、郭锐、齐文钊、陈剑、李为民、赵博、尹国利、谢永进等，我是在参加工作后才走上嵌入式开发这条路的，若不是这些前辈的指点，我也就没有如今的成绩；由衷感谢在大学、中学谆谆教导过我的老师——杨明祥、高克权、杨万才、李小申、程东明、张晓红、黎蔚、王辉、刘勇等，杨明祥老师帮助我走进了洛阳工学院，洛阳工学院数理学院的老师培养了我的良好的逻辑分析能力，计算机方向的老师帮我踏入 IT 这个行业；还要感谢读者和学生，特别是那些来信给出建议的读者和学生，如郭凯、张锋、王帅阳、牛鹏举、竹显涛、刘帅、宋文帅等，他们的感谢、鼓励和建议为我继续写作增添了动力。最后，感谢人生路上伴我走过的朋友们。

"学然后知不足，教然后知困"。由于本人水平有限，书中难免存在疏漏之处敬请广大读者批评指正。如果读者在阅读本书时有疑问或建议，可以通过邮件（young45@ 126. com）、微信（IT_LaoYang）与我沟通。

杨百军

目　　录

第1章　选择开发板

学习单片机，非常重要的一点就是要多实践，这就要用到开发板。开发板可以将抽象的理论和程序显示在有形的实物中，这对学习单片机非常有帮助。下面，我们就为 STM32 的学习选择一块适合自己的开发板。

1.1 ST 公司的 STM32 开发板

意法半导体（STMicroelectronics，ST）公司在 2007 年 6 月推出 Cortex-M3 内核处理器，即 STM32 系列。为了推广自己的产品，ST 公司同时推出了配套的开发板，其开发板分为 3 类，即评估板（Evaluation board）、探索套件（Discovery kits）、Nucleo 开发板（Nucleo board），如图 1-1 所示。

（a）评估板　　　　　　　　（b）探索套件　　　　　　　（c）Nucleo开发板

图 1-1　STM32 开发板

1. 评估板

评估板主要用来对微控制器做全功能性评估，ST 公司针对 STM32F1 系列微控制器推出的评估板有 STM3210E-EVAL、STM32100B-MCKIT（STM32100B-EVAL）、STM3210C-EVAL、STM32100E-EVAL、STM3210B-MCKIT（STM3210B-EVAL），这类开发板的特点是板上外扩的外设资源丰富。图 1-2 所示的是 STM32100B-EVAL 和 STM3210E-EVAL 开发板的实物图。

（a）STM32100B-EVAL　　　　　　　（b）STM3210E-EVAL

图 1-2　STM32100B-EVAL 和 STM3210E-EVAL 开发板的实物图

各款评估板之间有很大的相似性：其最大的不同是板载微控制器不同，而相同之处是都外扩了很多外设。以 STM3210E-EVAL 为例，其板载芯片为 STM32F103ZET6 或 STM32F103ZGT6，外扩有 128Mbit 串行闪存、512Kbit×16 SRAM、512Mbit NAND 闪存和 128Mbit NOR 闪存、MicroSD Card、TFT 液晶屏、RS232 接口、USB 接口、音频接口（I^2S）、CAN 总线、JTAG 口、IrDA 传输接口、电动机控制接口、LED 指示灯、按键等。这类评估板也是国产开发板参考的基础。

2. 探索套件

ST 公司的第一套探索套件是在 2010 年 9 月份推出的。其目的是给用户提供更为便宜的开发板，同时，工程师也可以在其上面搭建产品的设计原型，实现自己的创意演示。

目前，ST 公司共推出了 37 款探索套件，其中针对 STM32F1 系列微控制器的只有 STM32VLDISCOVERY（板载微控制器是 STM32F100RBT6B），如图 1-3 所示。探索套件与评估板之间的最大区别是：评估板外设很丰富，但设计相对固化，价格较高；而探索套件仅将微控制器的引脚全部引出，除按键和 LED 指示灯外，没有其他外扩硬件资源，这使其成本下降很多。另外，探索套件还集成了仿真器 ST-LINK，这也为开发人员提供了便利。

从开发板历史发展的角度看，探索套件是评估板到 Nucleo 开发板之间的一个过渡类型。

3. Nucleo 开发板

随着近些年 Arduino 和创客的流行，ST 公司在 2014 年开始将自己的探索套件设计成兼容 Arduino 的 Nucleo 开发板，让开发者有更自由的空间完成自己的创意设计。在短短 6 年多的时间里，ST 公司就推出了 57 套 Nucleo 开发板，是三类开发板中数量最多的。不过，针对 STM32F1 系列微控制器的 Nucleo 开发板只有 Nucleo-F103RB，如图 1-4 所示。

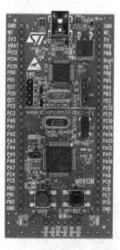

图 1-3　STM32VLDISCOVERY　　　　　图 1-4　Nucleo-F103RB

比较探索套件 STM32VLDISCOVERY 和 Nucleo 开发板 Nucleo-F103RB，可以发现，其实这两种开发板并没有本质区别，它们都有调试模块 ST-LINK/V2，都是将板载微控制器的引脚引出来。两者最大的区别是：板载微控制器引脚引出后的排列布局不同，探索套件 STM32VLDISCOVERY 的引出引脚是单排针排列的，而 Nucleo-F103RB 为了兼容 Arduino 板，进行了更为规范的排列。

通过 ST 公司官网进入 STM32 MCU Nucleo 页面，可以看到对 Nucleo 开发板更为详细的介绍。图 1-5 所示为当前 56 块 Nucleo 开发板的分类。

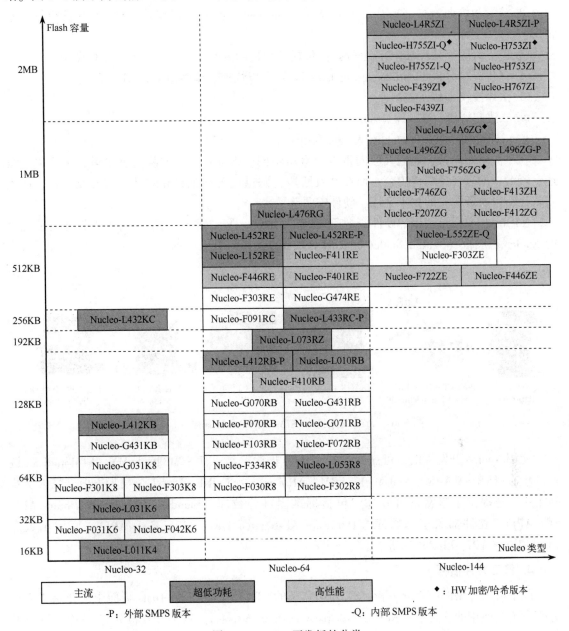

图 1-5　Nucleo 开发板的分类

在 STM32 MCU Nucleo 页面的列表中或通过搜索进入 Nucleo-F103RB 页面，可以看到 Nucleo-F103RB 开发板的详细介绍，注意：该开发板是一款 STM32 Nucleo-64 系列开发板，板载微控制器是 STM32F103RB，支持 Arduino 平台及 ST morpho connectivity。

在 Nucleo-F103RB 页面，对 Nucleo-F103RB 开发板的介绍分为以下 4 部分。

（1）概述（Overview）。

（2）工具和软件（Tools & software），包括开发工具（Development tools）、生态系统（Ecosystems）、嵌入式软件（Embedded software）、评估工具（Evaluation tools）。

（3）资源（Resources）。

① 技术文档（Technical documentation）：让用户能够快速上手使用开发板。

② 演示和培训资料（Presentations & training material）：可以快速了解 ST 开发板的基本情况。

③ 硬件资源（Hardware resources）：包括开发板的生产工艺、物料单、原理图等。

④ 宣传资料（Publications and collaterals）：可以快速、全面地了解 ST 产品。

⑤ 法律授权（Legal）。

⑥ 二进制资源（Binary resources）。

（4）质量和可靠性（Quality & reliability）。

在不同学习阶段，我们关注的重点会有所不同。例如：在开发板选型阶段，须要关注概述、资源中的宣传资料等内容；而在开发阶段，则重点关注工具和软件中的开发工具、嵌入式软件，以及资源中的技术文档、硬件资源等。

Nucleo 开发板可使用的硬件资源不仅兼容 Arduino Ver3 平台，ST 公司还为其开发了配套的 Nucleo 扩展板（STM32 Nucleo expansion board），如图 1-6 所示。

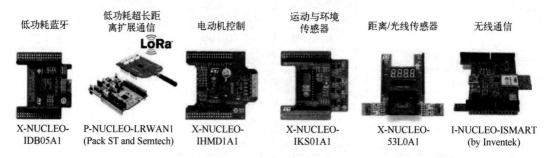

图 1-6　Nucleo 扩展板（STM32 Nucleo expansion board）

使用 Nucleo 开发板时，可选择的开发工具非常丰富，有 STM32CubeMX、STMStudio（调试环境）、IAR EWARM、Keil MDK-ARM、ARM mbed、ColDE 等；ST 公司为方便开发人员快速上手，还提供了丰富的开发库，包括标准固件函数库（Standard Peripherals Library API，SPL API）、硬件抽象层函数库（Hardware Abstraction Layer API，HAL API）、底层函数库（Low-Layer API，LL API）等。

4. 第三方评估板

除了前面介绍的三类开发板，ST 公司官网的 STM32 MCU Eval Tools 页面中还介绍了第三方开发工具使用的开发板（STM32 3rd-party evaluation tools），这类开发板共有 25 个。这类开发板其实也属于评估板，但它们是针对不同的开发工具设计的。例如：针对开发工具 IAR EWARM 的评估板有 STM3210C-SK/IAR、STM3210E-SK/IAR 等；而针对 Keil MDK-ARM 的评估板有 STM3210G-SK/KEI、STM3210C-SK/KEI 等。

这些开发板在不同的开发平台上又会以新的名称出现。例如，在 Keil MDK-ARM 的官网 Board List for ARM Cortex-M 页面的列表中，Keil 开发板的名称是 MCBSTM32C、MCBSTM32E，其实 MCBSTM32C 就是 STM3210C-SK/KEI，而 MCBSTM32E 就是 STM3210G-SK/KEI。

这里对 MCBSTM32E（即 STM3210G-SK/KEI）评估板（如图 1-7 所示）进行简单介绍：该评估板集成了 STM32F103ZGT×微控制器，可以评估 USB 设备、CAN 接口、USART 接口、音频、MicroSD 卡接口和 QVGA LCD 等外设；其最大特点是配有精简版 Keil MDK-ARM 开发环境（最大 32KB 代码），而且提供 ULINK-ME（USB/JTAG）仿真器。

图 1-7　MCBSTM32E 评估板

MCBSTM32E 评估板的集成外设和提供的外设接口没有 STM3210E-EVAL 评估板那么丰富，不过它附带的开发环境和仿真器对开发人员来说也是不小的诱惑。若要进一步了解 MCBSTM32E 评估板，可以通过 KEIL 公司官网或 ST 公司官网来查看。

1.2　国产的 STM32 开发板

1. EM-STM3210E

说到国产的开发板，有两个公司不能不提：一个是广州致远电子股份有限公司，该公司是周立功先生创办的，早期推出过一些优质的开发板和教程，当前在主推自己的产品，因而没有推出与 STM32 相关的开发板；另一个是深圳英蓓特（Embedinfo）信息技术有限公司，该公司是国内在制作 ARM 开发板领域相对比较成熟的一家公司。下面就简单介绍一下英蓓特公司的开发板。

英蓓特公司推出的基于 STM32F1 系列微控制器的开发板有两款：EM-STM32F107 多功能开发板和 EM-STM3210E 开发板。与国外的评估板相比，它们具有性价比高、实例丰富、技术文档齐全等特点，而且，国内的公司在售后技术支持方面更有优势。

EM-STM3210E 开发板如图 1-8 所示。EM-STM3210E 开发板与 Keil 的 MCBSTM32E 评估板有很好的兼容性，而且英蓓特公司还提供了丰富的实例和技术文档。

2. 新战舰 V3 STM32F103ZET6

网购 STM32 开发板时，正点原子是不能错过的一家公司，其主推的 STM32F103 系列之新战舰 V3 STM32F103ZET6 如图 1-9 所示。

正点原子公司的 STM32 开发板具有以下显著特点。

（1）外设扩展资源全面：包括液晶显示、WiFi、GPRS、蓝牙、GPS、摄像头、指纹模块、电动机驱动等。

（2）教材资源完善：主要有《原子教你玩 STM32 库函数版》《原子教你玩 STM32 寄存器版》两本上市教材，另外还有《STM32F1 LWIP 开发手册》《STM32F1 UCOS 开发手册》《STM32F1 EMWIN 开发手册》3 本电子教材。

图 1-8　EM-STM3210E 开发板

图 1-9　新战舰 V3 STM32F103ZET6

（3）实例丰富：共有 100 多个实例，包括基础实例 54 个、LWIP 网络篇实例 10 个、STemWin GUI 篇实例 27 个、UCOS 系统移植及应用相关实例 12 个。

（4）视频丰富：共有 150 多讲视频，包括基础类讲解视频 93 个（入门篇 39 讲、中级篇 32 讲、高级篇 22 讲）、LWIP 网络篇 19 讲、STemWin GUI 篇 22 讲、UCOS 系统篇 19 讲。

（5）论坛资源丰富：正点原子公司的技术答疑论坛有数万帖子，数十万的回复。这也是笔者最看好的资源。

3. 秉火 STM32 霸道

接下来要介绍的是秉火（原野火）网络科技有限公司的"秉火 STM32 霸道"（如图 1-10 所示），也就是原来的 ISO 系列"ISO-V3 旗舰版"。

图 1-10　秉火 STM32 霸道

和正点原子公司的开发板一样，秉火 STM32 霸道开发板也具有外设资源丰富、教材完善、例程丰富（330 多个）、视频丰富（360 多讲）、论坛资源丰富的特点。另外，其 WiFi 模块是集成于开发板上的，不用另外花钱购买。

4. STM32-V4

武汉安富莱电子有限公司的开发板 STM32-V4（如图 1-11 所示）是 STM32 领域中的后起之秀，其板载资源不仅有其他开发板具有的扩展接口，而且集成了串行 EEPROM、串行闪存、NOR 闪存、NAND 闪存、SRAM 等存储设备，另外还有光照度传感器、气压强度传感器、示波器电路等。特别是存储设备的扩展，可以使用户在 UCOS 移植、STemWin GUI 的学习和应用中更加得心应手。

图 1-11　STM32-V4

另外，该公司提供的教材也比较丰富，有《基于 STemWin 的 STM32 开发与实践》《安富莱 STM32-V4 软件开发手册》《安富莱 STM32-V4 开发板 uCOS-Ⅲ教程》《安富莱 STM32-V4 开发板 RTX 教程》《安富莱 STM32-V4 开发板 FreeRTOS 教程》《安富莱 STM32-V4 开发板 STemWin 教程》《安富莱 STM32-V4 开发板 Modbus 教程》等，还有关于操作系统和 STemWin GUI 的丰富例程，这也是安富莱公司开发板的一大优势！

5. STM32 YS-F1Pro

最后要介绍的是广州大硬石科技有限责任公司的 STM32F103ZET6 评估板 STM32 YS-F1Pro 专业版（如图 1-12 所示），该开发板最大的特点是，其例程是基于 STMCubeMX 和硬件抽象层库（HAL 库）完成的，这也正是本书写作的着眼点，因而才将这个本在电商平台上不太起眼的开发板收录到这里。

6. 综合比较

其实，国产的 STM32F1 系列开发板除了前面介绍的还有很多，其中，奋斗公司 STM32 开发板以 UCOS 和 uCGUI 为所长，普中科技公司的 STM32 开发板价格较低，其他还有七星虫、百为等品牌。

纵观国内的开发板可以发现，它们都还停留在 ST 官网所列举的评估板的状态，只是不同的公司根据自己的特点做了硬件和软件的完善而已。我们将几款热销国产 STM32 开发板做一个综合比较，见表 1-1。

图 1-12 STM32 YS-F1Pro 专业版

表 1-1 几款热销的国产 STM32 开发板综合比较

外设资源	新战舰 V3	秉火 STM32 霸道	STM32-V4	STM32 YS-F1Pro
CPU	STM32F103ZET6	STM32F103ZET6	STM32F103VET6	STM32F103ZET6
外扩 SRAM	1MB	1MB	1MB	1MB
SPI 闪存	16MB	8MB	16MB	16MB
NOR 闪存	无	无	16MB	无
NAND 闪存	无	无	128MB	无
EEPROM	AT24C02	AT24C02	AT24C128	AT24C02
SD 卡	SD 卡座	micro SD 卡座	micro SD 卡座	micro SD 卡座
TFT LCD	2.8～7in	3.2in、5in	3.5～7in	3.5in
RS-485 总线	SP3485	MAX485	SP3485	SP3485
CAN 总线	TJA1050	TJA1050	SN65HVD230	SN65HVD230
网络模块	DM9000	W5500	DM9000AEP	W5500
MP3	VS1053	VS1053	VS1003B	外扩
WiFi 模块	外扩	板载 ESP8266	外扩	板载 ESP8266
其他集成模块	电容式按钮、RTC 电池座、独创一键下载功能	电容式按钮、RTC 电池座	陀螺仪、气压传感器、光照传感器、电动机驱动	光敏电阻、步进电动机驱动
其他外扩模块	温湿度传感器、摄像头、2.4GB 无线、蓝牙模块、ZigBee 模块、GPS 模块、GPRS 模块			
实例类型	寄存器和固件库	固件库	固件库	HAL 库
指导教材	《原子教你玩 STM32》	《STM32 库开发实战指南》	《基于 STMemWin 的 STM32 开发与实践》	600 余页电子教材
论坛	www.openedv.com	www.chuxue123.com	bbs.armfly.com	www.ing10bbs.com

　　通过以上比较可以发现，就硬件资源来说，国产开发板之间并没有本质的区别，它们或多或少都有 STM3210E-EVAL 评估板的影子，只是在扩展外设的形式（板载或外接模块）和外设数量上有些区别，其更多价值是提供了丰富的例程和教材。因此，本书选择的是 Nucleo-F103RB 开发板，通过对开发工具 STM32CubeMX 和 HAL 库的熟悉，可以将这些开发板的例程

移植到自己的开发板上，同时也可以锻炼读者扩展硬件资源、移植软件例程的动手能力。

1.3　Nucleo-F103RB 开发板

本书选择的是 Nucleo-F103RB 开发板。下面，我们通过 ST 公司的官网来了解一下这块开发板。在 STM32 MCU Nucleo 页面的列表中找到 Nucleo-F103RB 开发板，单击进入 Nucleo-F103RB 的介绍页面，该页面的最上面用黑体字写了一行介绍：

"STM32 Nucleo-64 development board with STM32F103RB MCU, supports Arduino and ST morpho connectivity"

说明了 Nucleo-F103RB 开发板最显著的特点：这是一块 STM32 Nucleo-64 开发板，板载微控制器是 STM32F103RB，支持 Arduino 和 ST morpho 的连接。

通过"概述"（Overview）部分，我们可以了解 ST 公司对 STM32 Nucleo 开发板的介绍：

"STM32 Nucleo 开发板为用户实现自己的想法、使用任何一款 STM32 微控制器构建原型提供了一个经济实惠、方便灵活的方式，用户可以从性能、功耗和功能等各方面选择。STM32 Nucleo 开发板是一个开放的平台，Arduino 连接平台和 ST morpho 连接头的支持，使其更易扩展功能并提供多种专用的屏蔽。STM32 Nucleo 开发板集成了 ST-Link/V2-1 编程调试器，因而不需要其他接头。STM32 Nucleo 开发板配有基于 HAL 库的 STM32 开放软件以及各种封装微控制器的软件例程，同时也可以直接访问 Mbed 的在线资源。"

Nucleo-F103RB 开发板的"主要特征"（Key features）如下所述。

☺ 板载 LQFP64 封装的微控制器（STM32F103RB）。

☺ 1 个兼容 Arduino 的用户使用 LED。

☺ 2 个按钮：用户按钮和复位按钮。

☺ 32.768kHz 晶振。

☺ 两种扩展连接方式：Arduino Uno V3 连接器、ST morpho 扩展引脚接头，可以用来访问 STM32 的所有 I/O 端口。

☺ 灵活的电源选择：ST-LINK 供电、USB V_{BUS} 供电，或者外部供电。

☺ 板载 ST-LINK 调试/下载器有 SUB 复用功能：大容量存储器、虚拟串口和调试接口。

☺ 基于 STM32Cube MCU 包的丰富例程和软件库。

☺ 支持 IAR、Keil、GCC 等多种集成开发环境。

Nucleo-F103RB 开发板集成了 ST-Link/V2-1 编程调试器，无须单独购买仿真调试设备。另外，读者如果想深入学习，可以购买辅助扩展设备：Arduino Uno Version3 兼容的设备资源。

在 Nucleo-F103RB 页面的"样品申请或购买"（Sample&Buy）部分可以看到该开发板的官方报价。若读者选择在国内电商平台购买，应先咨询一下交货时间，有的商家从国外拿货，周期很长。

由于 Nucleo-F103RB 开发板的板载资源相对较少，我们可以另外选择一套 Arduino 入门套件（如图 1-13 所示），方便后面的学习；如果对 LCD 操作比较感兴趣，可以再选择一块 2.8in 或 3.5in 的 TFT LCD，图 1-14 所示为 Arduino 2.8in TFT LCD。

图 1-13　Arduino 入门套件　　　　　图 1-14　Arduino 2.8in TFT LCD

现在我们重新回到 ST 官网的 Nucleo-F103RB 页面，对 Nucleo-F103RB 开发板做进一步了解。

我们首先了解一下"工具和软件"（Tools & software），关于它的介绍分为 4 个部分：开发工具（Development tools）、生态系统（Ecosystems）、嵌入式软件（Embedded software）、评估工具（Evaluation tools）。须要重点关注开发工具中的 STSW-LINK009（ST-LINK 的驱动程序）和嵌入式软件中的 STM32CubeF1（STM32 的辅助开发工具）。

我们需要重点学习的"资源"（Resources）目录分为 6 部分：技术文档（Technical documentation）、演示和培训资料（Presentation & training material）、硬件资源（Hardware resources）、宣传资料（Publications and collaterals）、法律授权（Legal）、二进制资源（Binary resources）。

1. 技术文档

技术文档（Technical documentation）又分为产品规格（Product specifications）、技术说明（Technical note & articles）、用户手册（User manuals）三部分，共 4 分文件：产品规格 DB2196、技术说明 TN1235、用户手册 UM1727、用户手册 UM1724。下面简单介绍其中的 3 份文档。

（1）产品规格 DB2196：与"概述"中的内容几乎一样，是对开发板技术规格的简单介绍。

（2）用户手册 UM1727：介绍了具体开发时使用开发板的 4 个步骤。

① 安装集成开发环境（IAR EWARM、Keil MDK-ARM 等）。

② 安装 ST-Link/V2-1 驱动程序，有些集成开发环境包含该驱动程序，若无则要手动安装。

③ 从 ST 公司官网下载 STM32 Nucleo 固件库。

④ 通过 Nucleo-F103RB 开发板的 CN1 口连接到 PC 的 USB 口，在选择的集成开发环境中使用开发板。

有关文档 UM1727 中介绍的集成开发环境和固件库的下载和使用将在第 3 章讲解。

（3）用户手册 UM1724：STM32 Nucleo-64 board 主要从开发板的硬件连接和使用上对开发板进行详细介绍。这也是我们拿到开发板后须要重点关注的一份文档。该文档有以下 9 个章节：

① 产品标记（Product marking）；

② 定购选型（Ordering information）；

③ 文档约定简称（Conventions）；

④ 快速上手（Quick started）；

⑤ 主要特征（Features）；

⑥ 硬件布局及配置（Hardware layout and configuration）；

⑦ 机械尺寸（Mechanical dimensions）；

⑧ 电气原理图（Electrical schematics）；

⑨ 修订版本（Revision history）。

拿到开发板后，我们须要重点关注 UM1724 中的第 4 章（快速上手）、第 6 章（硬件布局及配置）和第 8 章（电气原理图），其中后两章是在开发阶段更应该关注的。通过 UM1724 的第 6 章（硬件布局及配置）可以了解开发板上的 STM32 与 ST-LINK 的连接（如图 1-15 所示）及开发板的硬件布局（如图 1-16 所示），以及各个硬件设备的功能。

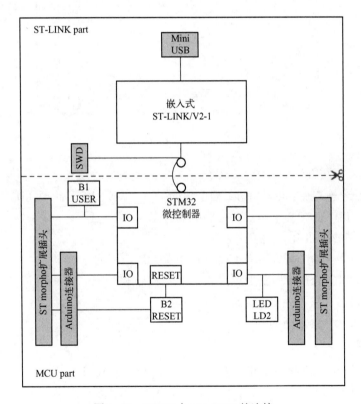

图 1-15　STM32 与 ST-LINK 的连接

对开发板的硬件布局有所了解后，我们可以遵循 UM1724 的第 4 章（快速上手）的 4.1 节开始使用（Getting started）的具体步骤进行检查和使用开发板。

（1）检查开发板上的跳线位置：JP1 断开、JP5 接 U5V（PWR）、JP6 接 JPD（IDD）、CN2 选择连接（NUCLEO）。

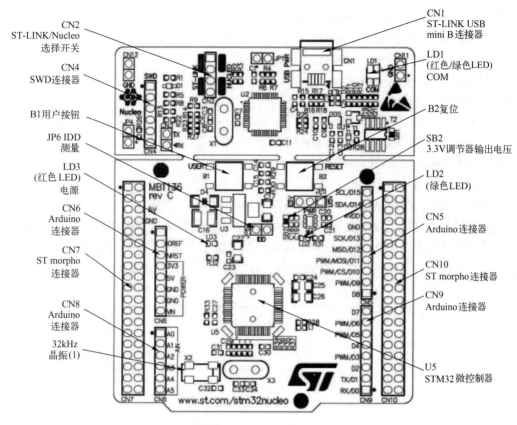

图 1-16　开发板硬件布局

（2）在连接开发板前，要在 PC 上安装 Nucleo 开发板的驱动程序。

（3）用 USB 线连接 STM32 Nucleo 开发板的 CN1 口到 PC，此时 LD3（PWR）和 LD1（COM）应点亮，LD1（COM）和 LD2 应为闪烁状态。

（4）按下左侧的按钮 B1（蓝色按钮）。

（5）通过按下按钮 B1 观察 3 个 LED（LD1 至 LD3）的闪烁频率。

（6）可以通过 ST 公司官网获取开发板的演示程序和有关如何使用 STM32 Nucleo 开发板的几个例程。

（7）使用例程开发应用程序。

2. 硬件资源

硬件资源是分开发板制造规格（Board manufacturing specifications）、材料清单（Bill of materials）、原理图（Schematic packs）3 个方面进行介绍的。在学习开发阶段，我们会重点用到开发板的原理图，因此须要下载 STM32 Nucleo（64 pins）schematics，将其保存备用。

3. 宣传手册

宣传资料分为传单（Flyers）和小册子（Brochures）。可以利用宣传手册，快速选择自己需要的开发板，同时对 STM32 Nucleo 开发板的硬件资源和软件资源有清晰的认识。

思考与练习

（1）选择两三块开发板，比较它们的外设有哪些不同。

（2）比较国产的 STM32 开发板和 STM32 评估板之间的区别。

（3）比较 Nucleo-F103RB 开发板的板载芯片 STM32F103RBT6 与国产开发板的板载芯片 STM32F103ZET6 之间的区别。

（4）通过 Nucleo-F103RB 开发板了解 STM32 和开发工具 STM32CubeMX、HAL 库等。

（5）根据学习目的选择一款适合自己的 STM32 开发板。

第 2 章　走近 STM32

2.1　认识 STM32

1. ST 微控制器

登录 ST 公司官网，在主菜单中选择 Products→ Microcontrollers & Microprocessors，进入 ST 产品的微控制器和微处理器（Microcontrollers & Microprocessors）页面，可以看到 ST 公司的微控制器产品分为四大类：8 位微控制器、32 位 STM 系列微处理器、32 位 STM32 系列微控制器、32 位 SPC5×系列微控制器，如图 2-1 所示。

STM8　8位MCU	STM32　32位MPU	STM32　32位MCU	SPC5　32位MCU
主流： ☆STM8S	微处理器： ☆STM32NP1	主流： ☆STM32G0 ☆STM32F0 ☆STM32F1 ☆STM32G4 ☆STM32F3	车用： ☆SPC56 ☆SPC57 ☆SPC58
超低功耗： ☆STM8L		超低功耗： ☆STM32L0 ☆STM32L1 ☆STM32L4 ☆STM32L4+ ☆STM32L5	
车用： ☆STM8AF ☆STM8AL		高性能： ☆STM32H7 ☆STM32F7 ☆STM32F4 ☆STM32F2	
		无线： ☆STM32WB ☆STM32WL	

图 2-1　ST 微控制器产品分类

具体到 STM32 微控制器产品，又可分为 4 种：主流产品（Mainstream），如 STM32G0、STM32F0、STM32F1、STM32G4、STM32F3；超低功耗产品（Ultra-low-power），如 STM32L0、STM32L1、STM32L4 等；高性能产品（High performance），如 STM32F2、STM32F4、STM32F7、STM32H7；无线系列产品（Wireless），如 STM32WB、STM32WL。

简单了解 ST32 系列微控制器产品后，打开页面左侧的 "Microcontrollers & Microprocessors"（微控制器和微处理器）列表，可以发现 ST 公司推出的 STM32 32 位 ARM Cortex MCU 系列产品就多达 1000 种，具体到 STM32F103 系列也有 29 种，这为工程师设计产品提供了丰富的选择，也是 STM32 微控制器流行的原因之一。在微控制器和微处理器列表中，可以按图 2-2 所示选择 "STM32 32-bit ARM Cortex MCUs（1000）→STM32 Mainstream MCUs（333）→STM32F1 Series（95）→STM32F103（29）" 菜单项，进入 STM32F103 系列微控制器介绍页面。

STM32F103 微控制器内核为 Cortex-M3，其 CPU 最大运行速度为 72MHz，该系列产品内部 Flash 容量为 16KB ～ 1MB，具有电动机控制、全速 USB、CAN 等外设，通过图 2-3 可以更直观地了解 STM32F103 系列微控制器。

另外，在 STM32F103 页面值得注意的还有页面上方的菜单，如工具和软件（Tools & software）菜单下的开发工具（Development tools）、评估工具（Evaluation tools）、开放式生态系统（Ecosystems）、嵌入式软件（Embedded software）等，如图 2-4 所示。

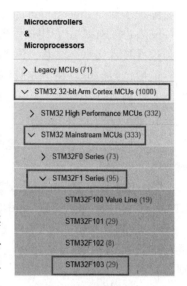

图 2-2　STM32 系列产品

Flash 容量	QFN (36 引脚)	LQFP/QFN (48 引脚)	BGA/CSP/LQFP (64 引脚)	LQFP (100 引脚)	BGA/LQFP (144 引脚)
1MB			STM32F103RG	STM32F103VG	STM32F103ZG
768KB			STM32F103RF	STM32F103VF	STM32F103ZF
512KB			STM32F103RE	STM32F103VE	STM32F103ZE
384KB			STM32F103RD	STM32F103VD	STM32F103ZD
236KB			STM32F103RC	STM32F103VC	STM32F103ZC
128KB	STM32F103TB	STM32F103CB	STM32F103RB	STM32F103VB	
64KB	STM32F103T8	STM32F103C8	STM32F103R8	STM32F103V8	
32KB	STM32F103T6	STM32F103C6	STM32F103R6		
16KB	STM32F103T4	STM32F103C4	STM32F103R4		

封装类型

图 2-3　STM32F103 系列微控制器

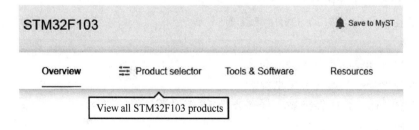

图 2-4　页面上方的菜单

在资源（Resources）菜单项，我们可以看到 76 份技术文献（Technical literature）：包括应用手册（Application note）54 份、数据手册（Datasheet）4 份、勘误手册（Errata sheet）4

份、编程手册（Programming manual）3 份、参考手册（Reference manual）1 份、技术手册（Technical note）7 份、用户手册（User manual）3 份。在后面的学习过程中，读者会慢慢接触到这些技术文献，注意，读者应掌握一套学习方法，而不是一个个独立的例程。

最后，我们可以在 STM32F103 页面的图或列表中找到 Nucleo-F103RB 开发板上所载的微控制器"STM32F103RB"，单击进入 STM32F103RB 微控制器的介绍页面。

2. 认识 STM32F103RB

在 STM32F103RB 页面，我们可以看到用黑色粗体字在显要位置介绍了 STM32F103RB 的显著特征：

"Mainstream Performance line, ARM Cortex-M3 MCU with 128 Kbytes Flash, 72MHz CPU, motor control, USB and CAN"

STM32F103RB 在 STM32 系列产品中属于主流产品，其内部内存容量为 128KB，CPU 运行速度可达 72MHz，具有电动机控制、USB 和 CAN 总线接口的 ARM Cortex-M3 微控制器。

接下来，我们可以看到 STM32F103RB 也是分 4 个基本项介绍的：概述（Overview）、工具和软件（Tools & software）、资源（Resources）、质量和可靠性（Quality & reliability）。

在概述部分，有几段文字是对 STM32F103RB 的简要介绍，不过相对笼统一些，我们可以通过主要特征（Key features）部分对 STM32F103RB 有更清晰的认识。

1）32 位 ARM Cortex-M3 内核 CPU

☺ 最大允许频率 72MHz，1.25DMIP/MHz，存储访问 0 等待。

☺ 单周期乘法运算和硬件除法运算。

2）存储

☺ 内部闪存容量是 64KB 或 128KB。

☺ 内部 SRAM 容量是 20KB。

3）时钟、复位和电源管理

☺ 2.0～3.6V 应用电源和 I/O 端口。

☺ 上电复位（POR）、掉电复位（PDR）和可编程电压检测（PVD）。

☺ 4～16MHz 晶振。

☺ 内部 8MHz 高频 RC 振荡器。

☺ 内部 40kHz 低速 RC 时钟。

☺ CPU 时钟锁相环（PLL）。

☺ 用于带校准功能 RTC 的 32kHz 振荡器。

4）低功耗

☺ 睡眠、停止和待机 3 种低功耗模式。

☺ RTC 和备份寄存器的 VBAT 电源。

5）2×12 位、1μs A/D 转换器（最多支持 16 个通道）

☺ 转换范围：0～3.6V。

☺ 双通道采样和保持能力。

☺ 温度传感器。

6）DMA

☺ 7 通道 DMA 控制器。

☺ 支持外设：定时器、ADC、SPI、I²C 和 USART。

7）最多 80 个快速 I/O 端口

☺ 26/37/51/80 个 I/O 端口都映射到 16 个外部中断向量，几乎所有 I/O 端口都可容忍 5V 电压。

8）调试模式

☺ 串行调试（SWD）和 JTAG 调试接口。

9）7 个定时器

☺ 3 个 16 位定时器。

☺ 1 个 16 位电动机 PWM 控制器，具有死区发生和紧急停止功能。

☺ 2 个看门狗定时器（独立看门狗和窗口看门狗）。

☺ 1 个 24 位向下计数的 SysTick 计数器。

10）最多 9 个通信接口。

☺ 最多 2 个 I²C 接口（SMBus/PMBus）。

☺ 最多 3 个 USART（ISO 7816 接口，LIN、IrDA 功能，调制解调器控制）。

☺ 最多 2 个 SPI（18Mbit/s）。

☺ CAN 总线接口（有源 2.0B）。

☺ USB 全速 2.0 接口。

11）CRC 计算单元，96 位唯一 ID

12）无铅（ECOPACK）封装

以上是在概述部分对 STM32F103RB 的基本介绍。其实在学习开发的过程中，我们用得更多的是资源（Resources）部分的技术类文档。

资源（Resources）菜单项又分为 5 个子项：技术文档（Technical documentation）、硬件模型和 CAD 库（HW model & CAD libraries）、演示和培训资料（Presentations & training material）、出版物及附属资料（Publications and collaterals）、质量和可靠性（Quality & reliability）。其中，须要重点关注技术文档，该菜单项又分为 9 个子菜单项：产品规格（Product specifications）、应用手册（Application notes）、技术说明和文章（Technical notes & articles）、用户手册（User manuals）、参考手册（Reference manuals）、编程手册（Programming manuals）、勘误手册（Errata sheets）、产品选项清单（Device option lists）、相关工具和软件应用笔记（Application notes for related tools & software）。例如：选型时，我们会关注产品规格目录下的文档；在学习开发阶段，我们会重点学习参考手册、编程手册、勘误手册目录下的文档；而随着深入学习和实际应用，我们又会更多地关注应用手册、技术说明和文章、用户手册目录下的文档。这里特别强调，在本阶段有以下几份文档需读者下载后深入学习：

☺ **DS5319**：Medium-density performance line ARM®-based 32-bit MCU with 64 or 128 KB Flash, USB, CAN, 7 timers, 2 ADCs, 9 com. Interfaces；

☺ **RM0008**：STM32F101××, STM32F102××, STM32F103××, STM32F105×× and STM32F107×× advanced ARM®-based 32-bit MCUs；

☺ **PM0075**：STM32F10××× Flash memory microcontrollers；

☺ **PM0056**：STM32F10×××/20×××/21×××/L1×××× Cortex-M3 programming manual。

其实，文档 DS5319 就是 STM32F103×8 和 STM32F103×B 系列微控制器的数据手册（Datasheet），因而在芯片选型、电路设计、查看微控制器外设引脚时会经常用到。

文档 RM0008 Reference manual，也称《STM32F10×××参考手册》，该文档综合了 STM32F101××、STM32F102××、STM32F103××、STM32F105×× 和 STM32F107×× 等几个系列 32 位 ARM Cortex-M3 内核微控制器，是学习 STM32 微控制器编程非常关键的一份技术文档。ST 公司官网上 STM32F103RB 页面给出了一份英文版文档（Ver20），我们可以登录 STM32 微控制器中文官网或 STM32/STM8 的中文技术社区下载中文版《RM0008：STM32F10×××参考手册》（Ver10）。

文档 PM0075、PM0056 在进行内部闪存操作和 Cortex-M3 内核相关寄存器操作时是非常重要的。

除了以上文档，还有一本书是学习 STM32F103 系列微控制器不可或缺的教材，那就是宋岩老师翻译的《ARM Cortex-M3 权威指南》。

3. STM32F103 系列分类

在 ST 公司官网的微控制器和微处理器页面，ST 将自己的产品分为 4 种：主流产品、超低功耗产品、高性能产品、无线系列产品。而主流产品中的 STM32F1 系列产品又分为超值型 STM32F100、基本型 STM32F101、USB 基本型 STM32F102、增强型 STM32F103、互联型 STM32F105/107。

在《RM0008：STM32F10×××参考手册》中，按其内部集成的闪存容量，STM32F103 系列产品又分为 4 个类型：小容量（内置闪存容量为 16～32KB）、中容量（内置闪存容量为 64～128KB）、大容量（内置闪存容量为 256～512KB）和互联型（STM32F105×× 和 STM32F107××）。

具体到增强型 STM32F103 系列微控制器，又分为 STM32F103×4、STM32F103×6、STM32F103×8、STM32F103×B、STM32F103×C、STM32F103×D、STM32F103×E、STM32F103×F 和 STM32F103×G，如图 2-3 所示。其实，这些产品最大的区别就是其内部闪存和 SRAM 容量的不同，在《DS5319：STM32F103x8，STM32F103xB 数据手册》中，表 2-1 所列为 STM32F103 系列产品配置，对不同容量产品的外设进行了比较。

表 2-1　STM32F103 系列产品配置

引脚数目	小容量产品		中容量产品		大容量产品		
	16KB 闪存	32KB 闪存	64KB 闪存	128KB 闪存	256KB 闪存	384KB 闪存	512KB 闪存
	6KB RAM	10KB RAM	20KB RAM	20KB RAM	48KB/64KB RAM	64KB RAM	64KB RAM
144					5 个 USART+2 个 UART、4 个 16 位定时器、2 个基本定时器、3 个 SPI、2 个 I²C、1 个 USB、1 个 CAN、2 个 PWM 定时器、3 个 ADC、2 个 I²S、1 个 DAC、1 个 SDIO、FSMC（100 和 144 引脚封装）		
100			3 个 USART、3 个 16 位定时器、2 个 SPI、2 个 I²C、1 个 USB、1 个 CAN、1 个 PWM 定时器、1 个 ADC				
64	2 个 USART 2 个 16 位定时器、1 个 SPI、1 个 I²C、1 个 USB、1 个 CAN、1 个 PWM 定时器、2 个 ADC						
48							
36							

【**注意**】观察表 2-1 中 3 种容量 STM32F103 产品的不同配置，可以发现小容量产品和中容量产品的外设配置并没本质区别，只有存储容量的区别，而大容量产品的外设配置比中/小容量产品多出了基本定时器、I^2C、DAC、SDIO、FSMC 等功能项。这些区别在中容量产品数据手册《DS5319：STM32F103x8、STM32F103xB 数据手册》的第 2.2 节 "系列产品之间的兼容性" 中也有清晰的描述：

"小容量和大容量产品是中容量产品（STM32F103×8/B）的延伸，分别在对应的数据手册 STM32F103×4/6 和 STM32F103×C/D/E 中介绍。小容量产品具有较小的闪存储器、RAM 空间和较少的定时器和外设，大容量产品则具有较大的闪存储器、RAM 空间和更多的片上外设，如 SDIO、FSMC、I^2C 和 DAC 等，同时保持与其他同系列的产品兼容。"

"STM32F103×4、STM32F103×6、STM32F103×C、STM32F103×D、STM32F103×E、STM32F103×F、STM32F103×G 可直接替换中容量的 STM32F103×8/B 产品，这就为用户在产品开发中尝试使用不同存储容量提供更大的自由度。"

在进行产品开发时，要根据实际需要选择合适的微控制器型号；而在入门阶段，Nucleo-F103RB 开发板完全可以满足需要。我们可以将该开发板上的实验直接移植到其他型号的微控制器上，也可以将小容量和大容量产品上的实验移植到 Nucleo-F103RB 开发板上（FSMC、SDIO 等相关例程除外）。

4. STM32 命名规范

对 STM32 系列产品的命名，在《RM0008：STM32F10×××参考手册》中有明确的描述，在中容量产品《DS5319：STM32F103×8、STM32F103×B 数据手册》中也有描述（在其第 7 章以 "订货代码" 的形式给出的）。下面以 STM32F103ZET6A×××为例给出 STM32 系列产品的命名规范，如图 2-5 所示。

选择开发板时，首先要注意其产品子系列是否为增强型（103），然后就是引脚数目，通常可以选择 64 引脚（R）、100 引脚（V）或 144 引脚（Z）系列的产品。闪存容量（B/C/D/E）对我们的学习影响不大，其唯一的影响也就是单片机集成闪存的容量，它会影响到可编写程序的大小，不过最小容量 128KB 在初学阶段已是绰绰有余。

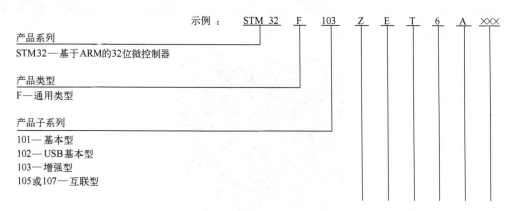

图 2-5　STM32 系列产品命名规范

引脚数目

T—36脚
C—48脚
R—64脚
V—100脚
Z—144脚

闪存存储器容量

4—16KB
6—32KB
8—64KB
B—128KB
C—256KB
D—384KB
E—512KB

封装

H—BGA
T—LQFP
U—VFQFPN
Y—WLCSP 64

温度范围

6—工业级温度范围，−40~85℃
7—工业级温度范围，−40~105℃

内部代码

A或者空（详见产品数据手册）

选项

×××—已编程的器件代号（3个数字）
TR—卷带式包装

图 2-5　STM32 系列产品命名规范（续）

2.2　STM32 与 Cortex-M3 的关系

如图 2-6 所示，细心的读者会发现，开发板上的微控制器 STM32F103RBT6 上有"ARM"字样，STM32 和 ARM 有什么关系呢？

图 2-6　STM32F103RBT6

我们用 STM32 系统结构图来说明 STM32 微控制器与 ARM Cortex-M3 的关系，如图 2-7 所示。

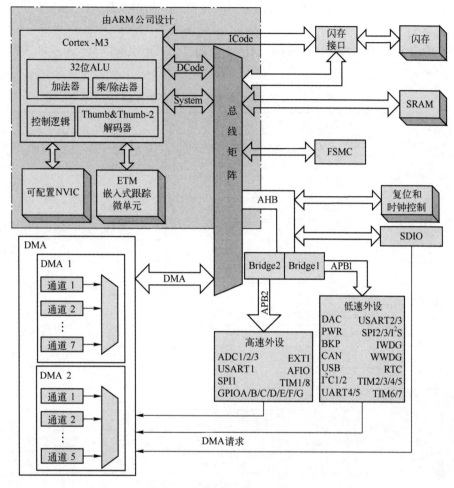

图 2-7 大容量 STM32 系统结构

从图 2-7 中可以清晰地看到，STM32 是分两部分设计的，其内核由 ARM 公司设计，而内部集成的 DMA、闪存、SRAM、AHB 系统总线、FSMC、SDIO、高速外设、低速外设等由 ST 公司设计，ST 公司在 ARM 提供内核的基础上对 NVIC、总线矩阵、总线仲裁等做了很大的优化。

其实，以 Cortex-M3 为内核设计的芯片公司不止 ST 公司一家，Luminary、Toshiba（东芝）、NXP（恩智浦半导体）、Atmel 等半导体公司都有基于 Cortex-M3 内核的产品。

Luminary 公司是 ARM 为了推广 Cortex-M3 内核而投资的一家公司，它早在 2006 年 3 月就推出了 Cortex-M3 的产品，其产品特点是简单、价格低、速度快，所针对的目标是工厂自动化控制、工业控制动力设备以及楼宇自动化等。该公司于 2009 年 5 月 18 日被 TI 收购。

ST 公司是在 2007 年 6 月 11 日宣布推出 Cortex-M3 内核的 STM32 产品，其特点是高性能（1.25 DMIPS/MHz）、低成本、低功耗。因为推出得比较早，性价比又高，所以 STM32 系列在国内的认可度比较高。

NXP 公司产品基于 Cortex-M3 第 2 版内核，具有极高的代码集成度和极低的功耗，其

LPC1769、LPC1759 两款产品的工作频率为 120MHz，性能上可与低成本的 DSP 相媲美。

Atmel 公司是在 2008 年才推出 Cortex-M3 产品的，这是因为该公司本身就有 32 位的 AVR 产品。之所以推出 ARM 内核的产品，是为了对其自身的产品做互补，因而该系列产品的种类不是太多。

表 2-2 中以 ST、TI、NXP、Toshiba、Atmel 等几家公司推出的以 Cortex-M3 为内核的产品做了比较。

表 2-2　几种 Cortex-M3 内核产品的比较

比较项	ST 公司	TI 公司	NXP 公司	Atmel 公司
	STM32F103ZET6	LM3S8962	LPC1700	ATSAM3S4C
CPU 频率/MHz	72	50	100	64
GPIO	112 个	42 个	70 个	79 个
闪存容量	512KB	256KB	512KB	256KB
SRAM 容量	64KB	64KB	64KB	48KB
MPU	—	支持	支持	支持
DMA	12 通道	—	8 通道	22 通道
定时器数量	4+2+2	4	4	6
UART/USART	2 个 UART/3 个 USART	2 个 UART	4 个 UART	2 个 UART/2 个 USART
SPI/ I^2C	3 个 SPI/2 个 I^2C	1 个 SPI/1 个 I^2C	2 个 SPI/3 个 I^2C	3 个 SPI/2 个 I^2C
CAN	1 个	1 个	2 个	—
USB 版本	2.0	—	2.0	2.0
以太网控制器	—	支持	支持	—
FMSC/SDIO	支持	—	—	支持
ADC 数量/位/通道	3 个/12/21	1 个/10/4	1 个/12/8	1 个/12/16
DAC 数量/位/通道	2 个/12/2	—	1 个/10/1	1 个/12/2
工作电压	2.0～3.6V	3.0～3.6V	2.4～3.6V	1.62～3.6V

目前，已经拿到 Cortex-M3 内核许可的半导体公司已经有 40 多家。随着 Cortex-M3 的出现，32 位单片机将会取代 8/16 位单片机。51、AVR、PIC、STM32 单片机的性能比较见表 2-3。

表 2-3　51、AVR、PIC、STM32 单片机的性能比较

比较项	51	AVR	PIC	STM32	
	AT89S51	ATmega64	PIC18F4620	STM32F101R8	STM32F103RC
处理器类型	8 位	8 位	8 位	32 位	32 位
结构	冯·诺依曼结构	哈佛结构	哈佛结构	哈佛结构	
指令集	CISC	RISC	RISC	RISC	
片内容量	4KB	64KB	64KB	64KB	256KB
片内 SRAM 容量	128B	4KB	3986B	10KB	48KB
片内 EEPROM 容量	无	2KB	1KB	—	—
引脚数	40	64	40/44	64	64
GPIO 端口	32 个	53 个	36 个	51 个	51 个

续表

比较项	51	AVR	PIC	STM32	
	AT89S51	ATmega64	PIC18F4620	STM32F101R8	STM32F103RC
定时器	2 个 16 位	2 个 8 位、2 个 16 位	1 个 8 位、3 个 16 位	3 个 16 位	8 个 16 位
中断源	5 个	34 个	20 个	43 个+16 个	68 个+16 个
外部中断	2 个	8 个	3 个	16 个	16 个
USART	1 个	2 个	1 个	3USART	3USART+2UART
SPI/IIS	无	1 个	1 个	2SPI	3SPI+2IIS
IIC/TWI	无	1 个	1 个	2 个	2 个
ADC	无	8 路 10 位	13 路 10 位	16 路 12 位	3 个 12 位
DAC	无	—	—	—	2 个 12 位
USB、CAN	—	—	—	—	各 1
SDIO	—	—	—	—	1 个
看门狗定时器	1 个	1 个	1 个	2 个	2 个
Boot 区	—	有	—	有	有
JTAG 接口	—	有	ICD	有	有
ISP/IAP/ICSP	ISP	ISP/IAP	ICSP	ISP/IAP	ISP/IAP
硬件乘法器	—	2 时钟周期	单周期	1 时钟周期	1 时钟周期
硬件除法器	—	—	—	支持	支持
片内 RC	—	1/2/4/8MHz	32kHz～8MHz	8MHz	8MHz
系统时钟	0～33MHz	0～16MHz	0～40MHz	0～36MHz	0～72MHz
最高运行速度	3MIPS	16MIPS	10MIPS	1.25DMIPS/MHz	1.25DMIPS/MHz
工作电压	4.0～5.5V	4.5～5.5V	2.0～5.5V	2.0～3.6V	2.0～3.6V

其中，STM32F101R8 为基本型中容量控制器，STM32F103RC 为增强型大容量控制器。对 STM32F101R8 与 AVR、PIC 两款产品进行比较可以发现，STM32 在集成度和速度方面都有明显的优势。

2.3　Cortex-M3 与 ARM

1. Cortex-M3

ARM 公司是一家知识产权（IP）供应商，它出售的不是实际的产品芯片，而是一套设计方案，最终由半导体公司依据这些设计方案生产出芯片。ARM 公司的前 6 代产品都是以微处理器为主，主要在平板电脑、游戏机、智能手机、多媒体设备、机顶盒、数字电视等设备中使用。然而，到第 7 代产品（ARMv7 架构）出现时，ARM 将其分为 Cortex-A、Cortex-R、Cortex-M 三个系列。其中，Cortex-M3 就是 Cortex-M 系列中的一个子系列，该系列产品是针对微控制器（单片机）市场开发的。表 2-4 为 Cortex 系列产品的分类。

表 2-4　Cortex 系列产品的分类

系　　列		内　　核	应　用　描　述
Cortex	Cortex-A	Cortex-A5/A7 Cortex-A8/A9 Cortex-A15/A17	该系列产品突出其高性能应用处理器（Application Processor）的特点，主要应用于智能手机、掌上电脑、笔记本电脑、小型服务器
	Cortex-R	Cortex-R4/R5 Cortex-R7/R8	该系列产品突出其实时控制处理器（Real Time Control）的特点，主要应用于工业控制领域
	Cortex-M	Cortex-M3/M4 Cortex-M7	该系列产品突出其微控制器（Micro Controller）的特点，主要替代当前 8 位/16 位单片机

2. ARM 的版本

ARM 历史版本的内核及架构见表 2-5。

表 2-5　ARM 历史版本的内核及架构

系　　列	架　　构	内　　核	应　　用
ARM1	ARMv1	ARM1	未商业化
ARM2	ARMv2	ARM2	Acorn 公司的多媒体计算机
	ARMv2a	ARM250	
ARM3	ARMv2a	ARM2a	
	ARMv3	ARM610	苹果 Newton PDA
ARM7	ARMv4T	ARM7TDMI、ARM710T、ARM720T、ARM740T	对价格和功耗敏感的消费品应用，如便携式手持设备、工业控制、网络设备等
	ARMv5TEJ	ARM7EJ-S	
StrongARM	ARMv4	SA110、SA1100	美国数字设备公司（DEC）的产品，后来授权给 Intel 公司；该产品融入了 DEC 大量的设计工艺和技术，以至于后来的 ARM8 也无法与之竞争
ARM8	ARMv4		
ARM9TDMI	ARMv4T	ARM9TDMI、ARM920T、ARM922T、ARM940T	无线设备、仪器仪表、安全系统、高端打印机、数字照相机、多媒体设备等
ARM9E	ARMv5TE	ARM946E-S、ARM966E-S、ARM968E-S	高速数字信号处理、大量浮点运算、高密度运算的场合
	ARMv5TEJ	ARM926EJ-S	
	ARMv5TE	ARM996EJ-S	
ARM10E	ARMv5TE	ARM1020E、ARM1022E	工业控制、通信和信息系统等高端应用领域
	ARMv5TEJ	ARM1026EJ-S	
XScale	ARMv5TE	80219、IOP3xx、PXA2xx、PXA900、IXP2800、IXP23xx、IXP4xx	Intel 公司的产品，该产品集成了 StrongARM、x86 处理器、ARM10 等产品的优点于一身，也是很成功的一款产品；当然，对 ARM10 也造成了比较大的影响
ARM11	ARMv6	ARM1136(F)-S	ARM10 的替代品，应用于数字电视、机顶盒、游戏机、智能手机、多媒体设备、基站、汽车电子等，诺基亚 N93 使用的就是 ARM1136 内核
	ARMv6T2	ARM1166T2(F)-S	
	ARMv6KZ	ARM1176JZ(F)-S	
	ARMv6K	ARM11MPCore	

续表

系 列	架 构	内 核	应 用
Cortex	ARMv7-A	Cortex－A5/A7、Cortex－A8/A9、Cortex－A15/A17	高性能应用处理器系列，其中 A5、A7 属于超高性价比系列，主要用于可穿戴设备等低功耗产品；A8、A9 属于高性价比系列，主要用于智能手机、掌上电脑等；A15、A17 属于高性能产品，主要用于高端智能手机、小型服务器等
	ARMv7-R	Cortex-R4/R5、Cortex-R7/R8	实时控制处理器系列，其中 R4/R5 主要用于 4G/5G 通信和存储；R7/R8 属于安全系列，主要用于工业控制
	ARMv7-M	Cortex-M3/M4、Cortex-M7	微控制器系列，当前 8 位/16 位单片机的替代产品；其中 M0、M0+ 属于低功耗系列；M3、M4 属于高性价比系列；M7 属于高性能系列
	ARMv6-M	Cortex-M0/M0+、Cortex-M1	
Cortex	ARMv8-A	Cortex－A32/A55、Cortex－A53/A55、Cortex-A57/A72/A73、Cortex-A75/A76/A77	高性能应用系列处理器，其中 A32、A35 是 A5、A7 的升级产品，属于低功耗、超高高性价比系列；A53 是 A8、A9 的升级产品，属于高性价比系列；A57、A72、A73 是 A15、A17 的升级产品，属于高性能系列
	ARMv8-R	Cortex-R52	实时控制系列处理器，R52 是 R5、R4 的升级产品，具有安全特性，主要面向无人驾驶、医疗和工业机器人领域
	ARMv8-M	Cortex－M23、Cortex－M33、Cortex-M35P	微控制器系列，M23 是 M0、M0+的升级版，属于低功耗系列；M33 是 M3、M4 的升级版，属于主流系列

通过表 2-6 可以发现，其实 StrongARM 内核与 XScale 内核都是 ARM 公司与其他公司合作完成的，StrongARM 内核对 ARM8 的推广、XScale 对 ARM10 的推广都有较大影响，然而，StrongARM 和 XScale 内核均为 ARM 后来的产品做了很好的技术积累。特别是与 Intel 公司合作的 XScale 内核，大量借鉴了 Pentium 系列微处理器的设计技术和工艺，对 ARM 产品来说，这是一次技术飞跃。

思考与练习

（1）上网查阅单片机的发展史，分析当年 Intel 公司出售 51 内核与如今 ARM 公司出售知识产权内核的区别。

（2）上网查阅计算机的发展史，思考为什么当年蓝色巨人成就了微软、甲骨文等公司，而自己却慢慢退出了 PC 市场；而今 ARM 不仅成就了 ST、TI 等公司，而且实现了共赢的局面。这两者之间有什么异同？

（3）通读《ST32F10×××参考手册》前 8 章内容（第 7 章可以略过），初步了解 STM32，为后面章节的学习做准备。

（4）通读《ARM Cortex-M3 权威指南》前 6 章内容（第 4 章指令集部分可暂时略过），全面了解 STM32 的内核 Cortex-M3。

第 3 章 认识 MDK-ARM

3.1 开发工具介绍

在 ST 公司官网的开发板 NUCLEO-F103RB 和微控制器 STM32F103RBT6 的宣传资料中，可以看到如图 3-1 所示的开发工具介绍。

若通过"STM32F1 Series"页面的菜单"Tools & Software"→"Development Tools"→"Software Development Tools"找到"STM32 IDEs"，就可以看到开发工具有 18 种之多，如 CoIDE（CooCox）、DS-5（ARM）x、IAR-EWARM（IAR）、MDK-ARM-STM32（Keil ARM）、EmbestIDE（Embest）、Hitop 5（Hitex）、STVD（ST）、TrueSTUDIO（Atollic）、RIDE（Raisonance）等，如图 3-2 所示。其中，国内使用较多的是 IAR 的 EWARM 和 Keil ARM 的 MDK-ARM。

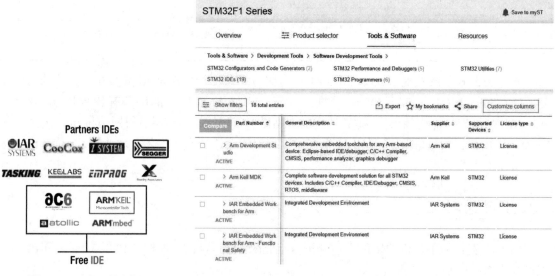

图 3-1 开发工具介绍　　　　　　　　　　　图 3-2 开发工具列表

1. EWARM

EWARM（Embedded Workbench for ARM）是瑞典 IAR Systems 公司为 ARM 微处理器开发的一个集成开发环境。相比于其他 ARM 开发环境，EWARM 具有入门容易、使用方便和代码紧凑等特点。IAR 开发环境以支持 MCU 种类丰富而著称，特别是常用的 8 位单片机，几乎都支持。很多工程师在开发 AVR、PIC、MSP430 等单片机时，都是在 IAR 开发环境下进行开发的，因而在开发 STM32 时，首选的也是 IAR 的开发环境。也有人认为，EWARM 的编辑器对中文的支持比较好，编译速度也比较快。感兴趣的读者不妨到 IAR 公司官网下载试用。

2. MDK-ARM

MDK-ARM 是官方名称，其实在实际工作中，还有很多工程师习惯用别的名字叫它，如 Keil MDK、RVMDK、ARM MDK 等。

MDK-ARM 的全称是 Microcontroller Development Kit for ARM，其集成开发环境是 Keil μVision IDE，与 Keil C51 是同一个集成开发环境，因而深受从 51 单片机转向 STM32 的工程师的喜爱。而且，MDK-ARM 集成了 ARM 公司的开发工具集 RealView（包括 RVD、RVI、RVT、RVDS 等），其"根正苗红"的特性，也是很多人选择 MDK-ARM 的原因之一。

目前，Keil 公司已经发布最新版 MDK Version 5，提供 MDK-ARM V5.38a 的下载。更多有关 MDK-ARM 的信息，可以登录 Keil 公司官网了解。

3. 开发工具之选择

初学者总是为选择哪个开发工具而纠结。笔者的建议：一，以所选开发板的例程为主，这样容易上手；二，以所选教材为主，并跟随其内容选择开发工具。

其实，选择哪个开发工具并不重要，EWARM 和 MDK-ARM 都是不错的开发工具，没必要在开发工具的选择上浪费太多的时间。

本书选择的是 MDK-ARM V5.28，如果读者要跟随本书学习 STM32 的开发，最好选择相同的开发环境。

3.2　MDK-ARM 的安装与注册

3.2.1　MDK-ARM 的安装

1. 安装 MDK-ARM

双击安装包程序，进入 MDK-ARM 安装欢迎界面，如图 3-3 所示。单击"Next"按钮，打开选择安装路径对话框，选中"I agree to all the……"选项，如图 3-4 所示。

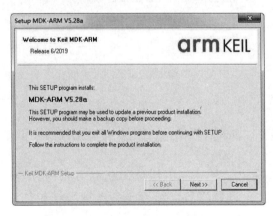

图 3-3　MDK-ARM 安装欢迎界面　　　　图 3-4　选择安装路径对话框

MDK-ARM V5.0 之后的版本，需要的资源越来越多，占用空间越来越大，因此建议将其安装在 D 盘或 E 盘。注意：尽量不选择含中文路径的目录，目录的层数也不要太多，否则在编译或调试时有可能出现问题。

选择好安装路径，单击"Next"按钮，打开注册个人信息对话框，如图 3-5 所示。填写完成后，单击"Next"按钮，开始安装。

安装完成后，系统会自动进入 ULINK 驱动的安装过程，弹出一个 DOS 对话框，同时弹出如图 3-6 所示的提示框，这时通常选择"不安装"，因为手上没有 ULINK 仿真器。

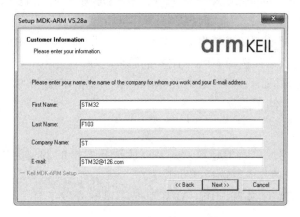

图 3-5　注册个人信息对话框

图 3-6　安装 ULINK 驱动提示框

单击"不安装"按钮，退出 ULINK 驱动的安装过程，系统会提示 Keil MDK-ARM 安装成功，如图 3-7 所示。单击"Finish"按钮，弹出"Release Notes for Microcontroller Development Kit"页面；通过该页面，我们可以对 Keil MDK-ARM 开发环境有基本的了解。同时，系统进入软件包安装欢迎页面，如图 3-8 所示。

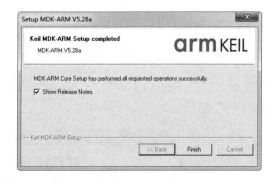

图 3-7　MDK-ARM 安装成功

图 3-8　软件包安装欢迎页面

2. 安装软件包

在图 3-8 所示的欢迎页面中，不选中"Show this dialog at startup"选项（以免每次打开安装软件包的页面时都会出现该欢迎页面）。

图 3-9 所示的是软件包安装主页面，该页面分为左右两部分，左侧有"Devices""Boards"，右侧有"Packs""Examples"。另外，主页面的右下角有一个下载软件包的进度条。

在下载软件包过程中，会弹出如图 3-10 所示的提示信息，用户可以根据网络情况进行操作：若网速不错，可以单击"是"按钮在线更新；若网速较慢，可以单击"否"按钮，通过离线包更新；或者等网速较快时，利用菜单命令"Packs"→"Check For Updates"进行更新，如图 3-11 所示。

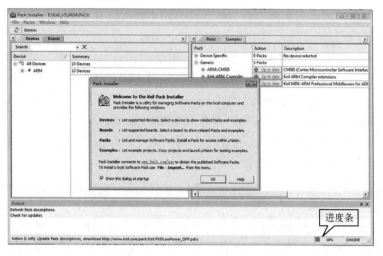

图 3-9 软件包安装主页面

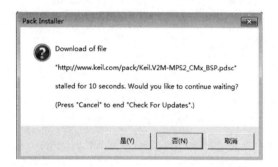

图 3-10 "Pack Installer"选择框

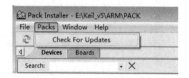

图 3-11 检查更新

不管是选择"在线下载"还是"离线更新",我们都应学会使用 Pack Installer 的帮助手册。如图 3-12 所示,执行菜单命令"Help"→"Pack Installer Help"打开帮助手册,如图 3-13 所示。

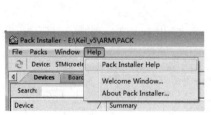

图 3-12 帮助菜单

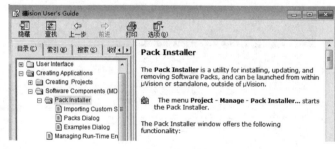

图 3-13 帮助手册

【注意】该帮助手册其实就是 MDK-ARM 的帮助手册,这里只是定位到"Pack Installer"菜单项。通过该菜单项,我们可以对"Pack Installer"窗口有较深入的了解,它包括"File""Packs""Window""Help"4 个菜单项,以及"Devices""Boards""Packs""Examples"4 个窗口页面,这些在帮助手册中都可以详细了解。

下载更新软件包的方法有多种：可以按照图 3-14 所示，在"Pack Installer"窗口的左侧"Device"列表中选择要安装的微控制器 STM32F1 Series（若没有该类型的微控制器，还要先通过菜单命令"Packs"→"Check For Updates"更新"Devices"列表），然后在右侧"Pack"列表的"Device Specific"目录下看到"Keil∷STM32F1××_DFP"，发现该软件包版本为 2.3.0（2018 年 11 月 5 日更新），单击右侧的"Install"按钮，选择在线安装；也可以在"Park Installer"窗口左侧的"Device"列表中直接找到具体的微控制器型号 STM32F103RB，其右侧的"Summary"列表中有微控制器的具体信息，同时会给出相应的网址，该网址目前不能单击跳转，可以通过浏览器访问该网址进行离线下载。

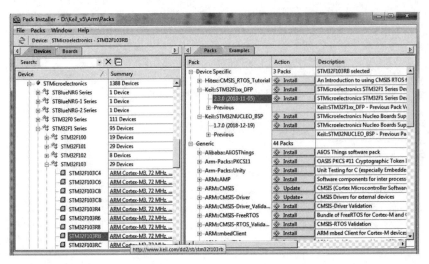

图 3-14　升级软件包

观察图 3-14 中右侧的"Pack"列表，Keil MDK-ARM 默认安装了 ARM∷CMSIS、Keil∷ARM_Compiler、Keil∷MDK-Middleware 等 3 个软件包（它们是 Update 或 Up to date 状态），因而须要下载的不仅是有关微控制器的软件包，还有这些已经安装的升级包。可以通过第 3 种方式——直接访问 Keil 官网来下载这些软件包，如图 3-15 所示。

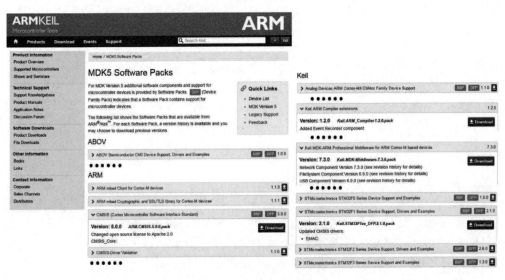

图 3-15　软件包页面

在"MDK5 Software Packs"页面可以看到，前面要下载或升级的软件包都在这里，可以通过离线下载的方式升级软件包（注意，不要下载 ARM.CMSIS.5.0.0.pack）。下载完成后，可以通过"Pack Installer"窗口的菜单命令"File"→"Import…"来选择下载的离线包进行升级，如图 3-16 所示。

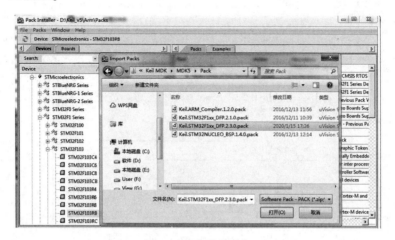

图 3-16　安装软件包

【注意】在下载的软件包中，针对 STMicroelectronics 的 STM32F1 Series 的 Keil. STM32F1××_DFP 是必需的，其他都可以不安装。为了看到后面的例程，最好将针对 Nucleo 开发板的 Keil.STM32UNCLEO_BSP.1.4.0.pack 也下载安装。另外，为了便于后面 Nucleo-F103RB 开发板例程的编译，这里最好不要对 ARM::CMSIS 进行升级，否则会出现莫名其妙的警告信息。

3.2.2　注册 MDK-ARM

完成 MDK-ARM 的安装和软件包升级后，就可以运行软件啦。图 3-17 所示的是 MDK-ARM 欢迎界面。

跳过欢迎界面，就进入我们期待已久的 MDK-ARM 主界面了，如图 3-18 所示。MDK-ARM 主界面由菜单栏、工具栏、工程区（Project）、代码编辑区、编译输出（Build Output）区、状态栏等部分组成。

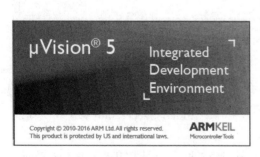

图 3-17　MDK-ARM 欢迎界面

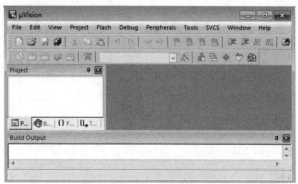

图 3-18　MDK-ARM 主界面

通过菜单命令"File"→"License Management…"打开"License Management"对话框，如图 3-19 所示。

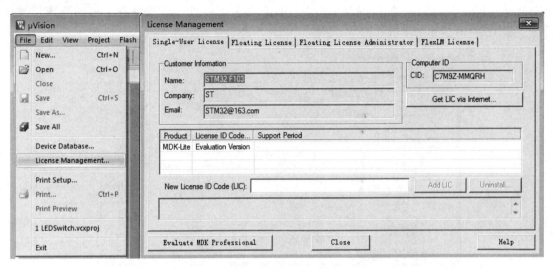

图 3-19　"License Management"对话框

【注意】在 Windows 8.1/10 系统环境下，在选择菜单"License Management…"时，要以管理员的身份运行 MDK-ARM 开发环境；默认情况是非管理员身份，这一点要注意，读者可以先退出 MDK-ARM 开发环境，而后右键单击桌面图标，以管理员身份运行程序，如图 3-20 所示。

在"License Management"对话框，我们要通过注册软件将 Computer ID 的值换算为 License ID Code，并填写到"New License ID Code（LIC）"编辑框，如图 3-21 所示。

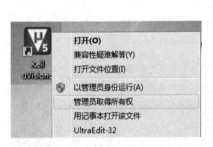

图 3-20　以管理员身份运行程序

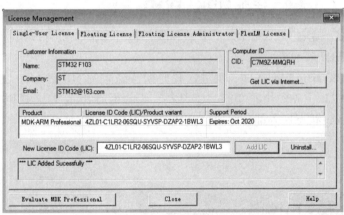

图 3-21　完成注册

填写 New License ID Code 后，单击"Add LIC"按钮，完成注册，若注册成功，会在"License Management"对话框显示使用期限和"＊＊＊LIC Added Successfully＊＊＊"提示信息。

最后，单击"Close"按钮关闭"License Management"对话框，返回 MDK-ARM 主界面。

3.3 从例程入手

3.3.1 了解 MDK-ARM

在开始使用一个工具前，应通过帮助文档了解这个工具的基本情况。

如图 3-22 所示，执行菜单命令“Help”→“μVision Help”，打开 MDK-ARM 帮助手册。

μVision
File Edit View Project Flash Debug Peripherals Tools SVCS Window Help
μVision Help
Open Books Window

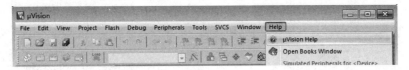

图 3-22 执行菜单命令“Help”→“μVision Help”

1. MDK-ARM 基本介绍

如图 3-23 所示，帮助手册《μVision User's Guide》几乎涵盖开发过程中所有可能遇到的问题。为了了解如何使用开发环境，可以单击“User Interface”，进入“User Interface”页面，如图 3-24 所示。

ARM Development Tools
隐藏 查找 上一步 前进 打印 选项(O)
目录(C) 索引(N) 搜索(S)
Arm Development Tools
μVision® User's Guide
About μVision
User Interface
Creating Applications
Debugging
Debug Commands
Debug Functions
Simulation
Flash Programming
Dialogs
Utilities
μVision User's Guide
KEIL An ARM® Company
This User's Guide describes the μVision® IDE & Debugger. It contains the chapters:
About μVision describes main features, the folder structure, development cycle, how to request assistance, and contains a link to the release notes.
User Interface describes the IDE interface with an extended section about using the Editor.
Creating Applications describes the creation of projects using Software Components, shows features to edit and compile source files, fix errors and warnings, and generate executable code. This chapter includes a section with advanced techniques such as invoking external tools, creating a custom Device Database, or including library

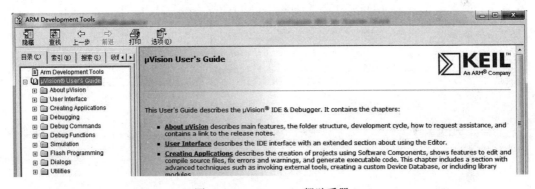

图 3-23 MDK-ARM 帮助手册

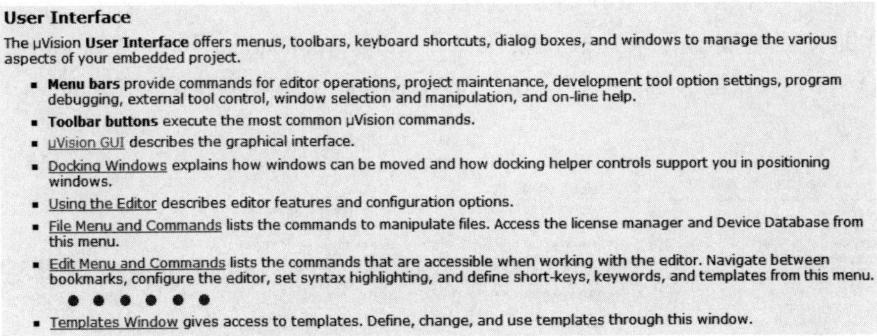

User Interface
The μVision User Interface offers menus, toolbars, keyboard shortcuts, dialog boxes, and windows to manage the various aspects of your embedded project.
Menu bars provide commands for editor operations, project maintenance, development tool option settings, program debugging, external tool control, window selection and manipulation, and on-line help.
Toolbar buttons execute the most common μVision commands.
μVision GUI describes the graphical interface.
Docking Windows explains how windows can be moved and how docking helper controls support you in positioning windows.
Using the Editor describes editor features and configuration options.
File Menu and Commands lists the commands to manipulate files. Access the license manager and Device Database from this menu.
Edit Menu and Commands lists the commands that are accessible when working with the editor. Navigate between bookmarks, configure the editor, set syntax highlighting, and define short-keys, keywords, and templates from this menu.
Templates Window gives access to templates. Define, change, and use templates through this window.

图 3-24 “User Interface”页面

在该页面上可以看到用户界面上的所有功能项，包括所有的菜单、常用操作、右键菜单、窗口介绍等。当在开发环境中遇到菜单项而不知道其使用方法时，可以单击“μVision GUI”进行查看。μVision 开发环境调试模式界面如图 3-25 所示。

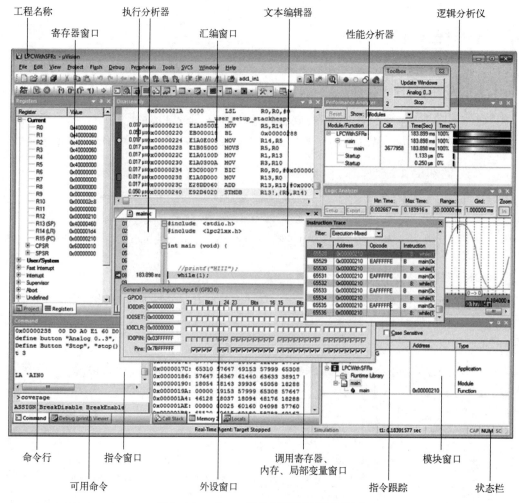

图 3-25　μVision 开发环境调试模式界面

2. MDK-ARM 评估板的支持

本小节介绍 MDK-ARM 所支持的评估板及其例程。

通过帮助文档左侧的目录列表，按照"Creating Applications"→"Software Components（MDK only）"→"Pack Installer"→"Examples Dialog"的顺序找到"Examples Dialog"页面，如图 3-26 所示。

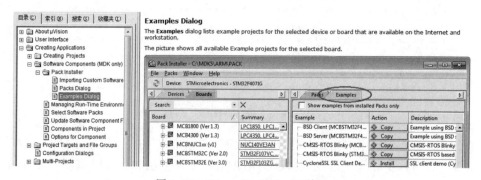

图 3-26　"Examples Dialog"页面

执行菜单命令"Project"→"Manage"→"Pack Installer"或单击工具栏中的图标 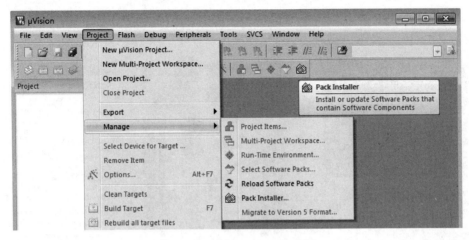，
打开"Pack Installer"窗口，如图 3-27 所示。

图 3-27 "Pack Installer"菜单

按照帮助手册的"Examples Dialog"页面中的介绍，可以在"Pack Installer"窗口左侧的
"Boards"列表中找到 MCBSTM32C（Ver2.0）和 MCBSTM32E（Ver3.0）两块开发板，同时在
右侧的"Examples"列表中显示对应的例程，如图 3-28 所示。

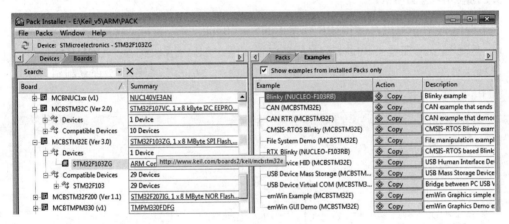

图 3-28 开发板列表

单击"Boards"列表中 MCBSTM32E（Ver3.0）右侧的超链接，可以访问 Keil 官网，看到
有关开发板 MCBSTM32E 的介绍，如图 3-29 所示。

同样，可以找到开发板 NUCLEO-F103RB（Ver.C），在其介绍页面可以看到有关开发板
的介绍分为以下几部分：

☺ 基本信息，板载微控制器、仿真调试工具、板载资源等；

☺ 开发工具（Development tools）；

☺ 例程（Examples）；

☺ 文档（Documents）。

从图 3-29 中可得知该开发板的两个特点：一是支持厂家 STMicroelectronics；二是可下载
例程所在软件包。如果安装软件包时没有下载 Keil.STM32NUCLEO_BSP 软件包，也可以在这

里下载，然后通过"Pack Installer"窗口的菜单命令"File"→"Import…"进行安装。

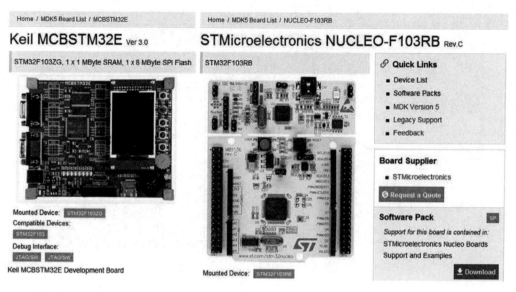

图 3-29　有关开发板 MCBSTM32E 的介绍

3.3.2　例程 Blinky

本节介绍有关 NUCLEO-F103RB 开发板的例程 Blinky。

1）复制 Blinky 工程　Blinky 工程所在位置如图 3-30 所示。注意，ARM\PACK 目录下的例程是只读文件，须要通过"Pack Installer"窗口中的"Copy"按钮将例程复制到工作目录下才能使用。

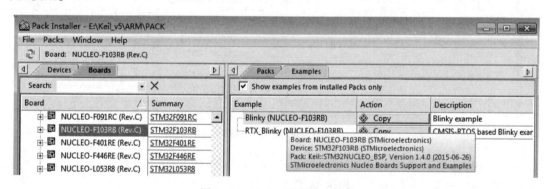

图 3-30　Blinky 工程所在位置

2）打开 Blinky 工程　复制工程后，MKD-ARM 会自动打开该工程；当然，也可以通过菜单命令"Project"→"Open Project…"打开 Blinky 工程，如图 3-31 所示。

3）学习工程概述文件　打开 Blinky 工程后，可以看到该工程分为 5 部分：源代码（Source Files）、文档（Documentation）、开发板支持（Board Support）、CMSIS、设备（Device）。在学习例程前，我们要学会阅读 MDK-ARM 提供的工程概述文件 Abstract.txt（在 Documentation 目录下），如图 3-32 所示。

图 3-31 通过菜单命令"Project"→"Open Project…"打开 Blinky 工程

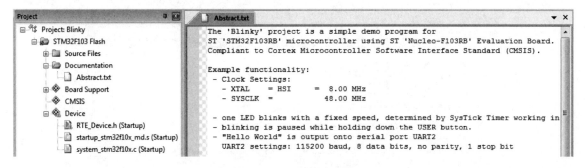

图 3-32 工程概述文件

通过该文件可知，该例程是基于 ST 公司 Nucleo-F103RB 开发板的，其微控制器是 STM32F103RB，所实现功能为 LED 闪烁，用户通过按键控制 LED 的闪烁，串口输出"Hello World"字符串。

4）编辑 Blinky. c 双击"Porject"列表 Source Files 目录中的 Blinky. c 文件，可以在右侧的编辑窗口看到该文件的源代码，如图 3-33 所示。

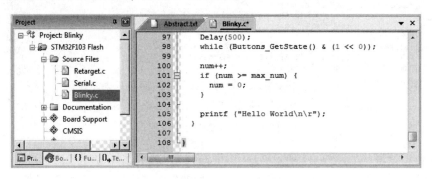

图 3-33 Blinky. c 文件源代码

在编辑区修改 Blinky. c 文件，将其最后一行的空行删除，如图 3-33 所示（原文档是 109 行，删除后为 108 行）。

5）保存、编译 通过菜单命令"File"→"Save"或工具栏中的"Save"按钮保存文件，并通过菜单命令"Project"→"Rebuild all target files"或工具栏的"Rebulid"按钮编译工程，如图 3-34 所示。

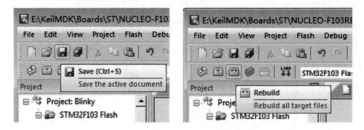

图 3-34　保存文件并编译工程

编译时，μVision IDE 的主界面会有所变化，在最下方会出现"Build Output"窗口，如图 3-35 所示。由图可见，系统给出了一个警告。

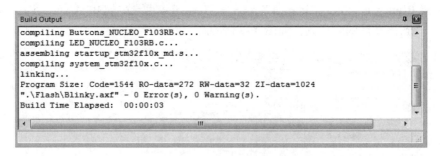

图 3-35　"Build Output"窗口

我们重新把 Blinky.c 修改成原始的状态，在最后的大括号"}"后添加一个空行，然后重新保存文件并编译工程，成功编译的结果如图 3-36 所示。

```
Build Output
compiling Buttons_NUCLEO_F103RB.c...
compiling LED_NUCLEO_F103RB.c...
assembling startup_stm32f10x_md.s...
compiling system_stm32f10x.c...
linking...
Program Size: Code=1544 RO-data=272 RW-data=32 ZI-data=1024
".\Flash\Blinky.axf" - 0 Error(s), 0 Warning(s).
Build Time Elapsed:  00:00:03
```

图 3-36　成功编译的结果

6）配置调试项　如图 3-37 所示，在"Project"列表中选择 STM32F103Flash 文件夹，通过菜单命令"Project"→"Options for Target 'STM32F103 Flash'…"或工具栏中的魔术棒按钮打开"Options for Target 'STM32F103 Flash'"对话框。

在"Options for Target 'STM32F103 Flash'"对话框中，选择"Debug"标签页，可以看到系统的默认配置，如图 3-38 所示。

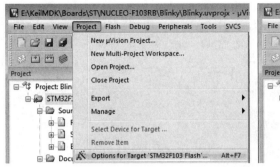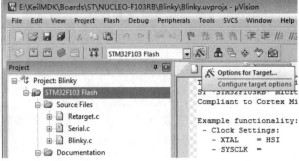

图 3-37 打开"Options for Target'STM32F103 Flash'"对话框的操作

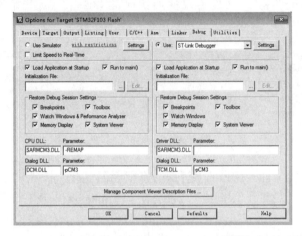

图 3-38 "Options for Target'STM32F103 Flash'"对话框("Debug"标签页)

在"Debug"标签页,默认选择的调试器是 ST-Link Debugger。将 NUCLEO-F103RB 开发板(它自带仿真调试器 ST-LINK)连接到计算机(注意,尚未安装驱动程序)。

单击"OK"或"Cancel"按钮,关闭该对话框。

安装 ST-Link 驱动及下载工具

访问 ST 公司官网,通过关键字"ST-Link"直接搜索。如图 3-39 所示,在搜索页面选择"ST-LINK/V2"进入 ST-Link/V2 介绍页面,在其设计(DESIGN)的"Tools and Software"列表中选择"STSW-LINK004",进入 STM32 ST-LINK utility 的主页面进行下载。

Part Number	Type	Description
ST-LINK	Development Tools	In-circuit debugger and programmer for STM8 and STM32 MCUs; with IAR EWARM and Keil RVMDK and ST toolset
ST-LINK/V2	Development Tools	ST-LINK/V2 in-circuit debugger/programmer for STM8 and STM32
STSW-LINK007	Embedded Software	ST-LINK, ST-LINK/V2, ST-LINK/V2-1 firmware upgrade
STSW-LINK009	Embedded Software	ST-LINK, ST-LINK/V2, ST-LINK/V2-1 USB driver signed for Windows7, Windows8, Windows10
STSW-LINK004	Embedded Software	STM32 ST-LINK utility
STSW-LINK008	Embedded Software	ST-LINK/V2-1 USB driver on Windows Vista, 7 and 8

图 3-39 搜索 ST-Link

下载后，按默认流程安装即可。安装完成后，在开始菜单和桌面都可以看到图 3-40 所示的 STM32 ST-LINK Utility 下载工具。

该工具软件是用于下载程序的，这里暂时用不到。在安装该工具软件的过程中，也同时安装了 ST-LINK 的驱动程序。

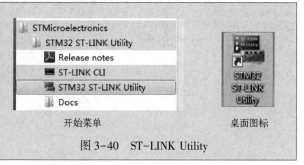

开始菜单　　　　　　桌面图标

图 3-40　ST-LINK Utility

7）调试工程　通过菜单命令"Debug"→"Start/Stop Debug Session"或工具栏中的"Start/Stop Debug Session"按钮（也可以使用快捷键 Ctrl+F5），开始调试工程，如图 3-41 所示。

图 3-41　"Debug"菜单

进入调试状态后，μVision IDE 的主界面会有很大的变化，读者可以尝试拖动其中的一些窗口到合适位置，也可以通过"View""Debug""Peripherals"菜单打开这些窗口，看看其中的内容。

注意，代码区的代码行前有两个箭头，黄色箭头表示程序当前运行的所在行，蓝色箭头是光标所在行。单击要添加断点的行，通过菜单命令"Debug"→"Insert/Remove Breakpoint"或工具栏中的"Insert/Remove Breakpoint"按钮添加调试断点，如图 3-42 所示。

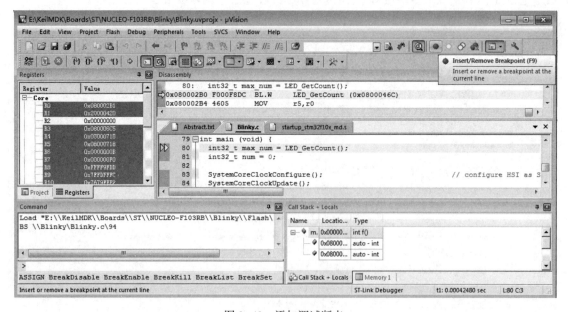

图 3-42　添加调试断点

可以通过 "Debug" 菜单或工具栏中的调试按钮 ▦ ▣ ⊗ ⊕ ⊕ ⊕ ⊕ 进行工程的调试。有关调试的过程，这里不再赘述，后面的章节会单独讲解，这里只是把 Blinky 工程的整个操作过程讲解一下。

对于开发环境 Keil MDK-ARM 就先介绍这么多，读者可以使用帮助手册和例程 Blinky 了解更多的内容。

思考与练习

（1）上网查阅开发工具 IAR 对 STM32 微控制器的支持，将 IAR 与 MDA-ARM 做比较。

（2）通过 Keil 和 ST 公司的官网，重新认识开发板 NUCLEO-F103RB。

（3）通过 Keil 公司官网对开发板 MCBSTM32E 进行了解，并将其与开发板 NUCLEO-F103RB 进行比较。

（4）通过 Keil MDK-ARM 的帮助手册，学习开发环境 MDK-ARM 的使用。

（5）通过 Keil MDK-ARM 的帮助手册，学习 Pack Installer 中有关软件包的管理。

第 4 章 初识 STM32Cube

为便于开发人员开发 STM32 应用程序，ST 公司特意提供了一套完整的 STM32Cube 开发组件，它包括 PC 端开图形化配置工具 STM32CubeMX 和基于 STM32 微控制器的完备固件集合 STM32Cube 软件包两部分。下面我们就进入 ST 公司的官网找到该组件。

4.1 STM32CubeMX

1. 认识 STM32CubeMX

在选择开发板 Nucleo-F103RB 和了解微控制器 STM32F103RB 时，在其介绍页面的宣传手册中都可以看到有关 STM32 微控制器开发工具的介绍，如图 4-1 所示。

图 4-1　有关 STM32 微控制器开发工具的介绍

在第 3 章中，我们重点介绍的是图 4-1 中的第 2 部分编译与调试（Copmile and debug）集成环境；本节重点介绍第 1 部分配置与生成代码（Configure and generate code）工具 STM32CubeMX；第 3 部分 STM32 实时监控（Monitor）工具 STMStudio 是辅助调试的图形化工具，读者可以在深入学习之后自己摸索尝试。

通过 ST 公司官网的搜索栏可以快速找到 STM32CubeMX，如图 4-2 所示。

图 4-2　搜索 STM32CubeMX

在搜索结果列表中单击"STM32CubeMX"，跳转到 STM32CubeMX 主页，如图 4-3 所示。

首先，我们看一下资源（Resources）页面下的一份用户手册 UM1718：STM32CubeMX for STM32 configuration and initialization C code generation。

打开该文档后可以发现，其内容分为 18 章，安装 STM32CubeMX 后可以发现，这就是它的帮助手册，我们当下更关心前6章，即：

（1）STM32Cube 概述（STM32Cube overview）。

（2）开始使用 STM32CubeMX（Getting started with STM32CubeMX）。

（3）STM32CubeMX 的安装与运行（Installing and running STM32CueMX）。

（4）STM32CubeMX 用户界面（STM32CubeMX user interface）。

（5）STM32CubeMX 工具（STM32CubeMX tools）。

（6）STM32CubeMX C 代码生成概述（STM32CubeMX C Code generation overview）。

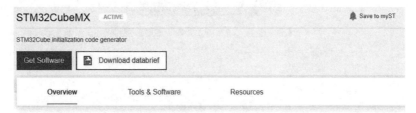

图 4-3　STM32CubeMX 主页

我们重点要看的是第 3 章：Installing and running STM32CubeMX。在用户手册 UM1718 的 3.1.3 节 Software requirements（软件要求）中有这样一段描述：

> The Java™ Run Time Environment 1.8 must be installed.
> Note that Java 9 and Java 10 are not supported and there is limited validation done with Java 11.

由此可知，安装 STM32CubeMX 要先有 Java 运行环境。因此我们接下来要做的是安装 Java 运行环境。

【说明】访问 ST 公司中文官网，在搜索栏中输入"STM32 Cube"（注意中间有一个空格），可以找到两份 STM32 Cube 培训中文资料，这是 ST 公司在 2014 年 12 月份推广 STM32 Cube 时的演讲 PPT 文档，读者可以通过这两份文档对 STM32Cube 有个简单的了解。

2. 准备工作

由 STM32CubeMX 的用户手册 UM1718 可知，STM23CubeMX 需要运行在 JRE 环境下，因此我们可以通过访问 Java 官网下载 JRE，如图 4-4 所示。

在图 4-4 所示页面直接单击"免费 Java 下载"，即可在线安装 JRE，这是较简便的方法；也可以单击"所有 Java 下载"，下载离线安装包，然后进行离线安装。离线安装时，用户须要知道自己的操作系统是 32 位的还是 64 位的，根据实际情况选择不同的版本进行安装。

3. 下载安装 STM32CubeMX

一切准备就绪后，回到 STM32CubeMX 主页面选择"GET SOFTWARE"，下载 STM32CubeMX，当前版本为 5.4.0，如图 4-5 所示。最近，ARM 公司推出了 Cortex-M33 和 Cortex-M35P 内核，估计 ST 公司很快也会生产相应的芯片，届时 STM32CubeMX 也会进行相应的更新。

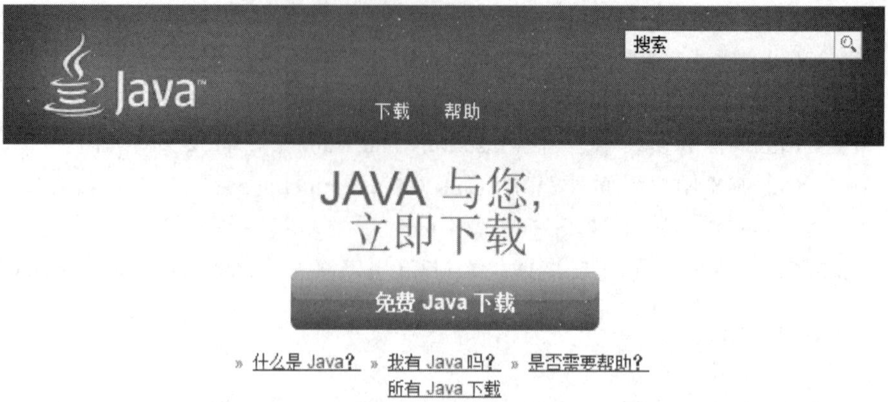

图 4-4　下载 JRE

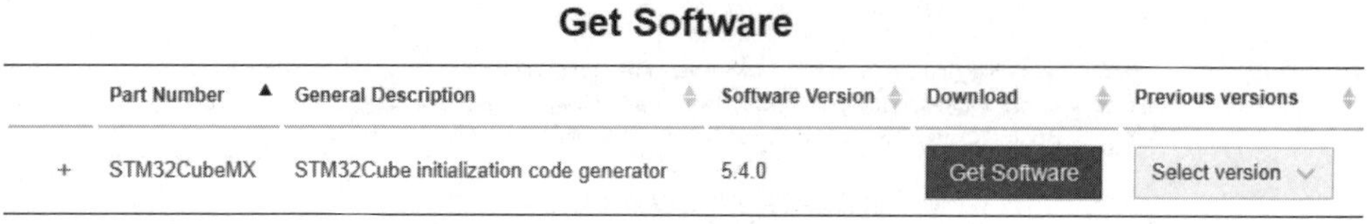

Get Software

Part Number	General Description	Software Version	Download	Previous versions
+　STM32CubeMX	STM32Cube initialization code generator	5.4.0	Get Software	Select version ⌄

图 4-5　下载 STM32CubeMX

STM32CubeMX 有 3 种安装方式：独立版本安装、命令行安装、作为 Eclipse 插件安装。这里选择独立版本安装方式，这是最简单的安装方式。

安装过程很简单：下载安装软件压缩包，解压后，找到安装文件 SetupSTM32CubeMX-5.4.0.exe，双击该文件，按照提示进行操作即可，如图 4-6 所示。

安装完成后，可以通过"开始"菜单或桌面图标运行 STM32CubeMX，如图 4-7 所示。

图 4-6　STM32CubeMX 安装过程

图 4-7　STM32CubeMX 运行界面

4.2　STM32Cube 软件包

1. 认识 STM32Cube 软件包

如前所述，STM32Cube 组件由两部分组成：STM32CubeMX 是 PC 端图形化配置软件；另外还有一系列资源丰富的 STM32Cube 软件包。在 STM32CubeMX 主页面的概述（Overview）部分，有一张图来介绍它们之间的关系，如图 4-8 所示。

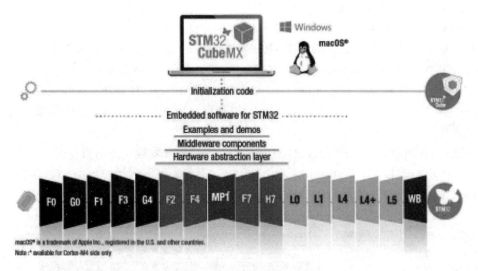

图 4-8　STM32Cube 组件关系图

由图 4-8 可知，STM32Cube 软件包包含例程和演示、中间层组件、HAL 固件库，且支持所有的 STM32 微控制器。

获取 STM32Cube 软件包的方法有两种：一是通过 STM32CubeMX 的菜单命令"Help"→"Manage embedded software packages"在线下载；二是在 ST 公司官网下载软件包，通过"Embedded Software Packages Manager"窗口的"From Local"按钮来安装。

可以在 ST 公司官网的搜索栏输入"STM32Cube"进行搜索，然后如图 4-9 所示，在列表中选择 STM32CubeF1，跳转到 STM32CubeF1 软件包的介绍页面离线下载 STM32Cube 软件包；也可以在 STM32CubeMX 介绍页面的工具和软件（Tools and software）菜单下的嵌入式软件（Embedded software）中选择 STM32CubeF1 直接下载。

Embedded Software

MCU & MPU EMBEDDED SOFTWARE

Picture	Part number ⬍	Manufacturer ⬍	Description ⬍
	cURL	wolfSSL	cURL is a computer software project providing a library for transferring data using various protocols.
	STM32CubeF0	ST	--
	STM32CubeF1	ST	STM32Cube MCU Package for STM32F1 series (HAL, Low-Layer APIs and CMSIS (CORE, DSP, RTOS), USB, TCP/IP, File system, RTOS, Graphic - coming with examples running on ST boards: STM32 Nucleo, Discovery kits and Evaluation boards)
	STM32CubeF2	ST	STM32Cube MCU Package for STM32F2 series (HAL, Low-Layer APIs and CMSIS (CORE, DSP, RTOS), USB, TCP/IP, File system, RTOS, Graphic - coming with examples running on ST boards: STM32 Nucleo and Evaluation boards)

图 4-9　STM32Cube 软件包列表

在 STM32CubeF1 软件包的介绍页面还有以下几份文档值得我们学习。

（1）应用手册（Application notes）AN4724：STM32Cube firmware examples for STM32F1 series。

（2）用户手册（User manuals），包括：

☺ UM1850：Description of STM32F1xx HAL drivers；

☺ UM1847：Getting started with STM32CubeF1 firmware package for STM32F1 series。

（3）演讲课件（Presentations）：STM32 Embedded software overview。

其中，演讲课件和应用手册 AN4724 可以帮助读者对 STM32CubeF1 软件包有一个整体认识；另外，在 AN4724 中不仅介绍了 STM32F1 的例程，还介绍了用户手册中的文档，以及学习阅读的次序。

图 4-10 中直观地展示了 STM32CubeF1 的内容：支持的开发板（评估板、探索套件、Nucleo 开发板）；中间件组件，包括 TCP/IP 栈、USB 主机/设备库、图形用户界面 STemWin、文件系统 FATFS、实时操作系统 FreeRTOS 等；支持所有外设的 HAL 驱动。

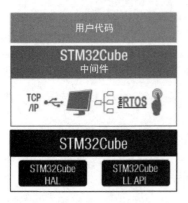
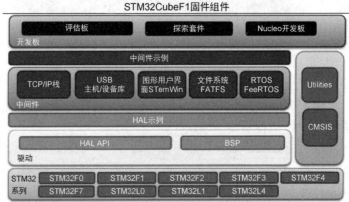

图 4-10　STM32CubeF1 软件包的构成

用户手册 UM1847 和 UM1850 是接下来学习 STM32CubeF1 软件包开发时要参考的文档，特别是 UM1850，详细介绍了 HAL 固件库的函数，这是编程开发的重要参考手册。

2. 下载 STM32Cube 软件包

目前还要使用在线下载方式下载 STM32Cube 软件包，因为离线下载容易出现版本不匹配的问题。在下载软件包前，还要设置安装软件包的位置。运行 STM32CubeMX 软件，执行菜单命令"Help"→"Updater Settings…"，打开"Updater Settings"对话框，如图 4-11 所示。

图 4-11　打开"Updater Settings"对话框

默认路径层次比较多，可以设置一个相对层次较少的路径，如安装 Keil MDK-ARM 的根目录 E:\Keil_v5 等。配置完成后，单击"OK"按钮，返回 STM32CubeMX 主界面。

执行菜单命令"Help"→"Manage embedded software packages"，打开"Embedded Software Packages Manager"窗口，如图 4-12 所示。在列表中找到 STM32F1，然后再找到最新版本的软件包 STM32Cube MCU Package for STM32F1 Series（当前版本为 1.8.0），选中后，"Install Now"按钮变为可用状态，单击该按钮即可开始下载安装。

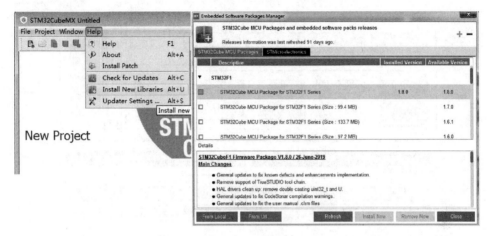

图 4-12　打开"Embedded Software Packages Manager"窗口

有关软件包下载的介绍，可以参考 STM32CubeMX 的用户手册 UM1718 和 STM32CubeF1 软件包的用户手册 UM1847。

下载完成后，就可以到图 4-11 中设置的路径下查看 STM32CubeF1 软件包了。如图 4-13 所示，在该文件夹下共有 8 个文件或文件夹，其中_htmresc、package.xml、Release_Notes.html 是软件包发布记录的网页文件及相关资源，其余 5 个文件夹的介绍如下所述。

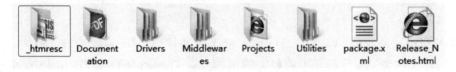

图 4-13　STM32CubeF1 软件包

☺ Documentation：在该文件夹中有一份 pdf 格式的帮助文档，即 STM32CubeF1 的用户手册 UM1847。

☺ Drivers：该文件夹中保存的是 STM32Cube 固件驱动函数库，其中 BSP 文件夹保存的是开发板层驱动程序，BSP 的全称是 Board Support Package；CMSIS 文件夹包含的是定义外设寄存器和地址映射的 STM32F1×× 微控制器软件接口文件，CMSIS 的全称是 Cortex Microcontroller Software Interface Standard（ARM Cortex 微控制器软件接口标准）；STM32F1××_HAL_Driver 文件夹保存的是 STM32F1×× 所有外设的 HAL 驱动文件。

☺ Middlewares：该文件夹中保存的是中间件组件，其中有两个文件夹：ST 文件夹保存的是图形用户界面协议栈（STemWin）、USB 设备驱动程序、USB 主机驱动程序等；Third_Party 文件夹保存的是第三方的中间件协议栈，包括文件系统 FATFS、实时操作系统 FreeRTOS、TCP/IP 栈等。

☺ Projects：该文件夹中保存的是实例（Examples）和应用程序（Applications），这些例程是按照开发板区分的，支持 4 种开发板，即 STM32F103RB - Nucleo、STM32VL - Discovery、STM3210C_EVAL、STM3210E_EVAL。

☺ Utilities：该文件夹中保存的是有关液晶显示、声音播放等文件。

文件夹 Drivers \ BSP、Drivers \ STM32F1×× _ HAL _ Driver、Drivers \ CMSIS、Middlewares、Utilities 等与软件包发布记录 Release_Notes. html 页面中的图的对应关系如图 4-14 所示。

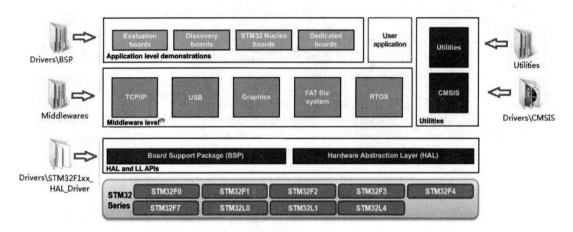

图 4-14　STM32CubeF1 软件包组件与文件夹的对应关系

对于软件包中的各个文件夹，在 UM1847 的第 3 章 STM32CubeF1 firmware package overview 中有更为详细的介绍。

4.3　STM32CubeF1 软件包的例程

1. 例程分类

在 STM32Cube_FW_F1_V1. 8. 0 文件夹下有 3 个文件夹：Drivers、Middlewares、Projects。其中，Projects 文件夹下保存的是不同种类的例程。在 Projects \ STM32F103RB - Nucleo 文件夹中，还有 7 个子文件夹：Applications、Demonstrations、Examples、Examples _ LL、Examples _ MIX、Templates、Templates_LL。在 Examples 文件夹和 Applications 文件夹中有大量的例程，如 Examples 文件夹中的 ADC、CRC、Flash、GPIO 等，以及 Applications 文件夹中的 EEPROM、FreeRTOS、USB_Device 等。图 4-15 所示的是例程与驱动程序、中间件组件之间的对应关系。

由图 4-15 可以发现，Applications 文件夹下的例程是对应中间件组件（Middlewares）文件夹中协议栈的应用；而 Examples 文件夹下的例程是对设备驱动（Drivers）文件夹下外设驱动程序及板级驱动程序的应用。有关这一点，在 STM32CubeF1 软件包的用户手册 UM1847 的第 3. 2 节中有如下描述：

Examples in level 0 are called Examples, Examples_LL and Examples_MIX. They use respectively HAL drivers, LL drivers and a mix of HAL and LL drivers. without any middleware component.

Examples in level 1 are called Applications. They provides typical use cases of each middleware component.

描述中的 level 0 和 level 1 是对用户手册 UM1847 第 2 章 STM32CubeF1 architecture overview

的引用，具体内容如图 4-16 所示。

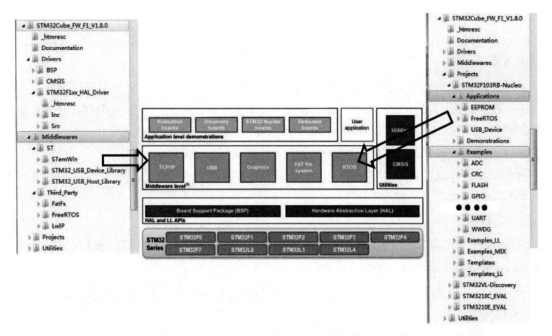

图 4-15　例程与驱动程序、中间件组件之间的对应关系

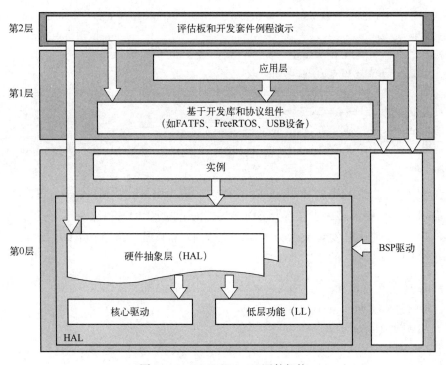

图 4-16　STM32CubeF1 固件架构

　　这样，我们对 Applications 和 Examples 这两个文件夹下例程的认识就清晰了：Examples 文件夹下的例程是最基本的例程；而 Applications 文件夹下的例程是包含中间件组件应用的例程，相对而言复杂度较高。我们可以由浅入深，从 Examples 文件夹下的例程入手。

另外，在 Projects\STM32F103RB_Nucleo 文件夹下还有另外两个文件夹：Demonstrations 和 Templates。有关 Templates 文件夹，在 UM1847 的第 3.2 节有以下介绍：

> The Template project available in the Template directory allows to quickly build a firmware application on a given board.

至于如何使用该文件夹快速构建固件应用程序，在 UM1847 的第 4.2 节中有详细的介绍。

而 Projects\STM32F103RB_Nucleo\Demonstrations 文件夹，在用户手册 UM1847 中没有相关介绍，但由 STM32CubeF1 的用户手册 UM1853：STM32CubeF1 Nucleo demonstration firmware 可以发现，这就是对该演示实例的讲解。

接下来，我们通过 Projects\STM32F103RB_Nucleo\Examples 文件夹中的一个基础例程来学习 STM32CubeF1 软件包。

2. 打开例程

学习 STM32CubeF1 软件包的例程，我们还要借助其用户手册 UM1847。在 UM1847 的 4.1 节 Running your first example 中有如下描述：

> This section explains how simple is to run a first example within STM32CubeF1. It uses as illustration the generation of a simple LED toggle running on STM32F103RB Nucleo board：
>
> 1. Download the STM32CubeF1 firmware package. Unzip it into a directory of your choice. Make sure not to modify the package structure shown in Figure 3. Note that it is also recommended to copy the package at a location close to your root volume (e. g. C\Eval or G：\Tests) because some IDEs encounter problems when the path length is too long.
>
> 2. Browse to \Projects\STM32F1103RB-Nucleo\Examples.
>
> 3. Open \GPIO, then \GPIO_IOToggle folder.
>
> 4. Open the project with your preferred toolchains. A quick overview on how to open, build and run an example with the supported toolchains is given below.
>
> 5. Rebuild all files and load your image into target memory.
>
> 6. Run the example：each time you press the USER pushbutton, the LED2 toggles (for more details, refer to the example readme file).

文档描述的第 1 步是下载 STM32CubeF1 软件包；第 2 步是跳转到\Projects\STM32F1103RB-Nucleo\Examples 文件夹；第 3 步，打开 GPIO 文件夹下的 GPIO_IOToggle 文件夹。

有关第 4～6 步使用开发集成 Keil MDK-ARM 打开工程、编译、下载、运行例程，我们可以参考用户手册 UM1847 的 4.1 节的描述：

> To open, build and run an example with the supported toolchains：follow the steps below：
>
> a) Under the example folder, open\MDK-ARM sub-folder.
>
> b) Launch the Project. uvprojx workspace (a).
>
> c) Rebuild all files：Project->Rebuild all target files.
>
> d) Load project image：Debug->Start/Stop Debug Session.
>
> e) Run program：Debug->Run (F5).

通过开始菜单或桌面图标运行 Keil MDK-ARM 集成开发环境，通过菜单命令"Projcet"→"Open Project"找到 STM32CubeF1 安装目录下 Projects\STM32F103RB-Nucleo\Examples\GPIO\GPIO_IOToggle\MDK-ARM 中的工程文件 Project. uvprojx，打开该工程（若默认打开的是上一

次打开的工程，则可以先通过菜单命令"Project"→"Close Project"将其关闭)，如图 4-17 所示。

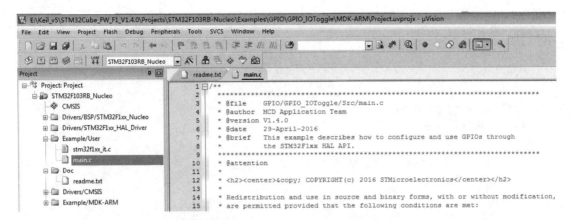

图 4-17　GPIO_IOToggle 工程

打开工程后，可以通过菜单命令"Project"→"Rebuild all target files"或工具栏中的"Rebuild"按钮来编译工程。

编译完成后，使用 USB 线将开发板 Nucleo-F103RB 与计算机连接起来，然后通过菜单命令"Debug"→"Start/Stop Debug Session"(或工具栏中的"Start/Stop Debug Session"按钮，或快捷键"Ctrl+F5")进入调试模式。

最后，通过菜单命令"Debug"→"Run（F5）"或工具栏中的"Run（F5）"按钮运行程序。观察开发板上的 LED（LD2）的运行情况。

学习过 GPIO_IOToggle 例程编译和运行情况，接下来我们通过该例程来了解硬件抽象层驱动函数库（HAL API）。

3. 学习例程

学习例程 GPIO_IOToggle 时，有两个 STM32CubeF1 软件包的用户手册特别关键：

☺ UM1847：Getting started with STM32CubeF1 firmware package for STM32F1 series。

☺ UM1850：Description of STM32F1×× HAL drivers。

接下来，我们从例程 GPIO_IOToggle 的 main 函数入手，来学习 STM32CubeF1 软件包 HAL API 的使用。main 函数如下：

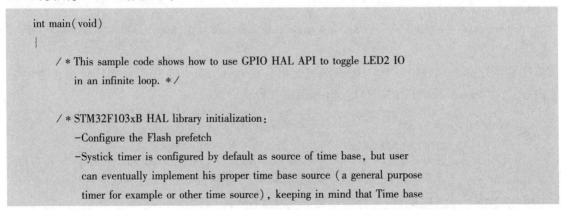

```
        duration should be kept 1ms since PPP_TIMEOUT_VALUEs are defined and handled in milliseconds
        basis.
        -Set NVIC Group Priority to 4
        -Low Level Initialization
    */
HAL_Init();


/* Configure the system clock to 64 MHz */
SystemClock_Config();


/* -1-Enable GPIO Clock (to be able to program the configuration registers) */
LED2_GPIO_CLK_ENABLE();


/* -2-Configure IO in output push-pull mode to drive external LEDs */
GPIO_InitStruct.Mode  =GPIO_MODE_OUTPUT_PP;
GPIO_InitStruct.Pull  =GPIO_PULLUP;
GPIO_InitStruct.Speed=GPIO_SPEED_FREQ_HIGH;


GPIO_InitStruct.Pin=LED2_PIN;
HAL_GPIO_Init(LED2_GPIO_PORT, &GPIO_InitStruct);


/* -3-Toggle IO in an infinite loop */
while (1)
{
    HAL_GPIO_TogglePin(LED2_GPIO_PORT, LED2_PIN);
    /* Insert delay 100 ms */
    HAL_Delay(100);
}
}
```

有关 main 函数的程序流程，我们可以通过用户手册 UM1847 的第 4.2 节 Developing your own application 中 4.2.1 节的第 4～7 部分内容来认识：

4. Start the HAL Library

After jumping to the main program, the application code must call HAL_Init() API to initialize the HAL Library。

这是有关 main 函数中对 HAL 固件库初始化函数 HAL_Init 的介绍，文档中还有更为详细的内容，这与 main 函数中有关 HAL_Init 函数的注释是一致的。

5. Configure the system clock

The system clock configuration is done by calling the two APIs described below:

a) HAL_RCC_OscConfig (): this API configures the internal and/or external oscillators, as well as the PLL source and factors. The user can choose to configure one oscillator or all oscillators. The PLL configuration can be skipped if there is no need to run the system at high frequency.

b）HAL_RCC_ClockConfig（）：this API configures the system clock source, the Flash memory latency and AHB and APB prescalers.

这是有关 main 函数中系统时钟配置函数 SystemClock_Config( ) 的介绍。如图 4-18 所示，在 Keil MDK-ARM 中右键单击 SystemClock_Config( ) 函数，可以看到菜单 "Go To Definition Of 'SystemClock_Config'"，单击该菜单，跳转到该函数的定义处，可以看到 SystemClock_Connfig( ) 函数就是通过调用函数 HAL_RCC_OscConfig( ) 实现的。对于具体实现的过程，读者可以先不用理解，随着后面的深入学习，就会慢慢明白。如图 4-19 所示，通过工具栏中的 "Navigate Backwards" 按钮 ← （或快捷键 "Ctrl+-"），可以返回 main 函数。

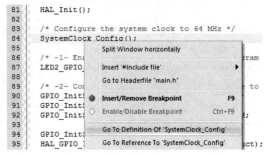

图 4-18 右键菜单

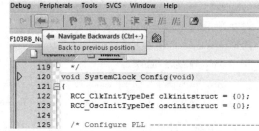

图 4-19 Navigate Backwards 按钮

6. Initialize the peripheral

a）First write the peripheral HAL_PPP_MspInit function. Proceed as follows：

-Enable the peripheral clock.

-Configure the peripheral GPIOs.

-Configure DMA channel and enable DMA interrupt（if needed）.

-Enable peripheral interrupt（if needed）.

……

d）In your main. c file, initialize the peripheral handle structure then call the function HAL_PPP_Init（）to initialize your peripheral.

这是有关 main 函数中 GPIO 时钟使能函数 LED2_GPIO_CLK_ENABLE( ) 和 GPIO 配置函数 HAL_GPIO_Init( ) 的介绍。

7. Develop your application

At this stage, your system is ready and you can start developing your application code.

-The HAL provides intuitive and ready-to-use APIs to configure the peripheral. It supports polling, interrupts and DMA programming model, to accommodate Any application requirements. For more details on how to use each peripheral, refer to the rich examples set provided in the STM32CubeF1 package.

-If your application has some real-time constraints, you can found a large set of examples showing how to use FreeRTOS and integrate it with all middleware stacks provided within STM32CubeF1. This can be a good starting point to develop your application.

这是有关 main 函数中最后的 while 循环中的 HAL_GPIO_TogglePin( ) 和 HAL_Delay( ) 两个函数的介绍，也是本例程最终要实现的应用。通过一个 GPIO 翻转函数 HAL_GPIO_TogglePin( ) 和延时函数 HAL_Delay( ) 实现了 LED 的闪烁。

以上是在用户手册 UM1847 中有关例程的介绍。其实，在另一个用户手册 UM1850 中，对这些例程有更为详细的介绍。例如，HAL_Init( ) 函数和 SystemClock_Config( ) 函数可以在 UM1850 的 2.12.2 节 HAL Initialization 中看到；LED2_GPIO_CLK_ENALE( ) 和 HAL_GPIO_Init( ) 函数可以在 UM1850 的 2.11 节 HAL System peripheral handling 中看到。

用户手册 UM1850 中的讲解比 UM1847 更为详细，这两份文档的侧重点不同：UM1847 侧重于操作过程，而 UM1850 侧重于讲解 HAL 固件库函数的具体内容。接下来，我们就通过用户手册 UM1850 来进一步认识 HAL API。

现在可以重点看 UM1850 的第 2 章 Overview of HAL drivers，通过学习这一章，我们可以全面认识 HAL 固件库（驱动）。在第 2 章的概述部分，对 HAL 固件库是这样描述的：

> The HAL drivers were designed to offer a rich set of APIs and to interact easily with the application upper layers.
> Each driver consists of a set of functions covering the most common peripheral features.
>
> The development of each driver is driven by a common API which standardizes the driver structure, the functions and the parameter names.
>
> The HAL drivers consist of a set of driver modules, each module being linked to a standalone peripheral. However, in some cases, the module is linked to a peripheral functional mode.

也就是说，HAL 驱动是一套丰富的 API 函数集，可以与应用程序轻松完成交互；每个驱动都由一组包含常见外设功能的函数组成；这些 API 函数将驱动程序的结构、函数和参数名称标准化；每个 HAL 驱动包括一组驱动模块，每个模块对应一个独立外设，对于相对复杂的外设，一个驱动模块对应这个外设的一个驱动模块。

以上只是对 HAL 驱动的简单介绍，想了解更详细的内容，读者还须要阅读具体的文档。注意：在阅读过程中一不须要全面理解（对 HAL 驱动有整体的认识即可），二不须要死记硬背（笔者现在写 51 单片机的程序时也还要去查书、看 reg51.h 文件呢），一切理论都要经过动手练习才能变成自己的技术。

2.1 HAL and user-application files

这一节重点介绍一个驱动程序包含的文件（源文件和头文件），以及使用 HAL 驱动构建应用程序所需要的文件，可以结合例程的结构来学习本节，见表 4-1。

表 4-1　HAL 驱动文件介绍

例程结构	文 件	描 述
STM32F103RB_Nucleo 　CMSIS 　Drivers/BSP/STM32F1xx_Nucleo 　　stm32f1xx_nucleo.c 　Drivers/STM32F1xx_HAL_Driver 　　stm32f1xx_hal_rcc_ex.c 　　stm32f1xx_hal.c 　　stm32f1xx_hal_gpio.c 　　stm32f1xx_hal_rcc.c 　　stm32f1xx_hal_cortex.c 　Example/User 　　stm32f1xx_it.c 　　main.c 　Doc 　Drivers/CMSIS 　　system_stm32f1xx.c 　Example/MDK-ARM 　　startup_stm32f103xb.s	Stm32f1xx_hal_ppp. c/. h	基本外设驱动文件，包含所有 STM32 设备的通用 API，如例程中的 stm32f1xx_hal_gpio. c/. h
	Stm32f1xx_hal_ppp. h	
	Stm32f1xx_hal_ppp_ex. c	扩展外设驱动文件，如例程中的 stm32f1xx_hal_rcc_ex. c/. h
	Stm32f1xx_hal_ppp_ex. h	
	Stm32f1xx_hal. c	包含 HAL 固件库初始化函数，如 HAL_Init
	Stm32f1xx_hal. h	HAL 固件库的头文件，应被用户代码包含
	Stm32f1xx_hal_def. h	包含 HAL 固件库的通用数据类型的定义和宏定义
	System_stm32f1xx. c	包含 SystemInit 函数，但不配置系统时钟
	Startup_stm32f1xx. s	包含复位处理程序和异常向量
	Stm32f1xx_it. c/. h	包含异常处理程序和中断处理程序
	Main. c/. h	应用程序的主程序文件

表 4-1 中仅列举了部分驱动文件，读者要全面学习还须阅读用户手册 UM1850 的原文。

2.2 HAL data structures

本节介绍 HAL 驱动中的几种数据结构：Peripheral handle structures、Initialization and configuration structures、Process structures。

2.3 API classification

本节介绍 API 函数的 3 种类型：Generic API、Family specific API、Device specific API。

2.4 Devices supported by HAL drivers

本节介绍 HAL 驱动程序支持的 STM32 微控制器，具体内容见原文件中的表格。

2.5 HAL drivers rules

本节介绍 HAL API 名称的命名规则、HAL 基本外设命名规则、HAL 中断处理函数和回调函数命名规则。

2.6 HAL generic APIs

本节介绍 HAL 驱动库中 4 类通用 API：Initialization and de-initialization functions、IO operation functions、Control functions、State and errors functions。

2.7 HAL extension APIs

本节介绍 HAL 驱动扩展 API 的 5 种处理方式。

2.8 File inclusion model

本节介绍 HAL 驱动中头文件的引用模式，特别是公共头文件 stm32f1xx_ hal.h 的引用情况。

2.9 HAL common resources

本节介绍 HAL 驱动的常用资源。例如，常用的枚举、结构体和宏定义等都是在 stm32f1xx_hal_def.h 中定义的，常用的定义枚举类型是 HAL_StatusTypeDef。

2.10 HAL configuration

本节介绍 HAL 的配置，以及在配置文件 stm32f1xx_hal_conf.h 中如何根据自己的需要修改配置参数。

2.11 HAL system peripheral handling

本节介绍 HAL 驱动如何处理系统外设，分小节具体描述了 Clock、GPIO、Cortex NVIC and Systick timer、PWR、EXTI、DMA 等，每个介绍到的外设都提供了完整的 API 列表。

2.12 How to use HAL drivers

本节介绍如何使用 HAL 驱动，包括 HAL 使用模型、HAL 初始化流程、HAL I/O 操作过程、超时和错误管理等。特别是 HAL 的初始化流程和 I/O 操作过程，在前面学习例程 GPIO_IOToggle 时也提起过，在这里，读者可以重新系统地复习。

以上只是对用户手册 UM1850 的第 2 章 Overview of HAL drivers 进行简单介绍，要对 HAL API 有更清晰的认识，读者还要仔细阅读手册。

本书重点讲解学习的方法，以上我们通过 STM32CubeMX 的帮助手册、用户手册和 STM32CubeF1 软件包的用户手册，对开发工具 STM32CubeMX 和 HAL 固件库有了初步的认识。然而，学习 STM32F103 系列微控制器，还有几份文档要深入学习。

首先要介绍的就是在 UM1850 第 2 章学习 STM32F103RB 微控制器时，在 ST 公司官网的相应介绍页面的几份文档，即

DS5319：Medium–density performance line ARM®–based 32–bit MCU with 64 or 128 KB Flash, USB, CAN, 7 timers, 2 ADCs, 9 com. Interfaces；

RM0008：STM32F101××, STM32F102××, STM32F103××, STM32F105×× and STM32F107×× advanced ARM®–based 32–bit MCUs；

PM0075：STM32F10××× Flash memory microcontrollers；

PM0056：STM32F10×××/20×××/21×××/L1×××× Cortex–M3 programming manual。

其中，DS5319 和 RM0008 有中文版，可以到 ST 公司中文官网或 STM32/STM8 的中文技术社区下载。

另外，就是关于 Cortex–M3 内核的两份资料，一个是 Cortex–M3 处理器技术参考手册 ARM Cortex–M3 Processor Technical Reference Manual（Revision r2p1）。该文档可以通过 ARM 公司官网下载。通过该文档，读者可以对 STM32F103 系列微控制器的内核 Cortex–M3 有更详细的认识。

另外一个关于 Cortex–M3 内核的经典教材就是宋岩老师翻译的《ARM Cortex–M3 权威指南》。

思考与练习

（1）学习 STM32CubeMX 的用户手册 UM1718。

（2）学习 STM32CubeF1 软件包的应用手册 AN4724 和用户手册 UM1847、UM1850。

（3）上网查找 MISRA–C 2004 规范的具体内容，阅读学习。

（4）阅读林锐老师的《高质量 C++/C 编程指南》。

（5）通过 MDK–ARM 的帮助文档了解 ARM Cortex 微控制器软件接口标准（Cortex Microcontroller Software Interface Standard，CMSIS）。

（6）阅读《ARM Cortex–M3 权威指南》，了解 Cortex–M3 内核。

第 5 章　跑马灯实验

在前面的章节中，我们初步学习了开发工具 MDK-ARM 和 STM32Cube 组件。接下来，我们就根据 HAL 固件库提供的例程来尝试编写一个自己的程序——跑马灯。

5.1　例程 GPIO_IOToggle

在新建工程之前，我们先来学习 STM32CubeF1 软件包提供的 Nucleo-F103RB 开发板的例程 GPIO_IOToggle。在第 4 章介绍 STM32CubeF1 软件包时，已简单介绍过该例程，其具体路径在 STM32Cube_FW_F1_V1.8.0 文件夹下的 Projects\STM32F103RB_Nucleo\Doc\GPIO 文件夹中，其 readme.txt 文件如图 5-1 所示。

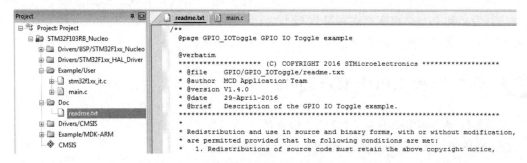

图 5-1　readme.txt 文件

学习例程要养成一个好的习惯，从 readme.txt 文件和 main.c 文件入手。这里我们先学习 readme.txt 文件，该文件介绍得很详细，包括了：

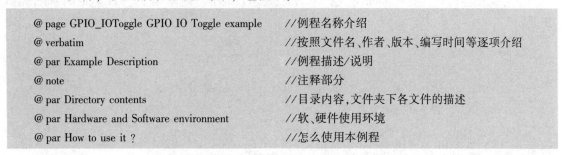

@ page GPIO_IOToggle GPIO IO Toggle example	//例程名称介绍
@ verbatim	//按照文件名、作者、版本、编写时间等逐项介绍
@ par Example Description	//例程描述/说明
@ note	//注释部分
@ par Directory contents	//目录内容，文件夹下各文件的描述
@ par Hardware and Software environment	//软、硬件使用环境
@ par How to use it ?	//怎么使用本例程

其实，该 readme.txt 文件已经将该实例描述得十分清楚，按照该文档去操作，完全可以实现本实例的使用。不过，笔者还是要简单解释一下"@ par Example Description"部分。

@ par Example Description

This example describes how to configure and use GPIOs through the HAL API.

PA.05 IO（configured in output pushpull mode）toggles in a forever loop.

On STM32F103RB-Nucleo board this IO is connected to LED2.

In this example, HCLK is configured at 64 MHz.

"@ par Example Description"（例程描述）部分仅用 4 句话就将例程的功能、例程是如何实现的、AHB 总线时钟（HCLK）的配置等描述得清清楚楚。通过该例程，我们要学习的是如何使用 HAL API 配置和使用 STM32F103 系列微控制器的 GPIO；在开发板 STM32F103RB-Nucleo 上连接 LED2 的是 STM32F103RBT6 微控制器的 PA. 05 引脚，因而在例程中将 PA. 05 I/O 口配置为推挽输出模式（Output Push-pull Mode），在 while 循环中不停地翻转该 I/O 口的状态，从而实现 LED2 的闪烁；最后，我们在例程中将 AHB 总线时钟（HALK）的工作频率配置为 64MHz。

如描述部分的第一句所说，本例程讲解的是如何利用 HAL API 配置和使用 STM32 微控制器的 GPIO，因而要关注的重点也是开发板上 LED2 的连接、相应 GPIO 口的配置模式、如何实现 I/O 翻转等。

该文件的"@ par How to use it ?"部分描述了如何使用实例：运行集成开发环境 Keil MDK-ARM，然后通过"Project"菜单打开该工程、编译工程、下载工程到开发板（用 USB 线连接开发板和 PC），观察例程在开发板上的运行结果。接下来，借助几份文档来学习一下例程的代码，通过对例程的学习、模仿，再新建自己的工程。

5.2 分析例程 GPIO_IOToggle

学习源代码，还要借助 ST 官方的 3 份文档：

☺ **UM1850**：Description of STM32F1×× HAL drivers；

☺ **RM0008**：STM32F101××，STM32F102××，STM32F103××，STM32F105×× and STM32F107×× advanced ARM ® -based 32-bit MCUs；

☺ **PM0075**：STM32F10××× Flash memory microcontrollers。

学习例程源代码，要从 main. c 文件中的 main 函数入手。例程 GPIO_IOToggle 的 main 函数如下：

```
int main( void)
{
    / * This sample code shows how to use GPIO HAL API to toggle LED2 IO
      in an infinite loop. * /

    / * STM32F103xB HAL library initialization：
      -Configure the Flash prefetch
      -Systick timer is configured by default as source of time base, but user
      can eventually implement his proper time base source (a general purpose
      timer for example or other time source), keeping in mind that Time base
      duration should be kept 1ms since PPP_TIMEOUT_VALUEs are defined and
      handled in milliseconds basis.
```

```
            -Set NVIC Group Priority to 4
            -Low Level Initialization
  */
HAL_Init();

/* Configure the system clock to 64 MHz */
SystemClock_Config();

/* -1-Enable GPIO Clock (to be able to program the configuration registers) */
LED2_GPIO_CLK_ENABLE();

/* -2-Configure IO in output push-pull mode to drive external LEDs */
GPIO_InitStruct. Mode   = GPIO_MODE_OUTPUT_PP;
GPIO_InitStruct. Pull   = GPIO_PULLUP;
GPIO_InitStruct. Speed = GPIO_SPEED_FREQ_HIGH;

GPIO_InitStruct. Pin = LED2_PIN;
HAL_GPIO_Init(LED2_GPIO_PORT, &GPIO_InitStruct);

/* -3-Toggle IO in an infinite loop */
while (1)
{
    HAL_GPIO_TogglePin(LED2_GPIO_PORT, LED2_PIN);
    /* Insert delay 100 ms */
    HAL_Delay(100);
}
}
```

5.2.1　解析 HAL_Init 函数

main 函数的第一条语句就是对函数 HAL_Init 的调用。首先要关注的是 main 函数内部的注释:

```
/* STM32F103xB HAL library initialization:
        -Configure the Flash prefetch
        -Systick timer is configured by default as source of time base, but user
          can eventually implement his proper time base source (a general purpose
          timer for example or other time source), keeping in mind that Time base
          duration should be kept 1ms since PPP_TIMEOUT_VALUEs are defined and
          handled in milliseconds basis.
        -Set NVIC Group Priority to 4
        -Low Level Initialization
  */
```

另外, 也可以通过用户手册 UM1850 的 5.1.4 节来了解 HAL_Init 函数:

Function name	**HAL_StatusTypeDef HAL_Init（void）**
Function description	This function is used to initialize the HAL Library；it must be the first instruction to be executed in the main program（before to call any other HAL function），it performs the following：Configure the Flash prefetch.
Return values	**HAL**：status
Notes	SysTick is used as time base for the HAL_Delay（）function，the application need to ensure that the SysTick time base is always set to 1 millisecond to have correct HAL operation.

接下来，我们可以通过 Keil MDK-ARM 的右键菜单 "Go To Definition Of 'HAL_Init'" （如图 5-2 所示）看到 HAL_Init 函数的定义：

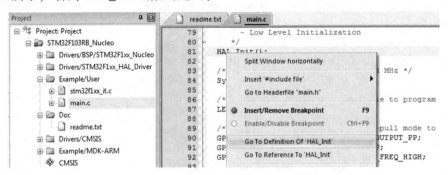

图 5-2　HAL_Init 函数右键菜单

```
HAL_StatusTypeDef HAL_Init（void）
{
    / * Configure Flash prefetch * /
#if（PREFETCH_ENABLE ！=0）
#if defined（STM32F101x6）|| defined（STM32F101xB）|| defined（STM32F101xE）|| \
    defined（STM32F101xG）|| defined（STM32F102x6）|| defined（STM32F102xB）|| \
    defined（STM32F103x6）|| defined（STM32F103xB）|| defined（STM32F103xE）|| \
    defined（STM32F103xG）|| defined（STM32F105xC）|| defined（STM32F107xC）

    / * Prefetch buffer is not available on value line devices * /
    __HAL_FLASH_PREFETCH_BUFFER_ENABLE（）;
#endif
#endif/ * PREFETCH_ENABLE * /

    / * Set Interrupt Group Priority * /
    HAL_NVIC_SetPriorityGrouping（NVIC_PRIORITYGROUP_4）;

    / * Use systick as time base source and configure 1ms tick（default clock after Reset is MSI）* /
    HAL_InitTick（TICK_INT_PRIORITY）;

    / * Init the low level hardware * /
```

```
    HAL_MspInit();

    /* Return function status */
    return HAL_OK;
}
```

其实，HAL_Init 函数的定义就是 main 函数中的注释或者 UM1850 中对 HAL_Init 函数的描述："The function configures the Flash prefetch, Configures time base source, NVIC and Low level hardware." 这也就是 HAL_Init 函数的具体实现过程。

1. 配置预取指缓存

HAL_Init 函数中的第一部分介绍的是有关预取指缓存的配置（Configure Flash prefetch）的内容：

```
    /* Configure Flash prefetch */
#if (PREFETCH_ENABLE != 0)
#if defined(STM32F101x6) || defined(STM32F101xB) || defined(STM32F101xE) || \
    defined(STM32F101xG) || defined(STM32F102x6) || defined(STM32F102xB) || \
    defined(STM32F103x6) || defined(STM32F103xB) || defined(STM32F103xE) || \
    defined(STM32F103xG) || defined(STM32F105xC) || defined(STM32F107xC)

    /* Prefetch buffer is not available on value line devices */
    __HAL_FLASH_PREFETCH_BUFFER_ENABLE();
#endif
#endif/* PREFETCH_ENABLE */
```

（1）有关 PREFETCH_ENABLE 的定义，要在开发环境 MDK-ARM 中使用右键菜单查看。

（2）有关 STM32F103×B 的宏定义，要通过 MDK-ARM 的 "Project" → "Options for Target 'STM32F103RB_Nucleo'" 菜单或者工具栏中的 "Options for Target…" 按钮 打开 "Options for Target 'STM32F103RB_Nucleo'" 对话框，在 "C/C++" 标签页可以找到该定义，如图 5-3 所示。

图 5-3　"Options for Target 'STM32F103RB_Nucleo'" 对话框

（3）__HAL_FLASH_PREFETCH_BUFFER_ENABLE 函数的功能可以通过源文件中的注释：

```
    /* Prefetch buffer is not available on value line devices */
```

或者通过用户手册 UM1850 的 18.3.1 节有关 __HAL_FLASH_PREFETCH_BUFFER_ENABLE 函数的注释来学习：

__HAL_FLASH_PREFETCH_BUFFER_ENABLE	Description： ● Enable the FLASH prefetch buffer. ● **Return value**： None：

使用开发工具 MDK-ARM 的右键菜单，可以找到 __HAL_FLASH_PREFETCH_BUFFER_ ENABLE 函数的定义：

```
/**
  * @ brief    Enable the FLASH prefetch buffer.
  * @ retval None
  */
#define __HAL_FLASH_PREFETCH_BUFFER_ENABLE( )        (FLASH->ACR |=
                                                      FLASH_ACR_PRFTBE)
```

从宏定义可以看到，__HAL_FLASH_PREFETCH_BUFFER_ENABLE 函数其实就是 FLASH-> ACR 寄存器的设置，了解 FLASH_ACR 寄存器，又要通过参考手册 RM0008 的 3.3.3 节 Embedded Flash memory，或者 Flash 编程手册 PM0075 的 3.1 节 Flash access control register（FLASH_ACR）来学习。有关 FLASH_ACR 寄存器的描述如图 5-4 所示。

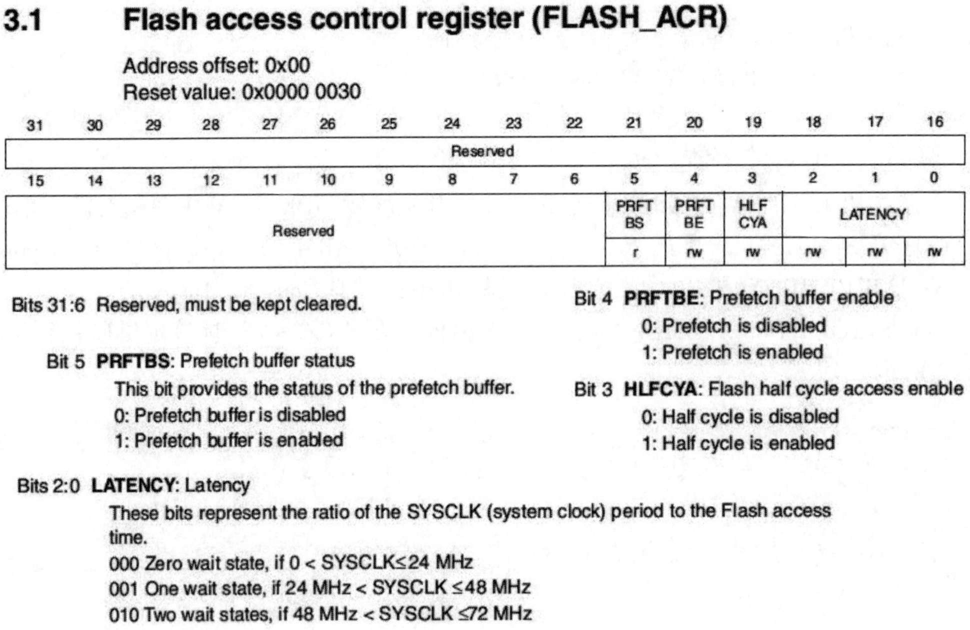

3.1　Flash access control register (FLASH_ACR)

Address offset: 0x00
Reset value: 0x0000 0030

31	30	29	28	27	26	25	24	23	22	21	20	19	18	17	16
Reserved															

15	14	13	12	11	10	9	8	7	6	5	4	3	2	1	0
Reserved										PRFT BS	PRFT BE	HLF CYA	LATENCY		
										r	rw	rw	rw	rw	rw

Bits 31:6　Reserved, must be kept cleared.

Bit 5　**PRFTBS**: Prefetch buffer status
This bit provides the status of the prefetch buffer.
0: Prefetch buffer is disabled
1: Prefetch buffer is enabled

Bits 2:0　**LATENCY**: Latency
These bits represent the ratio of the SYSCLK (system clock) period to the Flash access time.
000 Zero wait state, if 0 < SYSCLK≤24 MHz
001 One wait state, if 24 MHz < SYSCLK ≤48 MHz
010 Two wait states, if 48 MHz < SYSCLK ≤72 MHz

Bit 4　**PRFTBE**: Prefetch buffer enable
0: Prefetch is disabled
1: Prefetch is enabled

Bit 3　**HLFCYA**: Flash half cycle access enable
0: Half cycle is disabled
1: Half cycle is enabled

图 5-4　FLASH_ACR 寄存器

现在，我们总算对预取指缓存的配置有了比较全面的认识。也许读者会觉得这样学起来比较累，不过一旦掌握了方法，再去看这些资料，就会觉得轻松很多。资料的内容虽多，但不需要逐一去阅读、记忆，学会查找、理解就可以了。

最后，有读者会问，预取指缓存（Flash prefetch）到底指的是什么？为何要在这里设置呢？和前面的学习一样，我们还是通过参考手册 RM0008 的 3.3.3 节 Embedded Flash memory

和 Flash 编程手册 PM0075 的 2.2.1 节 Instruction fetch 来学习:

> **Prefetch buffer**
>
> The prefetch buffer is 2 blocks wide where each block consists of 8 bytes. The prefetch blocks are direct-mapped. A block can be completely replaced on a single read to the Flash memory as the size of the block matches the bandwidth of the Flash memory.
>
> The implementation of this prefetch buffer makes a faster CPU execution possible as the CPU fetches one word at a time with the next word readily available in the prefetch buffer. This implies that the acceleration ratio will be of the order of 2 assuming that the code is aligned at a 64-bit boundary for the jumps.

简单来说,预取指缓存就是 CPU 从闪存(Flash)中读取指令时的缓存器,该缓存器有 2 个,每个 64 位,每次从闪存中读取指令时,一次读取 64 位(因为闪存的带宽是 64 位),而 CPU 每次取指最多是 32 位,这样 CPU 在读取指令时,下一条指令已经装载在缓冲区中,从而提高了 CPU 的工作效率。

2. HAL_Init 函数的其他 3 项配置

以上是有关 HAL_Init 函数中第一个单元预取指缓存配置的介绍,后面还有 3 项内容:

```
/ * Set Interrupt Group Priority */
HAL_NVIC_SetPriorityGrouping(NVIC_PRIORITYGROUP_4);

/ * Use systick as time base source and configure 1ms tick (default clock after
    Reset is MSI) */
HAL_InitTick(TICK_INT_PRIORITY);

/ * Init the low level hardware */
HAL_MspInit();

/ * Return function status */
return HAL_OK;
```

由于这些都不是本章重点学习的内容,这里就不详细介绍了,读者可以参考预取指缓存的配置进行了解。这里要强调一下系统嘀嗒时钟 SysTick 的配置函数——HAL_InitTick 函数(因为在 main 函数中会用到),在 HAL_Init 函数中调用 HAL_InitTick 函数实现的功能如注释所讲,就是配置系统嘀嗒时钟每毫秒(ms)产生一次 SysTick 中断(嘀嗒),同时配置 SysTick 中断的优先级。要想更深入地了解 HAL_InitTick 函数,可以查看其具体定义以及在用户手册 UM1850 中的描述。

5.2.2　解析 SystemClock_Config 函数

前面介绍的是 main 函数中调用的第一个函数——HAL_Init 函数,接下来回到 main 函数,了解第二个函数——SystemClock_Config 函数:

```
/ * Configure the system clock to 64 MHz */
SystemClock_Config();
```

该函数实现的功能很简单，正如注释所讲，将系统时钟配置为 64MHz。通过集成开发环境 MDK 的右键菜单找到 SystemClcok_Config 函数，可以发现它就在 main. c 文件中（在 main 函数的下面）：

```
/ * *
    * @ brief   System Clock Configuration
    *          The system Clock is configured as follow :
    *          System Clock source = PLL ( HSI)
    *          SYSCLK( Hz)          = 64000000
    *          HCLK( Hz)            = 64000000
    *          AHB Prescaler        = 1
    *          APB1 Prescaler       = 2
    *          APB2 Prescaler       = 1
    *          PLLMUL               = 16
    *          Flash Latency( WS)   = 2
    * @ param   None
    * @ retval None
    * /
void SystemClock_Config( void)
{
        RCC_ClkInitTypeDef clkinitstruct = {0} ;
        RCC_OscInitTypeDef oscinitstruct = {0} ;

        / * Configure PLL----------------------------------------------- * /
        / * PLL configuration: PLLCLK = ( HSI/2) * PLLMUL = (8/2) * 16 = 64 MHz * /
        / * PREDIV1 configuration: PREDIV1CLK = PLLCLK/HSEPredivValue = 64/1 = 64 MHz * /
        / * Enable HSI and activate PLL with HSi_DIV2 as source * /
        oscinitstruct. OscillatorType              = RCC_OSCILLATORTYPE_HSI;
        oscinitstruct. HSEState                    = RCC_HSE_OFF;
        oscinitstruct. LSEState                    = RCC_LSE_OFF;
        oscinitstruct. HSIState                    = RCC_HSI_ON;
        oscinitstruct. HSICalibrationValue         = RCC_HSICALIBRATION_DEFAULT;
        oscinitstruct. HSEPredivValue              = RCC_HSE_PREDIV_DIV1;
        oscinitstruct. PLL. PLLState               = RCC_PLL_ON;
        oscinitstruct. PLL. PLLSource              = RCC_PLLSOURCE_HSI_DIV2;
        oscinitstruct. PLL. PLLMUL                 = RCC_PLL_MUL16;
        if ( HAL_RCC_OscConfig( &oscinitstruct) ! = HAL_OK)
        {
            / * Initialization Error * /
            while(1) ;
        }

        / * Select PLL as system clock source and configure the HCLK, PCLK1 and PCLK2
          clocks dividers * /
```

```
clkinitstruct. ClockType = ( RCC _CLOCKTYPE_SYSCLK｜RCC_CLOCKTYPE_HCLK｜
                            RCC_CLOCKTYPE_PCLK1｜RCC_CLOCKTYPE_PCLK2 );
clkinitstruct. SYSCLKSource = RCC_SYSCLKSOURCE_PLLCLK;
clkinitstruct. AHBCLKDivider = RCC_SYSCLK_DIV1;
clkinitstruct. APB2CLKDivider = RCC_HCLK_DIV1;
clkinitstruct. APB1CLKDivider = RCC_HCLK_DIV2;
if ( HAL_RCC_ClockConfig( &clkinitstruct, FLASH_LATENCY_2 )! = HAL_OK )
{
    / * Initialization Error * /
    while( 1 );
}
}
```

SystemClock_Config 前面的注释很清晰：将系统时钟源（System clock Source）选为 PLL（HSI），系统时钟 SYSCLK 配置为 64MHz，HCLK 配置为 64MHz，AHB 预分频器设定为 1，APB1 预分频器设定为 2，APB2 预分频器设定为 1 等。但 PLL、HCLK、AHB、APB1、APB2 等指的是什么呢？这些术语在参考手册 RM0008_Rev20 的 7.2 节 Clocks 中有详细的描述。

STM32F103 微控制器的系统时钟（System clock，SYSCLK）有 3 种时钟源可选：高速内部时钟 HSI、高速外部时钟 HSE、锁相环 PLL。SYSCLK 经过高级高性能总线（Advanced high performance bus，AHB）的预分频器得到 AHB CLK，AHB CLK 经过低速高级外设总线（Advanced peripheral bus）APB1 的预分频器得到 PCLK1，AHB CLK 经过高速高级外设总线 APB2 的预分频器得到 PCLK2，它们之间的关系如图 5-5 所示。

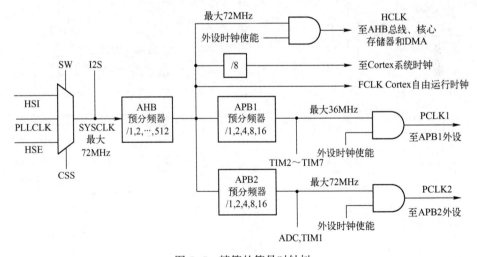

图 5-5　精简的简易时钟树

图 5-5 所示的是精简的简易时钟树，只是为直观地理解 HSI、PLLCLK、HSE、SYSCLK、HCLK、PCLK1、PCLK2 等 STM32 微控制器中几个关键时钟之间的关系，其实在 STM32 微控制器内部，每个外设都有相应的时钟系统，ARM Cortex-M3 内核之所以这样设计，是因为使能外设的时钟、降低外设时钟频率，可以减小微控制器的功耗；这也就造成在使用外设时，都要使能、设置相应的时钟系统。后面分析 main 函数中 GPIO 的使用时可以看到，有关

STM32 内部的时钟树，可以参考手册 RM0008_Rev20 的 7.2 节，STM32F103 微控制器时钟树如图 5-6 所示。

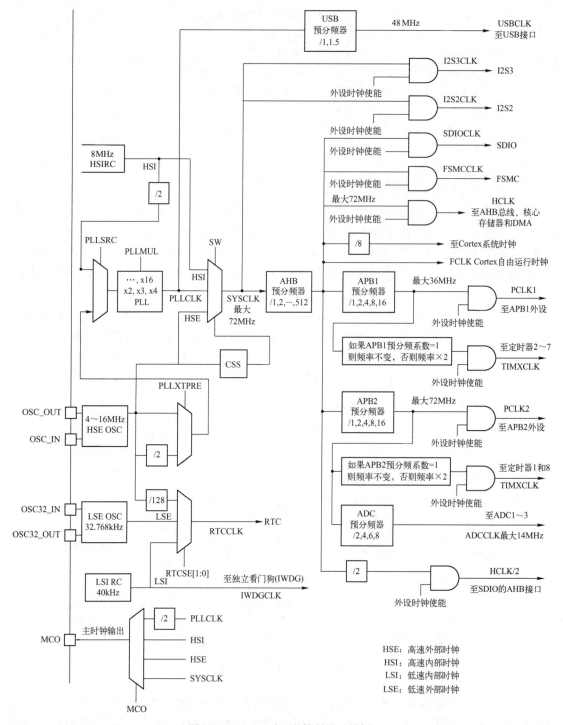

图 5-6　STM32F103 微控制器时钟树

　　读者可以在图 5-6 中按照 HSI→PLLMUL→PLLCLK→SYSCLK→AHB 预分频器（AHB Prescaler）→APB1/APB2 预分频器的流程用笔进行标记，然后根据 SystemClock_Config 函数的

注释将 SYSCLK 设置为 64MHz、HCLK 设置为 64MHz 等，推导 PLLMUL 应该设置为多少、AHB Prescaler 应设置为多少。推导完成后，可以再读代码和代码中的注释（HSI 是 8MHz）：

```
/* Configure PLL------------------------------------------------- */
/* PLL configuration：PLLCLK=(HSI/2)*PLLMUL=(8/2)*16=64 MHz */
/* PREDIV1 configuration：PREDIV1CLK=PLLCLK/HSEPredivValue=64/1=64 MHz */
/* Enable HSI and activate PLL with HSi_DIV2 as source */
```

至于 SystemClock_Config 函数中的结构体和配置参数的宏定义，都是 C 语言编写代码的一些技巧，这里就不一一解释了。

5.2.3　解析 LED2_GPIO_CLK_ENABLE 函数

使用 Keil MDK-ARM 工具栏中的 "Navigate Backwards（Ctrl+-）" 按钮 ← 返回 main 函数，在 SystemClock_Config 函数之后可以看到 LED2_GPIO_CLK_ENABLE 函数：

```
/* -1-Enable GPIO Clock (to be able to program the configuration registers) */
LED2_GPIO_CLK_ENABLE();
```

使用 Keil MDK-ARM 的右键菜单可以跳转到 LED2_GPIO_CLK_ENABLE() 的宏定义：

```
#define LED2_PIN                    GPIO_PIN_5
#define LED2_GPIO_PORT              GPIOA
#define LED2_GPIO_CLK_ENABLE()      __HAL_RCC_GPIOA_CLK_ENABLE()
#define LED2_GPIO_CLK_DISABLE()     __HAL_RCC_GPIOA_CLK_DISABLE()
```

从这些代码可以看出，LED2 是连接到 STM32F103RBT6 微控制器的 GPIOA.05 引脚的，读者可以在 ST 公司官网搜索 Nucleo-F103RB 开发板，在其介绍页面的资源（Resources）页面中找到硬件资源（Hardware Resources）项，其中有 STM32 Nucleo 开发板的原理图包［STM32 Nucleo（64 pins）schematics］，下载之后可以看到 Nucleo-F103RB 开发板的原理图。

这里须关注的是宏定义：

```
#define LED2_GPIO_CLK_ENABLE()     __HAL_RCC_GPIOA_CLK_ENABLE()
```

读者可以使用用户手册 UM1850 了解 __HAL_RCC_GPIOA_CLK_ENABLE 函数，查阅 UM1850 的 33.3.1 节 RCC 可以发现，函数 __HAL_RCC_GPIOA_CLK_ENABLE 是和前面介绍的 SystemClock_Config 函数中的 RCC_SYSCLK_DIV1、RCC_HCLK_DIV1、RCC_HCLK_DIV2 等一起介绍的，也就是说，这也是时钟树的一部分。

在解释 GPIOA 时钟之前，先要通过参考手册 RM0008_Rev20 的 3.1 节 STM32 微控制器的系统架构（System architecture）来了解 GPIOA 所在的位置，如图 5-7 所示。

从图 5-7 可以看到，GPIOA 是挂在 APB2 总线（高速高级外设总线）上的。回看图 5-5 所示时钟树中时钟的配置与开启过程：PLLCLK→SYSCLK→AHB 预分频器→HCLK→APB2 预分频器→PCLK2→APB2 外设。在时钟树中没有详细描述 APB2 总线上的外设有哪些，从系统架构图中可以看到 ADC1、ADC2、ADC3、USART1、SPI1、TIM1、TIM8、GPIOA、GPIOB、GPIOC、GPIOD、GPIOE、GPIOF、GPIOG、EXTI、AFIO 等，使用这些外设时，都要使能其时钟。而开发板 Nucleo-F103RB 上的 LED2 是连接在 GPIOA.05 引脚的，因而这里用宏定义调用 __HAL_RCC_GPIOA_CLK_ENABLE 函数使能 GPIOA 的外设时钟。

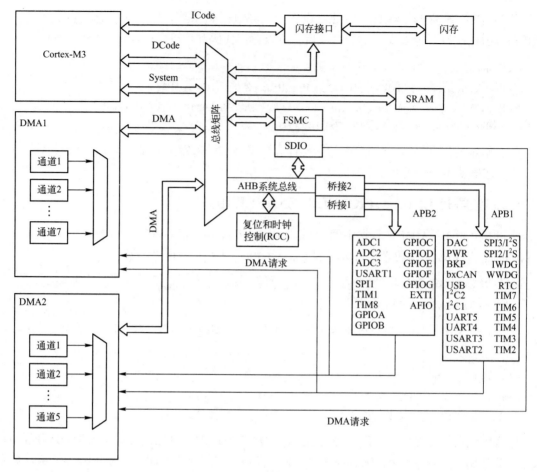

图 5-7　系统架构图

在集成开发环境 Keil MDK-ARM 中进一步寻找 __HAL_RCC_GPIOA_CLK_ENABLE 函数的定义：

```
#define __HAL_RCC_GPIOA_CLK_ENABLE()    do | \
                __IO uint32_t tmpreg; \
                SET_BIT(RCC->APB2ENR,RCC_APB2ENR_IOPAEN); \
                / * Delay after an RCC peripheral clock enabling * /\
                tmpreg=READ_BIT(RCC->APB2ENR,RCC_APB2ENR_IOPAEN); \
                UNUSED(tmpreg); \
            | while(0)
```

这里，最关键的一句是 SET_BIT（RCC->APB2ENR，RCC_APB2ENR_IOPAEN），进一步找出其定义是：

```
#define SET_BIT(REG,BIT)      ((REG) | = (BIT))
```

如此还原，__HAL_RCC_GPIOA_CLK_ENABLE 就是 RCC->APB2ENR | =RCC_APB2ENR_IOPAEN。读者可以通过参考手册 RM0008_Rev20 的 7.3.7 节 APB2 peripheral clock enable register（RCC_APB2ENR）进一步了解 RCC_APB2ENR 寄存器，如图 5-8 所示。

APB2 外设时钟使能寄存器(RCC_APB2ENR)

偏移地址:0x18　　复位值:0x0000 0000　　访问:字、半字和字节访问

通常无访问等待周期,但在 APB2 总线上的外设被访问时,将插入等待状态直到 APB2 的外设访问结束。

31	30	29	28	27	26	25	24	23	22	21	20	19	18	17	16
							保留								

15	14	13	12	11	10	9	8	7	6	5	4	3	2	1	0
—	USART1 EN	—	SPI1 EN	TIM1 EN	ADC2 EN	ADC1 EN	—	—	IOPE EN	IOPD EN	IOPC EN	IOPB EN	IOPA EN	—	AFIO EN
	rw		rw	rw	rw	rw			rw	rw	rw	rw	rw		rw

数据位号	描　　述	操　　作
6	IOPEEN:I/O 端口 E 时钟使能	由软件置 1 或清零 0:I/O 端口 x 时钟关闭 1:I/O 端口 x 时钟开启
5	IOPDEN:I/O 端口 D 时钟使能	
4	IOPCEN:I/O 端口 C 时钟使能	
3	IOPBEN:I/O 端口 B 时钟使能	
2	IOPAEN:I/O 端口 A 时钟使能	
1	保留,始终读为 0	只读
0	AFIOEN:辅助功能 I/O 时钟使能	由软件置 1 或清零 0:辅助功能 I/O 时钟关闭 1:辅助功能 I/O 时钟开启

图 5-8　RCC_APB2ENR 寄存器

也就是说,__HAL_RCC_GPIOA_CLK_ENABLE 函数的作用就是设置 RCC_APB2ENR 寄存器的 Bit2 (IOPAEN) 为 1。到此,读者应当已经熟练掌握 LED2_GPIO_CLK_ENABLE 函数,这样才能知道如果自己电路板上的 LED 连接 GPIOB.03 引脚,应如何修改例程实现,或者如何自己编写代码。

5.2.4　解析 HAL_GPIO_Init 函数

前面解析过 LED2_GPIO_CLK_ENABLE 函数,其功能是使能 GPIOA 的时钟。接下来再看看 main 函数中紧跟其后的几条语句:

```
/* -2-Configure IO in output push-pull mode to drive external LEDs */
GPIO_InitStruct. Mode  =GPIO_MODE_OUTPUT_PP;
GPIO_InitStruct. Pull  =GPIO_PULLUP;
GPIO_InitStruct. Speed=GPIO_SPEED_FREQ_HIGH;

GPIO_InitStruct. Pin=LED2_PIN;
HAL_GPIO_Init( LED2_GPIO_PORT,&GPIO_InitStruct);
```

1) 查看 GPIO_InitStructure　使用右键菜单,找到 GPIO_InitStructure 的定义:

```
static GPIO_InitTypeDef  GPIO_InitStruct;
```

2）查看 GPIO_InitTypeDef

```
typedef struct
{
    uint32_t Pin;
    /* !<Specifies the GPIO pins to be configured.
        This parameter can be any value of @ ref GPIO_pins_define */

    uint32_t Mode;
    /* !<Specifies the operating mode for the selected pins.
        This parameter can be a value of @ ref GPIO_mode_define */

    uint32_t Pull;
    /* !<Specifies the Pull-up or Pull-Down activation for the selected pins.
        This parameter can be a value of @ ref GPIO_pull_define */

    uint32_t Speed;
    /* !<Specifies the speed for the selected pins.
        This parameter can be a value of @ ref GPIO_speed_define */
} GPIO_InitTypeDef;
```

该结构体定义了 4 个成员变量：

☺ Pin：指定要设定的 GPIO 引脚。

☺ Mode：指定引脚的操作模式。

☺ Pull：指定引脚的上拉/下拉内阻设置。

☺ Speed：指定引脚的设置速度。

3）查看 GPIO_pins_define 根据结构体 GPIO_InitTypeDef 中 Pin 的定义，其可赋的参数值是 GPIO_pins_define 类型数据。要找到该定义，须要借助 main 函数中的语句：

```
GPIO_InitStruct. Pin=LED2_PIN;
```

通过该语句中的 LED2_PIN 可以找到其定义：

```
#define LED2_PIN    GPIO_PIN_5
```

通过该宏定义语句中的 GPIO_PIN_5 可以找到有关 GPIO_pins_define 的定义：

```
/** @ defgroup GPIO_pins_define GPIO pins define
  * @ {
  */
#define GPIO_PIN_0          ((uint16_t)0x0001)   /* Pin 0 selected    */
#define GPIO_PIN_1          ((uint16_t)0x0002)   /* Pin 1 selected    */
#define GPIO_PIN_2          ((uint16_t)0x0004)   /* Pin 2 selected    */
#define GPIO_PIN_3          ((uint16_t)0x0008)   /* Pin 3 selected    */
#define GPIO_PIN_4          ((uint16_t)0x0010)   /* Pin 4 selected    */
#define GPIO_PIN_5          ((uint16_t)0x0020)   /* Pin 5 selected    */
#define GPIO_PIN_6          ((uint16_t)0x0040)   /* Pin 6 selected    */
```

```
#define GPIO_PIN_7        ((uint16_t)0x0080)   /* Pin 7 selected      */
#define GPIO_PIN_8        ((uint16_t)0x0100)   /* Pin 8 selected      */
#define GPIO_PIN_9        ((uint16_t)0x0200)   /* Pin 9 selected      */
#define GPIO_PIN_10       ((uint16_t)0x0400)   /* Pin 10 selected     */
#define GPIO_PIN_11       ((uint16_t)0x0800)   /* Pin 11 selected     */
#define GPIO_PIN_12       ((uint16_t)0x1000)   /* Pin 12 selected     */
#define GPIO_PIN_13       ((uint16_t)0x2000)   /* Pin 13 selected     */
#define GPIO_PIN_14       ((uint16_t)0x4000)   /* Pin 14 selected     */
#define GPIO_PIN_15       ((uint16_t)0x8000)   /* Pin 15 selected     */
#define GPIO_PIN_All      ((uint16_t)0xFFFF)   /* All pins selected   */

#define GPIO_PIN_MASK     ((uint32_t)0x0000FFFF) /* PIN mask for assert test */
```

要了解该处的定义，首先要知道 STM32F103 的 GPIO 的基本情况。我们已知增强型 STM32 系列中 STM32F103R×微控制器是 64 引脚封装的，而这 64 个引脚中有 51 个引脚是其 GPIO，这 51 个引脚又分为 4 组：GPIOA、GPIOB、GPIOC、GPIOD，前 3 组是每组 16 个引脚（只有 GPIOD 仅分配了 3 个引脚）刚好用一个半字（16 位）的每个位表示每个引脚的定义。想了解 64 引脚 STM32 微控制器每个引脚的具体定义，可以参考 STM32F103RB 的数据手册 DS5319 的第 3 章 Pinouts and pin description。

4）查看 GPIO_speed_define　可以查看结构体 GPIO_InitTypeDe 的另外一个成员变量 Speed，要了解该成员变量，须要先查看参考手册 RM0008_Rev20 的 9.1 节 GPIO functional description（GPIO 功能描述）。GPIO 输出模式位 MODE[1:0] 的描述见表 5-1。

表 5-1　GPIO 输出模式位 MODE[1:0] 的描述

MODE[1:0]	意　义
00	保留
01	最大输出速度为 10MHz
10	最大输出速度为 2MHz
11	最大输出速度为 50MHz

简单了解 STM32 微控制器的 GPIO 输出速度后，再通过 main 函数的语句：

```
GPIO_InitStruct. Speed = GPIO_SPEED_FREQ_HIGH;
```

来查看结构体 GPIO_InitTypeDe 的另外一个成员变量 Speed 的数据类型 GPIO_speed_define 的定义：

```
/** @defgroup GPIO_speed_define GPIO speed define
  * @brief GPIO Output Maximum frequency
  * @{
  */
#define  GPIO_SPEED_FREQ_LOW        (GPIO_CRL_MODE0_1) /* !<Low speed */
#define  GPIO_SPEED_FREQ_MEDIUM     (GPIO_CRL_MODE0_0) /* !<Medium speed */
#define  GPIO_SPEED_FREQ_HIGH       (GPIO_CRL_MODE0)   /* !<High speed */
```

进一步查看 GPIO_CRL_MODE0_1、GPIO_CRL_MODE0_0、GPIO_CRL_MODE0 的定义：

```
#define GPIO_CRL_MODE0_Pos        (0U)
#define GPIO_CRL_MODE0_Msk        (0x3U<<GPIO_CRL_MODE0_Pos)/ * !<0x00000003 */
#define GPIO_CRL_MODE0            GPIO_CRL_MODE0_Msk/ * !<MODE0[1:0] bits (Port x mode bits,
pin 0) */
#define GPIO_CRL_MODE0_0          (0x1U<<GPIO_CRL_MODE0_Pos)/ * !<0x00000001 */
#define GPIO_CRL_MODE0_1          (0x2U<<GPIO_CRL_MODE0_Pos)/ * !<0x00000002 */
```

将 C 语言的宏定义还原：

```
#define  GPIO_SPEED_FREQ_LOW       0x00000002 / * !<Low speed */
#define  GPIO_SPEED_FREQ_MEDIUM    0x00000001  / * !<Medium speed */
#define  GPIO_SPEED_FREQ_HIGH      0x00000003  / * !<High speed */
```

这与表 5-1 中输出模式为 MODE[1:0]的对应值 0x01、0x02、0x03 一致；还原到 main 函数中对结构体 GPIO_InitTypeDe 的配置即变为：

```
GPIO_InitStruct. Speed = 0x00000003;/     * !<GPIO_SPEED_FREQ_HIGH */
```

该值也是后面 HAL_GPIO_Init 函数中配置 GPIO 时要使用的值。

5) 有关 GPIO_mode_define 和 GPIO_pull_define　结构体 GPIO_InitTypeDe 的另外两个成员变量 Mode 和 Pull 可设置的数据类型是 GPIO_mode_define 和 GPIO_pull_define。要了解结构体的这两个成员变量，还要通过参考手册 RM0008_Rev20 的 9.1 节 GPIO functional description（GPIO 功能描述）的端口位配置表来学习，见表 5-2。

表 5-2　端口位配置表

配置模式		CNF1	CNF0	MODE1	MODE0	PxODR 寄存器
通用输出	推挽（Push-Pull）	0	0	01 10 11 详见表 5-1		0 或 1
	开漏（Open-Drain）		1			0 或 1
复用功能输出	推挽（Push-Pull）	1	0			不使用
	开漏（Open-Drain）		1			不使用
输入	模拟输入	0	0	00		不使用
	悬空输入		1			不使用
	下拉输入	1	0			0
	上拉输入					1

【注意】学习表 5-2 时，要注意 STM32 微控制器的 GPIO 端口有 8 种工作模式：通用输出（2 种）、复用功能输出（2 种）、输入（4 种）。由 MODE[1:0]来设定工作模式为输入（MODE[1:0]=00）、输出模式（MODE[1:0]>0）；而后由 CNF[1:0]设定具体的工作模式，以通用输出模式为例，CNF[1:0]=00 配置为推挽输出模式，CNF[1:0]=01 配置为开漏输出模式。

这里介绍的 MODE[1:0]和 CNF[1:0]是寄存器 GPIOx_CRL 的数据位，我们可以通过参考手册 RM0008_Rev20 的 9.2 节 GPIO registers（GPIO 寄存器）来学习。下面为便于读者理解，以 main 函数中用到的 GPIOA 的 Pin_5 为例介绍 GPIOA_CRL 寄存器，如图 5-9 所示。

偏移地址:0x00				复位值:0x4444 4444											

31	30	29	28	27	26	25	24	23	22	21	20	19	18	17	16
CNF7[1:0]		MODE7[1:0]		CNF6[1:0]		MODE6[1:0]		CNF5[1:0]		MODE5[1:0]		CNF4[1:0]		MODE4[1:0]	
rw	rw	rw	rw	rw	rw	rw	rw	rw	rw	rw	rw	rw	rw	rw	rw

15	14	13	12	11	10	9	8	7	6	5	4	3	2	1	0
CNF3[1:0]		MODE3[1:0]		CNF2[1:0]		MODE2[1:0]		CNF1[1:0]		MODE1[1:0]		CNF0[1:0]		MODE0[1:0]	
rw	rw	rw	rw	rw	rw	rw	rw	rw	rw	rw	rw	rw	rw	rw	rw

数 据 位	描　　述	操　　作	
23:22	CNF5[1:0]:端口 A 配置位 软件通过这些位配置相应的 I/O 端口,详见表 5-2 端口配置表	在输入模式(MODE[1:0]=00) 00:模拟输入模式 01:悬空输入模式 10:上拉/下拉输入模式 11:保留	在输出模式(MODE[1:0]>00) 00:通用推挽输出模式 01:通用开漏输出模式 10:复用功能推挽输出模式 11:复用功能开漏输出模式
21:20	MODE5[1:0]:端口 A 的模式位 软件通过这些位配置相应的 I/O 端口,详见表 5-2 端口配置表	00:输入模式(复位后的状态) 01:输出模式,最大速度 10MHz 10:输出模式,最大速度 2MHz 11:输出模式,最大速度 50MHz	

图 5-9　GPIOA_CRL 寄存器

【说明】 与端口 (GPIOx) 工作模式配置相关的寄存器有两组:GPIOx_CRL、GPIOx_CRH,其中前面已经介绍的 GPIOx_CRL 控制端口 x 低 8 位引脚的配置,而 GPIOx_CRH 控制端口 x 高 8 位引脚的配置,读者可通过参考手册 RM0008_Rev20 的 9.2 节 Port configuration register high (GPIOx_CRH) 了解其详情。

在 main 函数中,有关结构体 GPIO_InitTypeDe 的成员变量 Mode 和 Pull 的配置,仅是方便函数 HAL_GPIO_Init 内部的具体实现,并非对应于 MODE[1:0]和 CNF[1:0]的设置,因而不多解释:

```
GPIO_InitStruct. Mode = GPIO_MODE_OUTPUT_PP;
GPIO_InitStruct. Pull = GPIO_PULLUP;
```

6) 解析 HAL_GPIO_Init 函数　在 main 函数中完成结构体 GPIO_InitTypeDe 的成员变量 Mode、Pull、Speed、Pin 等的赋值后,就须要调用 HAL_GPIO_Init 函数对 STM32 微控制器的 GPIO 进行配置了:

```
HAL_GPIO_Init(LED2_GPIO_PORT,&GPIO_InitStruct);
```

若要了解函数 HAL_GPIO_Init 的功能,可以通过开发环境 MDK-ARM 的右键菜单跳转到其定义处。有关函数 HAL_GPIO_Init 的原始定义比较复杂,这里将其简化,只分析其设置 GPIO 为通用输出模式的设置过程:

```
/**
 * @brief  Initializes the GPIOx peripheral according to the specified parameters in the GPIO_Init.
 * @param  GPIOx:where x can be (A..G depending on device used) to select the GPIO peripheral
```

```
    *  @ param    GPIO_Init：pointer to a GPIO_InitTypeDef structure that contains
    *              the configuration information for the specified GPIO peripheral.
    *  @ retval None
    */
void HAL_GPIO_Init( GPIO_TypeDef   * GPIOx , GPIO_InitTypeDef * GPIO_Init )
{
    uint32_t position;
    uint32_t ioposition = 0x00;
    uint32_t iocurrent = 0x00;
    uint32_t temp = 0x00;
    uint32_t config = 0x00;
    __IO uint32_t * configregister;/ * Store the address of CRL or CRH register based on pin number * /
    uint32_t registeroffset = 0;/ * offset used during computation of CNF and MODE
                              bits placement inside CRL or CRH register * /

    / * Check the parameters * /
    assert_param( IS_GPIO_ALL_INSTANCE( GPIOx ) );
    assert_param( IS_GPIO_PIN( GPIO_Init->Pin ) );
    assert_param( IS_GPIO_MODE( GPIO_Init->Mode ) );

    / * Configure the port pins * /
    for ( position = 0; position<GPIO_NUMBER; position++ )
    {
      / * Get the IO position * /
      ioposition = ( ( uint32_t) 0x01 ) <<position;

      / * Get the current IO position * /
      iocurrent = ( uint32_t) ( GPIO_Init->Pin ) & ioposition;

      if ( iocurrent == ioposition )
      {
        / * Check the Alternate function parameters * /
        assert_param( IS_GPIO_AF_INSTANCE( GPIOx ) );

        / * Based on the required mode , filling config variable with MODEy[ 1 ;0] and
          CNFy[ 3 ;2]  corresponding bits * /
        switch ( GPIO_Init->Mode )
        {
          / * If we are configuring the pin in OUTPUT push-pull mode * /
          case GPIO_MODE_OUTPUT_PP :
            / * Check the GPIO speed parameter * /
            assert_param( IS_GPIO_SPEED( GPIO_Init->Speed ) );
```

```
        config=GPIO_Init->Speed+GPIO_CR_CNF_GP_OUTPUT_PP;
        break;

    /* If we are configuring the pin in OUTPUT open-drain mode */
    case GPIO_MODE_OUTPUT_OD:
        /* Check the GPIO speed parameter */
        assert_param(IS_GPIO_SPEED(GPIO_Init->Speed));
        config=GPIO_Init->Speed+GPIO_CR_CNF_GP_OUTPUT_OD;
        break;

    /* If we are configuring the pin in ALTERNATE FUNCTION push-pull mode */

    /* If we are configuring the pin in INPUT (also applicable to EVENT and IT mode) */

    /* If we are configuring the pin in INPUT analog mode */

    /* Parameters are checked with assert_param */
    default:
        break;
    }

    /* Check if the current bit belongs to first half or last half of the pin count number
     in order to address CRH or CRL register */
    configregister=(iocurrent<GPIO_PIN_8) ? &GPIOx->CRL :&GPIOx->CRH;
    registeroffset=(iocurrent<GPIO_PIN_8) ? (position<<2) :((position-8)<<2);

    /* Apply the new configuration of the pin to the register */
    MODIFY_REG((*configregister),((GPIO_CRL_MODE0 | GPIO_CRL_CNF0)<<registeroffset),
(config<<registeroffset));

    /* --------------------EXTI Mode Configuration-------------------- */
    /* Configure the External Interrupt or event for the current IO */
    }
  }
}
```

代码中的 for 循环语句是为了检测要设置的 GPIO 引脚，其中关键的语句是：

```
/* Get the IO position */
ioposition=((uint32_t)0x01)<<position;

/* Get the current IO position */
iocurrent=(uint32_t)(GPIO_Init->Pin) & ioposition;

if(iocurrent==ioposition)
```

结构体 GPIO_Init 在 main 函数中设定的是 LED2_PIN，其宏定义是 GPIO_PIN_5，而 GPIO_PIN_5 的宏定义是（（uint16_t）0x0020），这样，将 GPIO_Init->Pin = 0x0020 代入到代码中，就可以推导出满足 if（iocurrent == ioposition）时，ioposition = 0x0020，iocurrent = 0x0020，并推导出 position = 5，进一步简化 HAL_GPIO_Init 函数。同时，为了分析代码方便，将运行时的故障检测语句（assert_param）、多余的注释等也删除，代码精简为：

```
void HAL_GPIO_Init(GPIO_TypeDef  * GPIOx,GPIO_InitTypeDef * GPIO_Init)
{
    uint32_t position = 5;
    uint32_t ioposition = 0x0020;
    uint32_t iocurrent = 0x0020;      / * GPIO_PIN_5 * /
    uint32_t temp = 0x00;
    uint32_t config = 0x00;
    __IO uint32_t * configregister;/ * Store the address of CRL or CRH register based on pin number * /
    uint32_t registeroffset = 0;/ * offset used during computation of CNF and MODE
                            bits placement inside CRL or CRH register * /

    / * Configure the port pins * /
        / * Based on the required mode,filling config variable with MODEy[1:0] and
        CNFy[3:2] corresponding bits * /
      switch (GPIO_Init->Mode)
      {
        / * If we are configuring the pin in OUTPUT push-pull mode * /
        case GPIO_MODE_OUTPUT_PP:
          / * Check the GPIO speed parameter * /
          assert_param(IS_GPIO_SPEED(GPIO_Init->Speed));
          config = GPIO_Init->Speed+GPIO_CR_CNF_GP_OUTPUT_PP;
          break;

          / * If we are configuring the pin in OUTPUT open-drain mode * /
          case GPIO_MODE_OUTPUT_OD:
            / * Check the GPIO speed parameter * /
            assert_param(IS_GPIO_SPEED(GPIO_Init->Speed));
            config = GPIO_Init->Speed+GPIO_CR_CNF_GP_OUTPUT_OD;
            break;
          default:
            break;
      }

        / * Check if the current bit belongs to first half or last half of the pin count number
          in order to address CRH or CRL register * /
        configregister = (iocurrent<GPIO_PIN_8) ? &GPIOx->CRL :&GPIOx->CRH;
```

```
registeroffset = (iocurrent<GPIO_PIN_8) ? (position<<2) :((position-8)<<2);

        /* Apply the new configuration of the pin to the register */
        MODIFY_REG((*configregister),((GPIO_CRL_MODE0 | GPIO_CRL_CNF0)<<registeroffset),
(config<<registeroffset));

}
```

再将 main 函数中的 GPIO_InitTypeDef 类型结构体 GPIO_Init 的成员变量 Speed、Mode 的配置（GPIO_SPEED_FREQ_HIGH、GPIO_MODE_OUTPUT_PP）代入到代码中，变量 iocurrent 为 0x0020（即 GPIO_PIN_5），则 iocurrent<GPIO_PIN_8 成立，将其代入到代码中，函数 HAL_GPIO_Init 精简为：

```
void HAL_GPIO_Init(GPIO_TypeDef *GPIOx,GPIO_InitTypeDef *GPIO_Init)
{
    uint32_t position = 5;
    uint32_t config = 0x00;
    __IO uint32_t *configregister;
    uint32_t registeroffset = 0;

    config = GPIO_SPEED_FREQ_HIGH+GPIO_CR_CNF_GP_OUTPUT_PP;

    /* (iocurrent<GPIO_PIN_8) ? &GPIOx->CRL ;&GPIOx->CRH 语句中 iocurrent<GPIO_PIN_8 成立 */
    configregister = &GPIOx->CRL;
    /* (iocurrent<GPIO_PIN_8) ? (position<<2) :((position-8)<<2) 语句中 iocurrent<GPIO_PIN_8 成
立 */
    registeroffset = (position<<2);        /* position = 5 */

    /* Apply the new configuration of the pin to the register */
    /* configregister = &GPIOA->CRL;registeroffset = 20;  (5<<2 = 20) */
        MODIFY_REG((*configregister),((GPIO_CRL_MODE0 | GPIO_CRL_CNF0)<<registeroffset),
(config<<registeroffset));

}
```

前面已经分析得出变量 position 的值是 5，因而变量 registeroffset 的值是 20（C 语言中的左移（<<）语句 position<<2 就是 5*4 = 20）；将宏定义 GPIO_SPEED_FREQ_HIGH（0x3U）和 GPIO_CR_CNF_GP_OUTPUT_PP（0x00000000）的值代入到 config 语句中，则推导出 config 的值是 0x00000003，最终可以推导出函数 HAL_GPIO_Init 设置 GPIO 为输出口的过程，即调用 MODIFY_REG 函数设置 GPIOx_CRL 或 GPIOx_CRH 的过程，将例程中的具体参数代入即：

```
MODIFY_REG(GPIOA->CRL,((GPIO_CRL_MODE0 | GPIO_CRL_CNF0)<<20),(0x03<<20));
```

将这条语句再对照图 5-10 所示的 GPIOA_CRL 寄存器：

最后将 MODE5[1:0]和 CNF5[1:0]配置的值 MODE5[1:0] = 11 和 CNF5[1:0] = 00 与表 5-2 和表 5-1 中 GPIO 设置状态对照就可以知道，MODE5[1:0] = 11 是设置 GPIOA.05 引脚为输出模式，最大输出速度为 50MHz；而 CNF5[1:0] = 00 设置 GPIOA.05 为通用推挽输出模

式（Output Push-pull Mode），这些信息刚好与 main 函数中对结构体 GPIO_InitStruct 的设置一一对应。

31	30	29	28	27	26	25	24	23	22	21	20	19	18	17	16
CNF7[1:0]		MODE7[1:0]		CNF6[1:0]		MODE6[1:0]		CNF5[1:0]		MODE5[1:0]		CNF4[1:0]		MODE4[1:0]	
rw	rw	rw	rw	rw	rw	rw	rw	rw	rw	rw	rw	rw	rw	rw	rw
15	14	13	12	11	10	9	8	7	6	5	4	3	2	1	0
CNF3[1:0]		MODE3[1:0]		CNF2[1:0]		MODE2[1:0]		CNF1[1:0]		MODE1[1:0]		CNF0[1:0]		MODE0[1:0]	
rw	rw	rw	rw	rw	rw	rw	rw	rw	rw	rw	rw	rw	rw	rw	rw

图 5-10　GPIOA_CRL 寄存器

以上深入浅出地分析了 HAL_GPIO_Init 源代码设置 GPIO 输出模式的过程。读者可以根据这个过程，重新分析输出模式为 GPIO_MODE_OUTPUT_OD 的设置过程、设置为输入模式的设置过程，这样就容易真正理解实现代码比较复杂的 HAL_GPIO_Init 函数了。若初看 HAL_GPIO_Init 函数时无法理解，也不用纠结，毕竟我们只须使用这个函数即可。

5.2.5　为何 LED 能闪烁

1. 代码分析

现在，我们就来实现 main 函数的功能——让 LED 闪烁起来：

```
/ * -3-Toggle IO in an infinite loop * /
while (1)
{
    HAL_GPIO_TogglePin(LED2_GPIO_PORT,LED2_PIN);
    / * Insert delay 100 ms * /
    HAL_Delay(100);
}
```

这里主要调用了两个 HAL 驱动函数：HAL_GPIO_TogglePin、HAL_Delay。首先介绍 HAL_Delay 函数，通过 MDK-ARM 的右键菜单可以跳转到其定义处：

```
/ **
  * @ brief This function provides accurate delay (in milliseconds) based
  *         on variable incremented.
  * @ note In the default implementation ,SysTick timer is the source of time base.
  *        It is used to generate interrupts at regular time intervals where uwTick
  *        is incremented.
  * @ note ThiS function is declared as__weak to be overwritten in case of other
  *        implementations in user file.
  * @ param Delay:specifies the delay time length,in milliseconds.
  * @ retval None
  */
__weak void HAL_Delay(__IO uint32_t Delay)
{
```

```
uint32_t tickstart = 0;
tickstart = HAL_GetTick();
while((HAL_GetTick() - tickstart) < Delay)
  {
  }
}
```

这里只是通过 while 循环来延时，另外还通过调用 HAL_GetTick 函数获取系统嘀嗒时间，该时间值是通过 SysTick Timer 的中断来更新的，而其中断间隔又是在 main 函数的开始调用 HAL_Init 时设置的（1ms 更新一次）。

我们再来看 HAL_GPIO_TogglePin 函数的实现：

```
/**
  * @brief   Toggles the specified GPIO pin
  * @param   GPIOx:where x can be (A..G depending on device used) to select the GPIO peripheral
  * @param   GPIO_Pin:Specifies the pins to be toggled.
  * @retval None
  */
void HAL_GPIO_TogglePin(GPIO_TypeDef * GPIOx, uint16_t GPIO_Pin)
{
  /* Check the parameters */
  assert_param(IS_GPIO_PIN(GPIO_Pin));

  GPIOx->ODR ^= GPIO_Pin;
}
```

这里是对寄存器 GPIOx_ODR 的异或（^）操作。有关端口输出数据寄存器 GPIOx_ODR，可以通过参考手册 RM0008_Rev20 的 9.2.4 节 Port output data register（GPIOx_ODR）来学习，如图 5-11 所示：

地址偏移:0x0C							复位值:0x0000 0000								
31	30	29	28	27	26	25	24	23	22	21	20	19	18	17	16
保留															
15	14	13	12	11	10	9	8	7	6	5	4	3	2	1	0
ODR 15	ODR 14	ODR 13	ODR 12	ODR 11	ODR10	ODR9	ODR8	ODR7	ODR6	ODR5	ODR4	ODR3	ODR2	ODR1	ODR0
rw	rw	rw	rw	rw	rw	rw	rw	rw	rw	rw	rw	rw	rw	rw	rw

数 据 位	描 述	操 作
31:16	保留	读操作的结果始终为 0
15:0	ODR[15:0]:端口 x 输出数据	可读可写，并只能以字的形式操作

图 5-11   寄存器 GPIOx_ODR

【注意】GPIOx_ODR 寄存器只能以字的形式操作，而 HAL_GPIO_TogglePin 函数中的异或操作其实隐形存在一个读、修改、写入的过程：GPIOx→ODR ^= GPIO_Pin，即 GPIOx→ODR = GPIOx→ODR ^GPIO_Pin，先读取 GPIOx_ODR 的值，然后异或操作修改相应的位，再写入 GPIOx_ODR 的值，从而实现相应引脚状态的改变。

具体到例程中 main 函数传入的参数 HAL_GPIO_TogglePin（LED2_GPIO_PORT，LED2_PIN）：LED2_GPIO_PORT 是 GPIOA，LED2_PIN 是 GPIO_PIN_5，因而就是通过修改 GPIOA_ODR 的 ODR5 位，实现 GPIOA.05 引脚输出状态的改变。

2. 学习参考手册

为进一步了解 STM32 微控制器 GPIO 输出模式的配置，读者可以研读参考手册 RM0008_Rev20 的 9.1 节 GPIO functional description（GPIO 功能描述）和 9.2 节 GPIO registers（GPIO 寄存器描述）：

GPIO 端口的每个引脚可用软件配置输出模式：通用输出模式 2 种（开漏输出、推挽输出）、复用输出模式 2 种（开漏复用模式、推挽复用模式）。

在两种通用输出模式下，每个位（引脚）可配置成 3 种最高输出速度（10MHz、2MHz、50MHz）。输出速度越高，相应的系统功耗也就越大，因而配置原则是在满足使用要求的情况下，尽量配置为低速输出模式。

如果 I/O 端口要用作通用输出模式，有 6 个寄存器可能会被用到：2 个 32 位配置寄存器（GPIOx_CRL、GPIOx_CRH）、1 个 32 位数据寄存器（GPIOx_ODR）、1 个 32 位置位/复位寄存器（GPIOx_BSRR）、1 个 16 位复位寄存器（GPIOx_BRR）和 1 个 32 位锁定寄存器（GPIOx_LCKR）。每个 I/O 端口寄存器都要按 32 位字访问（不允许半字或字节访问）。

当 I/O 端口配置为输出模式时（设定 GPIOx_CRL、GPIOx_CRH 寄存器），写到输出数据寄存器上的值（PIOx_ODR）会输出到相应的 I/O 引脚。以按字写操作 GPIOx_BSRR 或 GPIOx_BRR 的形式对 GPIOx_ODR 的个别位编程时（在单次写操作中，可以只更改一个或多个位），软件无须禁止中断。

当 GPIOx_LCKR 寄存器用作锁定 I/O 配置时，若在一个端口位上执行了锁定（LOCK）程序，则在下一次复位之前，将不能再更改端口位的配置。

图 5-12 所示为 GPIO 端口相应位的输出配置。

当 I/O 端口被配置为输出时：

☺ 输出缓冲器被激活。
 ◇ 开漏模式：输出寄存器上的 0 激活 N-MOS，而输出寄存器上的 1 将端口置于高阻状态（P-MOS 从不被激活）。
 ◇ 推挽模式：输出寄存器上的 0 激活 N-MOS，而输出寄存器上的 1 将激活 P-MOS。
☺ 施密特触发输入被激活。
☺ 弱上拉和下拉电阻被禁止。
☺ 出现在 I/O 引脚上的数据在每个 APB2 时钟被采样到输入数据寄存器。
☺ 在开漏模式下，对输入数据寄存器进行读访问可得到 I/O 状态。
☺ 在推挽模式下，对输出数据寄存器进行读访问可得到最后一次写的值。

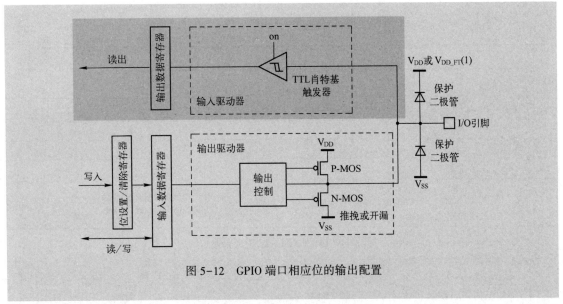

图 5-12   GPIO 端口相应位的输出配置

通过对参考手册的学习，我们知道能影响 GPIO 端口输出状态的除了前面介绍过的端口输出数据寄存器（GPIOx_ODR），还有另外两个寄存器：端口位设置/清除寄存器 GPIOx_BSRR 和端口位清除寄存器 GPIOx_BRR。接下来，我们就通过参考手册 RM0008_Rev20 来学习这两个寄存器，首先是 9.2.5 节 Port bit set/reset register（GPIOx_BSRR），这里仍旧以例程中配置的 GPIOA.05（如图 5-13 所示）为例进行介绍。

地址偏移:0x10   复位值:0x0000 0000

31	30	29	28	27	26	25	24	23	22	21	20	19	18	17	16
BR15	BR14	BR13	BR14	BR11	BR10	BR9	BR8	BR7	BR6	BR5	BR4	BR3	BR2	BR1	BR0
w	w	w	w	w	w	w	w	w	w	w	w	w	w	w	w

15	14	13	12	11	10	9	8	7	6	5	4	3	2	1	0
BS15	BS14	BS13	BS12	BS11	BS10	BS9	BS8	BS7	BS6	BS5	BS4	BS3	BS2	BS1	BS0
w	w	w	w	w	w	w	w	w	w	w	w	w	w	w	w

数 据 位	描　　述	操　　作
21	BR5：清除端口 A 的位 2 这些位（含其他端口清除位）只能写入，并只能以字（word）的形式操作	0：对对应的 ODR5 位不产生影响 1：清除对应的 ODR5 位为 0 注：如果同时设置了 BS5 和 BR5 的对应位，BS5 位起作用
5	BS5：设置端口 A 的位 2 这些位（含其他端口设置位）只能写入，并只能以字（word）的形式操作	0：对对应的 ODR5 位不产生影响 1：设置对应的 ODR5 位为 1

图 5-13   GPIOA.05 寄存器

另外就是参考手册 RM0008_Rev20 的 9.2.6 节 Port bit reset register（GPIOx_BRR），如图 5-14 所示。

地址偏移:0x14　　　　复位值:0x0000 0000

31	30	29	28	27	26	25	24	23	22	21	20	19	18	17	16
							保留								

15	14	13	12	11	10	9	8	7	6	5	4	3	2	1	0
BR15	BR14	BR13	BR14	BR11	BR10	BR9	BR8	BR7	BR6	BR5	BR4	BR3	BR2	BR1	BR0
w	w	w	w	w	w	w	w	w	w	w	w	w	w	w	w

数 据 位	描 述	操 作
31：16	保留	
5	BR5：清除端口 A 的位 5 这些位（含其他端口清除位）只能写入，并只能以字的形式操作	0：对应的 ODR5 位不产生影响 1：清除对应的 ODR5 位为 0

图 5-14　GPIOx_BRR 寄存器

【注意】（1）端口位清除寄存器 GPIOx_BRR 的低 16 位与端口位设置/清除寄存器 GPIOx_BSRR 高 16 位重名，且有同样的功能：清除端口 x 的相应位（清除 GPIOx_ODR 相应的位）。

（2）写 GPIOx_BSRR 操作，可起到与操作 GPIOx_ODR 同样的作用。

（3）写 GPIOx_BRR 操作，只能清除 GPIOx_ODR 相应的位。

（4）GPIOx_ODR 比 GPIOx_BSRR、GPIOx_BRR 多了读操作功能。

（5）若想修改 GPIOx_ODR 某一位的状态，又不想影响其他引脚的状态，那么写 GPIOx_BSRR 和 GPIOx_BRR 是很好的选择，因为这两个寄存器只有写 1 才有效，写 0 不影响 GPIOx_ODR 的状态。

3. HAL 固件库函数学习

为了更好地使用 HAL 驱动函数，读者可以通过用户手册 UM1850 的第 20 章 HAL GPIO generic driver（HAL GPIO 通用驱动）学习将 GPIO 端口配置为通用输出口时可能用到的函数。

1）初始化函数

HAL_GPIO_Init 函数：根据设定参数初始化 GPIO 寄存器。

HAL_GPIO_DeInit 函数：将 GPIO 外设寄存器设置为初始化时的默认值。

【注意】配置 GPIO 端口为输出模式时，只会用到 GPIO_Init 函数，而用不到 GPIO_DeInit 函数。因为 GPIOx_CRL、GPIOx_CRH 的默认值是 0x4444 4444，因而 CNFy[1:0] 的默认值是 01，MODEy[1:0] 的默认值是 00，也就是说引脚的初始状态是输入模式，且是悬空输入模式（Floating input mode）。

2）状态位操作函数

HAL_GPIO_ReadPin 函数：读取 GPIO 端口的输入数据寄存器的指定位。

HAL_GPIO_WritePin 函数：设置或清除指定 GPIO 端口相应数据位。

HAL_GPIO_TogglePin 函数：改变指定 GPIO 端口的状态。

HAL_GPIO_LockPin 函数：锁定指定 GPIO 端口的配置寄存器（CRL、CRH）。

3）I/O 操作流程

（1）使能 I/O 端口时钟：__HAL_RCC_GPIOx_CLK_ENABLE。

（2）配置 I/O 端口输出模式：HAL_GPIO_Init。

（3）操作 I/O 端口输出数据寄存器，控制 I/O 引脚输出状态：HAL_GPIO_ReadPin、HAL_GPIO_WritePin、HAL_GPIO_TogglePin、HAL_GPIO_LockPin。

5.3 新建例程

前面已经分析了 STM32CubeF1 软件包所带开发板 Uncleo-F103RB 的例程 GPIO_IOToggle 的源程序，接下来就参照该例程使用 STM32CubeMX 重新生成一个功能相同的程序。在新建例程的过程中，要参考用户手册 **UM1718**：STM32CubeMX for STM32 configuration and initialization C code generation，其实它也是开发工具 STM32CubeMX 的帮助手册，可以通过其开始菜单打开浏览。UM1718 的第 11 章 Tutorial 1：From pinout to project C code generation using an MCU of the STM32F4 series 给出了使用 STM32CubeMX 生成 C 代码的完整教程，该章共分 9 节，每节可以看作一个步骤：

11.1 Creating a new STM32CubeMX project

11.2 Configuring the MCU pinout

11.3 Saving the project

11.4 Generating the report

11.5 Configuring the MCU Clock tree

11.6 Configuring the MCU initialization parameters

    11.6.1 Initial conditions

    11.6.2 Configuring the peripherals

    11.6.3 Configuring the GPIOS

    11.6.4 Configuring the DMAs

    11.6.5 Configuring the middleware

11.7 Generating a complete C project

    11.7.1 Setting project options

    11.7.2 Downloading firmware package and generating the C code

11.8 Building and updating the C code project

11.9 Switching to another MCU

下面就按照上面的步骤新建自己的例程。

5.3.1 重建例程

1）新建文件夹 在 E 盘根目录新建文件夹 KeilMDK，用于保存所有练习工程；在该文件夹下新建文件夹 IOToggle，用于保存本章新建工程文件。

2）新建 STM32CubeMX 工程 如图 5-15 所示，在 STM32CubeMX 开发环境中通过菜单命令 "File" → "New Project…（Ctrl + N）" 或 STM32CubeMX 开始窗口中的 "ACCESS TO BOARD SELECTOR" 按钮，打开新建工程选择对话框。

3）选择 NUCLEO-F103RB 开发板 如图 5-16 所示，为了与例程保持一致，在 "New Project" 对话框的 "Part Number Search" 栏中选择 "NUCLEO-F103RB"，在 "Board List：1 Item" 中选择 NUCLEO-F103RB 开发板，然后单击对话框右上角的 "Start Project" 按钮，进入配置工程页面。

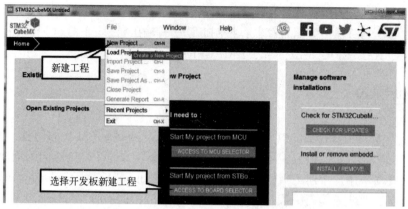

图 5-15　新建 STM32CubeMX 工程

图 5-16　选择开发板

4）配置 MCU 引脚　在"New Project"对话框中完成开发板的选择后，单击"Start Project"按钮，返回 STM32CubeMX 的主界面，如图 5-17 所示。根据用户手册 UM1718 的介绍，在该页面应该配置 MCU 的引脚，但是在选择 NUCLEO-F103RB 开发板时，读者会发现微控制器 STM32F103RBT×的引脚已经默认配置完成。

图 5-17　配置 MCU 引脚

5) 保存 STM32CubeMX 工程　按照用户手册 UM1718 第 11 章介绍的操作步骤，接下来是使用 STM32CubeMX 菜单命令 "File" → "Save Project（Ctrl+S）" 保存新建的工程（可以将工程保存到新建的文件夹 IOToggle 目录下，将工程命名为 IOToggle）。

> 【注意】此时保存的是 STM32CubeMX 的工程，后面还会生成集成开发环境 Keil MDK-ARM 所支持的工程。

6) 生成报告　按照用户手册 UM1718 第 11 章介绍的操作步骤，接下来是使用 STM32CubeMX 的菜单命令 "Project" → "Generate Report（Ctrl+R）" 生成当前工程的报告文件。该报告保存了前面的所有配置和 MCU 的配置情况，有兴趣的读者可以打开该报告看看，它是该工程的一个记录文件。

7) 配置 MCU 时钟树　在 STM32CubeMX 的主页面切换到 "Clock Configuration" 标签页，在此会发现这就是前面分析例程时在参考手册 RM0008_Ver20 的 7.2 节看到的时钟树，如图 5-18 所示。可以按照例程 GPIO_IOToggle 中的配置设置时钟树：PLLMul 为 "x16"，SYSCLK 为 64MHz，AHB Prescaler 为 "/1"，HCLK 为 64MHz，APB1 Prescaler 为 "/2"，APB2 Prescaler 为 "/1"。

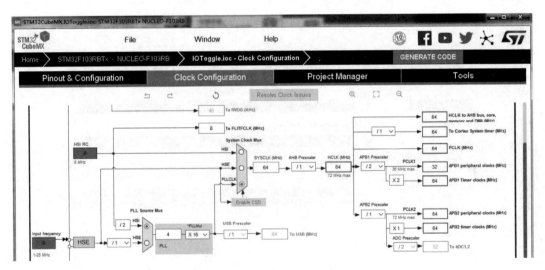

图 5-18　配置 MCU 时钟树

在当下配置的时钟树中，选择的 SYSCLK 的时钟源是 PLLCLK，读者也可以尝试选择 HSI 或 HSE 作为 SYSCLK 的时钟源，同时阅读参考手册 RM0008_Ver20 的第 7 章，学习 STM32 微控制器的时钟树。

8) 配置 MCU 外设　在 STM32CubeMX 的主窗口切换到 "Pinout & Configuration" 标签页，如图 5-19 所示。

在用户手册 UM1718 的介绍中，该步骤需要设置的外设比较多，包括：Initial conditions、Configuring the peripherals、Configuring the GPIOs、Configuring the DMAs、Configuring the middleware。而我们的例程相对简单，只使用一个 LED，因而在该步骤只须配置 GPIO 就可以了，如图 5-19 所示。在 "Pinout & Configuration" 标签页选择 GPIO，弹出 GPIO 配置对话框，如图 5-20 所示。

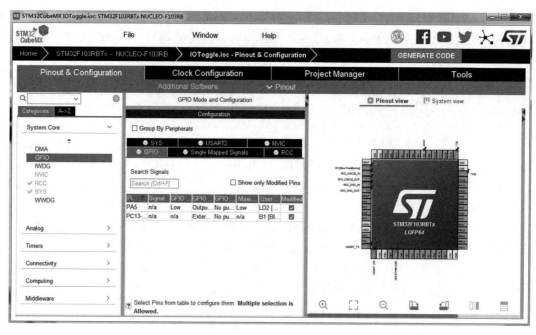

图 5-19　"Pinout & Configuration" 标签页

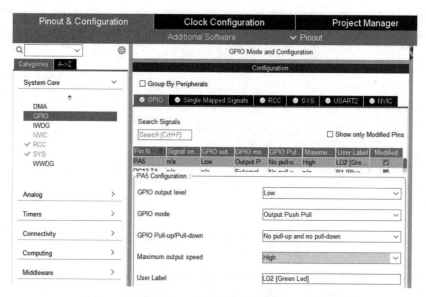

图 5-20　GPIO 配置对话框

　　根据对例程 GPIO_IOToggle 代码的分析，将 GPIO（PA5）的 GPIO mode 参数配置为 Output Push Pull 模式，设置 Maximum output speed 为 High 模式（说明：PA5 原本是配置好的，这里为了与例程保持一致，将 Maximum output speed 修改为 High 模式）。

　　9）生成 C 代码工程　在生成工程前，还要配置生成工程的选项：名称、保存路径等。如图 5-21 所示，在 STM32CubeMX 主界面选择的 "Project Manager" 标签页。

　　在 "Project Manager" 标签页，选择集成开发环境（Toolchain/IDE）：MDK-ARM，将软件版本设置为 V5.27。

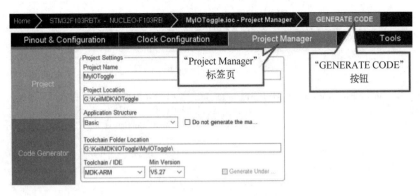

图 5-21 "Project Manager"标签页

完成以上配置后，单击 STM32CubeMX 主界面的"GENERATE CODE"按钮生成 C 代码工程，STM32CubeMX 会打开工程对话框，如图 5-22 所示。

图 5-22 打开工程对话框

单击"Open Project"按钮，STM32CubeMX 工具会自动关联到 Keil MDK-ARM 开发环境，在该集成环境中打开生成的 C 代码工程，如图 5-23 所示。在此可以查看生成工程的 main.c 文件。

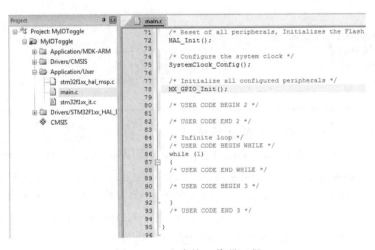

图 5-23 生成的 C 代码工程

10）编译工程 此时在 Keil MDK-ARM 集成环境中通过菜单命令"Project"→"Rebuild all target files"或工具栏中的"Rebuild"按钮编译工程。因为代码都是 STM32CubeMX 自动生成的，编译自然可以顺利通过。只是在 main 函数中还没有实现我们想要的 LED 闪烁的功能，因而还没有必要将程序下载到开发板。

11）补充 main 函数 新建工程 MyIOToggle 生成的 main 函数与 STM32CubeF1 软件包的例程 GPIO_IOToggle 中的 main 函数的比较见表 5-3。

表 5-3　两个 main 函数的比较

例程 GPIO_IOToggle	新建工程 MyIOToggle

int main(void)
{
　/ * This sample code shows how to use GPIO HAL API to toggle LED2 IO
　　in an infinite loop. * /
 	
　/ * STM32F103xB HAL library initialization * /
　HAL_Init( );
 	
　/ * Configure the system clock to 64 MHz * /
　SystemClock_Config( );
 	
　/ * - 1 - Enable GPIO Clock (to be able to program the configuration registers) * /
　LED2_GPIO_CLK_ENABLE( );
 	
　/ * -2-Configure IO in output push-pull mode to drive external LEDs * /
　GPIO_InitStruct. Mode　=GPIO_MODE_OUTPUT_PP;
　GPIO_InitStruct. Pull　=GPIO_PULLUP;
　GPIO_InitStruct. Speed=GPIO_SPEED_FREQ_HIGH;
 	
　GPIO_InitStruct. Pin=LED2_PIN;
　HAL_GPIO_Init(LED2_GPIO_PORT,&GPIO_InitStruct);
 	
　/ * -3-Toggle IO in an infinite loop * /
　while (1)
　{
　　HAL_GPIO_TogglePin(LED2_GPIO_PORT,LED2_PIN);
　　/ * Insert delay 100 ms * /
　　HAL_Delay(100);
　}
}
	int main(void)
	{
	　/ * USER CODE BEGIN 1 * /
	　/ * USER CODE END 1 * /
	　/ * MCU Configuration------------------- * /
	
	　/ * Reset of all peripherals,Initializes the Flash interface and the Systick. * /
	　HAL_Init( );
	
	　/ * Configure the system clock * /
	　SystemClock_Config( );
	
	　/ * Initialize all configured peripherals * /
	　MX_GPIO_Init( );
	
	　/ * USER CODE BEGIN 2 * /
	
	　/ * USER CODE END 2 * /
	
	　/ * Infinite loop * /
	　/ * USER CODE BEGIN WHILE * /
	　while (1)
	　{
	　/ * USER CODE END WHILE * /
	
	　/ * USER CODE BEGIN 3 * /
	　}
	　/ * USER CODE END 3 * /
	}

　　通过比较可以发现，两个例程的初始化过程是一样的：调用 HAL_Init 函数配置 Flash prefetch、time base source、NVIC 和 Low level hardware；调用 SystemClock_Config 函数配置系统时钟树。但仔细分析 SystemClock_Config 函数会发现，两者又有细微的差别，但实现的结果是相同的。

　　两者对 GPIO 时钟的使能、GPIO 输出模式的配置稍有些不同：例程 GPIO_IOToggle 是在 main 函数中完成的；而新建工程 MyIOToggle 是在 MX_GPIO_Init 函数中完成的。MX_GPIO_Init 函数在 GPIO 配置的实现过程上与例程的设置过程也没什么差别：

```
    / * GPIO Ports Clock Enable * /
    __HAL_RCC_GPIOA_CLK_ENABLE( );


    / * Configure GPIO pin Output Level * /
    HAL_GPIO_WritePin( LD2_GPIO_Port, LD2_Pin, GPIO_PIN_RESET);


    / * Configure GPIOpin : LD2_Pin * /
```

```
GPIO_InitStruct. Pin = LD2_Pin;
GPIO_InitStruct. Mode = GPIO_MODE_OUTPUT_PP;
GPIO_InitStruct. Speed = GPIO_SPEED_FREQ_HIGH;
HAL_GPIO_Init( LD2_GPIO_Port, &GPIO_InitStruct);
```

仔细分析代码，又会发现 MX_GPIO_Init 函数配置 GPIO 的过程稍有不同，比例程 GPIO_IOToggle 多了一句 GPIO 输出状态的设置（HAL_GPIO_Write）。

而 GPIO 配置为输出模式时，GPIOx_ODR 的默认值是 0x0000 0000，因而例程和新建工程 MyIOToggle 中的 HAL_GPIO_WritePin 所实现的结果也是相同的，都是实现连接 LED 的 GPIO 端口输出低电平。

分析代码时会发现，在新建工程的 MX_GPIO_Init 函数中还配置了其他外设，如按键、串口、外部中断等，这些是 Nucleo-F103RB 开发板上的板载资源，也是比例程 GPIO_IOToggle 多了初始化设置的部分。

最后，就是两者的主循环 while 中的代码不同，例程 GPIO_IOToggle 完成了 LED 闪烁部分的功能，而在新建工程的 while 循环内部是空的，等待我们去填写。参考例程的 main 函数，将 while 循环中的两个语句写在/ * USER CODE BEGIN 3 */的下面：

```
/ * Infinite loop */
/ * USER CODE BEGIN WHILE */
while（1）
{
/ * USER CODE END WHILE */

/ * USER CODE BEGIN 3 */
    HAL_GPIO_TogglePin( LD2_GPIO_Port,LD2_Pin)；  / *注意,参数名称不同*/
    HAL_Delay( 100)；
}
/ * USER CODE END 3 */
```

> 【注意】这里 HAL_GPIO_TogglePin 函数的参数名称不同，例程 GPIO_IOToggle 中是 LED2_GPIO_PORT、LED2_PIN，而这里是 LD2_GPIO_Port、LD2_Pin，这是因为在 main. h 文件中定义的名称稍有不同。

另外，在 STM32CubeMX 生成的工程中补充代码时，要按照其规范，写在/ * USER CODE BEGINx */与/ * USER CODE ENDx */之间，这样在用 STM32CubeMX 重新配置、生成工程时，会保留用户添加的代码。有关这一点，在用户手册 UM1718 的 11. 7. 2 节 Downloading firmware package and generating the C code 的最后，有这样的描述：

> Caution：C code written within the user sections is preserved at next C code generation,while C code written outside these sections is overwritten.
>
> User C code will be lost if user sections are moved or if user sections delimiters are renamed.

12）重新编译、下载工程　为了下载程序后能够让程序直接运行，在重新编译工程前，要配置一下工程。在 Keil MDK-ARM 开发环境中，通过菜单命令"Project"→"Options for

Target'MyIOToggle'"或工具栏中的"Options for Target"按钮 ，打开"Options for Target 'MyIOToggle'"对话框，如图 5-24 所示。

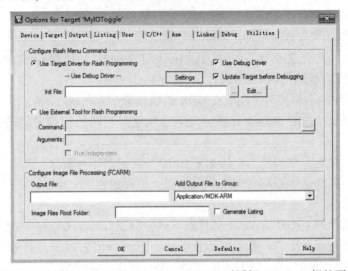

图 5-24 "Options for Target'MyIOToggle'"对话框（Utilities 标签页）

在"Utilities"标签页中单击"Settings"按钮，打开"Cortex-M Target Driver Setup"对话框，如图 5-25 所示。在"Flash Download"标签页中选中"Reset and Run"选项。

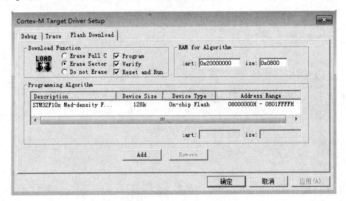

图 5-25 选中"Reset and Run"选项

在 Keil MDK-ARM 开发环境中，通过菜单命令"Project"→"Build Target"或工具栏"Build(F7)"按钮 编译工程。

编译完成后，通过 USB 线把 Nucleo-F103RB 开发板连接到 PC，通过菜单命令"Flash"→"Download F8"或工具栏中的"Download"按钮 下载程序到开发板。下载完成后，可以观察开发板上 LED（LD2）的闪烁状态。

13) 简单修改程序 为了凸显新建工程与 STM32CubeF1 软件包所带例程的不同，可以修改 while 循环中 HAL_Delay 函数的参数：

```
/* Infinite loop */
/* USER CODE BEGIN WHILE */
while（1）
{
```

```
/* USER CODE END WHILE */

/* USER CODE BEGIN 3 */
    HAL_GPIO_TogglePin(LD2_GPIO_Port,LD2_Pin);
    HAL_Delay(800);/* 将延时间隔改大一些 */
}
/* USER CODE END 3 */
```

重新编译工程，下载程序到开发板，观察程序运行的效果。

5.3.2　完善例程

前面使用开发工具 STM32CubeMX 重新实现了例程 GPIO_ IOToggle 的功能：设置 GPIO 端口为输出口，每 100ms 翻转一次 GPIO 端口的输出状态，实现 LED 闪烁效果。接下来尝试在开发板上通过面包板扩展多个 LED，实现跑马灯的效果。

1. 开发板原理图

想要扩展开发板，首先要对开发板有所了解。可以在 ST 公司官网搜索 Nucleo-F103RB，在该开发板的介绍页面找到用户手册 UM1724：STM32 Nucleo-64 board，通过用户手册了解开发板 Nucleo-F103RB。Nucleo-F103RB 引脚图如图 5-26 所示。

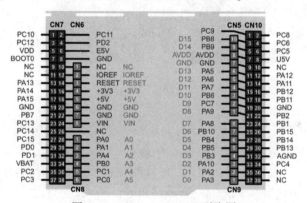

图 5-26　Nucleo-F103RB 引脚图

另外，通过用户手册 UM1724 附录 A 中的图 30 可以学习开发板上 Arduino 扩展接口 CN5 和例程中驱动的 LD2 的原理图，如图 5-27 所示。

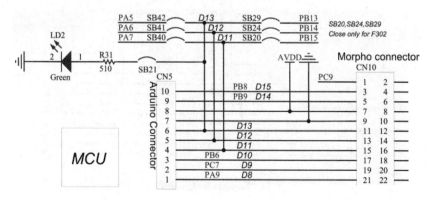

图 5-27　Arduino 扩展接口 CN5

【注意】 图 5-27 中的电阻 SB20、SB24、SB29 在 Nucleo-F103RB 开发板上是未焊接的，也就是断开的；而 SB21、SB40、SB41、SB42 焊接的是 0Ω 电阻，因而 LD2 是通过电阻 R31 连接到 STM32 微控制器的 PA5 引脚的。图中的 SB20、SB21 等电阻在开发板的背面。

根据开发板上 LD2 的连接情况，读者可以仿照着在 CN5 接口的 PA9、PC7、PB6 插孔上扩展 3 个 LED，其连接方式如图 5-28 所示。

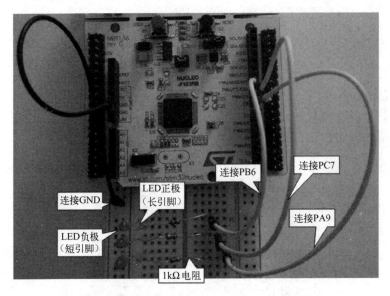

图 5-28　扩展 LED

【注意】 LED 有正、负极之分，长引脚为正极，短引脚为负极，将 3 个 LED 的负极统一插在面包板左侧的负极孔中（蓝线标识的插孔），然后用杜邦线连接到开发板 CN6 接口的 GND 插孔上；LED 的正极串联一个 1kΩ 电阻，然后用杜邦线分别连接到开发板 CN6 接口的 D8（PA9）、D9（PC7）、D10（PB6）插孔上。LED 扩展电路图如图 5-29 所示。

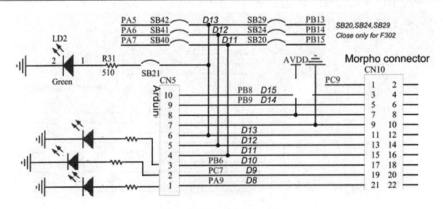

图 5-29　LED 扩展电路图

2. 根据原理图修改 main. c 代码

完成开发板的电路扩展后，可以尝试着修改 main. c 文件中的代码。

1) 补充 GPIO 配置函数　可以仿照 MX_GPIO_Init 函数，在其下面的/ * USER CODE BENGI 4 * /与/ * USER CODE END 4 * /之间添加一个自己的 GPIO 配置函数 LED_GPIO_Init：

```
/ * USER CODE BEGIN 4 * /
static void LED_GPIO_Init( void)
{
    GPIO_InitTypeDef GPIO_InitStruct;

    / * GPIO Ports Clock Enable * /
    __HAL_RCC_GPIOA_CLK_ENABLE( );
    __HAL_RCC_GPIOB_CLK_ENABLE( );
    __HAL_RCC_GPIOC_CLK_ENABLE( );

    / * Configure GPIO pin :LD3_Pin * /
    GPIO_InitStruct. Pin = GPIO_PIN_9;
    GPIO_InitStruct. Mode = GPIO_MODE_OUTPUT_PP;
    GPIO_InitStruct. Speed = GPIO_SPEED_FREQ_HIGH;
    HAL_GPIO_Init( GPIOA,&GPIO_InitStruct) ;

    / * Configure GPIO pin :LD4_Pin * /
    GPIO_InitStruct. Pin = GPIO_PIN_6;
    GPIO_InitStruct. Mode = GPIO_MODE_OUTPUT_PP;
    GPIO_InitStruct. Speed = GPIO_SPEED_FREQ_HIGH;
    HAL_GPIO_Init( GPIOB,&GPIO_InitStruct) ;

    / * Configure GPIO pin :LD5_Pin * /
    GPIO_InitStruct. Pin = GPIO_PIN_7;
    GPIO_InitStruct. Mode = GPIO_MODE_OUTPUT_PP;
    GPIO_InitStruct. Speed = GPIO_SPEED_FREQ_HIGH;
    HAL_GPIO_Init( GPIOC,&GPIO_InitStruct) ;

    / * Configure GPIO pin Output Level * /
    HAL_GPIO_WritePin( GPIOA,GPIO_PIN_9,GPIO_PIN_RESET);
    HAL_GPIO_WritePin( GPIOB,GPIO_PIN_6,GPIO_PIN_RESET);
    HAL_GPIO_WritePin( GPIOC,GPIO_PIN_7,GPIO_PIN_RESET);
}
/ * USER CODE END 4 * /
```

2) 声明扩展函数　定义完成连接 LED 的 GPIO 配置函数，在 main 函数前要声明该函数，可以将声明代码放在/ * USER CODE BENGI 0 * /与/ * USER CODE END 0 * /之间：

```
/ * USER CODE BEGIN 0 * /
static void LED_GPIO_Init( void);
/ * USER CODE END 0 * /
```

3）修改 main 函数 完成以上 GPIO 配置函数的扩展和声明后，就可以修改 main 函数，实现跑马灯的效果了：

```
int main( void)
{
    /* Reset of all peripherals,Initializes the Flash interface and the Systick. */
    HAL_Init( );

    /* Configure the system clock */
    SystemClock_Config( );

    /* Initialize all configured peripherals */
    MX_GPIO_Init( );

    /* USER CODE BEGIN 2 */
    LED_GPIO_Init( );                              /* 添加的 GPIO 配置函数 */
    /* USER CODE END 2 */

    /* Infinite loop */
    /* USER CODE BEGIN WHILE */
    while (1)
    {
    /* USER CODE END WHILE */

    /* USER CODE BEGIN 3 */
        HAL_GPIO_TogglePin( LD2_GPIO_Port,LD2_Pin);
        HAL_Delay( 300);
        HAL_GPIO_TogglePin( GPIOB,GPIO_PIN_6);     /* 添加其他 3 个 LED 的控制 */
        HAL_Delay( 300);
        HAL_GPIO_TogglePin( GPIOC,GPIO_PIN_7);
        HAL_Delay( 300);
        HAL_GPIO_TogglePin( GPIOA,GPIO_PIN_9);
        HAL_Delay( 300);
    }
    /* USER CODE END 3 */
}
```

4）编译、下载 完成以上步骤后，就可以编译程序、下载程序到开发板上，看看我们的成果了。正常运行是 4 个 LED（包括开发板上的 LD2）依次点亮，再依次熄灭，周而复始。当然，在编译和观察实验结果时，也许会出现意想不到的问题，不要着急，从头逐步检查一遍，查看是电路的连接有问题，还是代码的书写出现了差错。至此，我们的第一个小程序——跑马灯程序就圆满完成了。

思考与练习

（1）通过用户手册 UM1850 学习 GPIO 相关的函数。

（2）通过用户手册 UM1718 学习使用 STM32CubeMX 生成 C 代码工程。

（3）通过数据手册 DS5319 了解 STM32F103RBT6 微控制器。

（4）通过参考手册 RM0008 学习 STM32 微控制器的时钟系统和 GPIO 输出、输入设置。

（5）通过用户手册 UM1724 学习 Nucleo-F103RB 开发板的原理图。

（6）通过编程手册 PM0075 了解闪存预取指区（Flash Prefetch）。

（7）总结 GPIO 作为通用输出端口时的设置方法。

（8）模仿 5.3 节，在开发板的其他 GPIO 端口上扩展 LED。

第6章 外部中断

在第5章中，我们通过例程 GPIO_IOToggle 了解了 STM32 微控制器的 GPIO 端口作为通用输出端口的情况。本章要通过 STM32CubeF1 软件包的另一个例程来学习 GPIO 端口作为外部中断时的使用方法。

6.1 例程 GPIO_EXTI

前面学习的例程 GPIO_IOToggle 是在 STM32CubeF1 软件包的 Projects\STM32F103RB-Nucleo\Examples 目录找到的，该目录中没有与 EXTI 相关的例程，我们如何找到例程来学习呢？回到 ST 公司官网 STM32CubeF1 软件包的介绍页面，这里有一份应用手册 AN4724：STM32Cube firmaware examples for STM32F1 series，我们可以学习一下。在该文档中，有一个 STM32CubeF1 固件例程表，见表 6-1。

表 6-1　STM32CubeF1 固件例程表

层次	模块名称	工程名称	描述	STM3210C-EVAL	STM32VL DISCOVERY	NUCLEO-F103RB	STM3210E-EVAL
例程	—	BSP	This example provides a description of how to use the different BSP drivers.	x	—	—	x
	…	…	…	…	…	…	…
	GPIO	GPIO_ EXTI	This example shows how to configure external interrupt lines.	—	x	—	—
		GPIO_ IOToggle	This example describes how to configure and use GPIOs through the HAL API.	x	x	x	x
	…	…	…	…	…	…	…
例程总数：87				17	16	24	30

表 6-1 中用"X"表示在 STM32CubeF1 软件包中有相应的开发板例程，最后汇总数是 87 个例程，其中有些是重复的，如果考虑它们之间的互补性，实际约有 53 个例程，这 53 个例程几乎涵盖了 STM32F103 微控制器的所有外设。以我们要学习的例程 GPIO_EXTI 为例，在 Nucleo-F103RB 开发板下没有该例程，不过在 STM32VLDISCOVERY 开发板下却有该例程。

在学习该例程前，我们可以先在 ST 公司官网搜索 STM32VLDISCOVERY 开发板，对其有个简单的认识。在其介绍页面，我们可以看到 STM32VLDISCOVERY 开发板的外观，如图 6-1 所示。

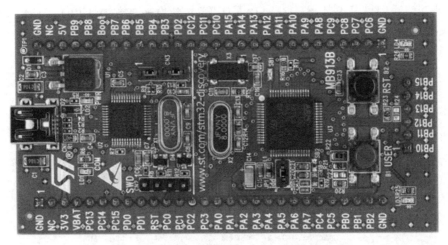

图 6-1 STM32VLDISCOVERY 开发板外观图

STM32VLDISCOVERY 开发板的快速浏览（Overview）部分是这样介绍的：

The STM32VLDISCOVERY is the cheapest and quickest way to discover STM32F100 Value line microcontrollers. It includes everything required for beginners and experienced users to get started quickly. The STM32VLDISCOVERY discovery kit includes an STM32F100 Value line microcontroller in a 64-pin LQFP and an in-circuit ST-LINK debugger/programmer to debug discovery applications and other target board applications.

- **Key Features**
- STM32F100RBT6B microcontroller, 128KB Flash memory, 8KB RAM in 64-pin LQFP
- On-board ST-LINK with selection mode switch to use the kit as a stand-alone ST-LINK (with SWD connector)
- Designed to be powered by USB or an external supply of 5V or 3.3V
- Can supply target application with 3V and 5V
- Two user LEDs (green and blue)
- One user push-button
- Extension header for all QFP64 I/Os for quick connection to prototyping board or easy probing
- Comprehensive free software including a variety of examples, part of STSW-STM32078 package

也就是说，STM32VLDISCOVERY 开发板的板载微控制器是 STM32F100 系列的 STM32F100RBT6B。在本书第 1 章介绍 ST 公司的开发板时就说过，探索套件与我们选择的 Nucleo 开发板很相似，有点像评估板与 Nucleo 开发板之间的过渡产品，而且，STM32F100RBT6 与 STM32F103RBT6 的封装都是 QFP64，也都是 STM32F1 系列产品，因而在学习例程时有很好的参考价值。在学习微控制器宣传手册中，STM32F1 系列产品的分类如图 6-2 所示。

从图 6-2 可以了解到，STM32L1、STM32F1、STM32F2 等 3 个系列的 STM32 微控制器都是 Cortex-M3 内核的产品，而 STM32F1 系列产品又包括 STM32F101、STM32F102、STM32F103、STM32F105、STM32F107 等子系列产品，也说明这几个系列产品的例程有很好的通用性。是否真的如此呢？我们就从基于 STM32VLDISCOVERY 开发板的例程 GPIO_EXTI 入手来探究一下。

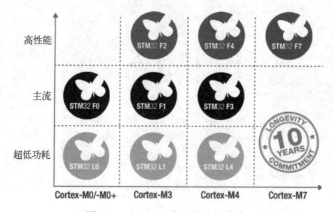

图 6-2　STM32 系列产品的分类

　　首先，在安装 STM32CubeF1 软件包的目录 STM32Cube_FW_F1_V1.8.0\Projects\STM32VL-Discovery\Examples\GPIO\GPIO_EXTI\MDK-ARM 下找到工程文件 Project.uvprojx，在开发环境 Keil MDK-ARM 中通过菜单命令"Project"→"Open Project"打开该工程文件。

　　和学习例程 GPIO_IOToggle 一样，我们还是从工程的介绍文档 readme.txt 入手，如图 6-3 所示。在 MDK-ARM 工程列表的 Doc 文件夹下可以找到 readme.txt。

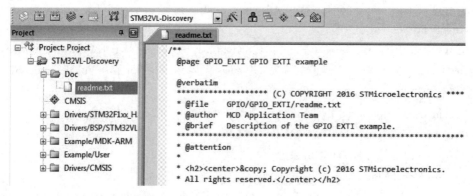

图 6-3　例程 GPIO_EXTI 的介绍文档

　　例程的 readme.txt 文档对例程介绍得很清楚，它包括例程的作者信息、版本信息、整体描述、文档目录、软硬件使用环境、如何使用、备注等信息。以下为后面分析实例代码要用到的部分信息：

@ par Example Description

This example shows how to configure external interrupt lines.

In this example, one EXTI line (EXTI_Line0) is configured to generate an interrupt on each falling edge.

In the interrupt routine a led connected to a specific GPIO pin is toggled.

In this example：

　　−EXTI_Line0 is connected to PA.00 pin

-when falling edge is detected on EXTI_Line0 by pressing User push-button, LED3 toggles

On STM32VL-Discovery:

　　-EXTI_Line0 is connected to User push-button

In this example, HCLK is configured at 24MHz.

@ note Care must be taken when using HAL_Delay(), this function provides accurate delay (in milliseconds)
　　　based on variable incremented in SysTick ISR. This implies that if HAL_Delay() is called from
　　　a peripheral ISR process, then the SysTick interrupt must have higher priority (numerically lower)
　　　than the peripheral interrupt. Otherwise the caller ISR process will be blocked.
　　　To change the SysTick interrupt priority you have to use HAL_NVIC_SetPriority() function.

@ note The application need to ensure that the SysTick time base is always set to 1 millisecond
　　　to have correct HAL operation.

@ par Directory contents

　　-GPIO/GPIO_EXTI/Inc/stm32f1xx_hal_conf. h　　　　HAL configuration file
　　-GPIO/GPIO_EXTI/Inc/stm32f1xx_it. h　　　　　　　Interrupt handlers header file
　　-GPIO/GPIO_EXTI/Inc/main. h　　　　　　　　　　　Header for main. c module
　　-GPIO/GPIO_EXTI/Src/stm32f1xx_it. c　　　　　　　Interrupt handlers
　　-GPIO/GPIO_EXTI/Src/main. c　　　　　　　　　　　Main program
　　-GPIO/GPIO_EXTI/Src/system_stm32f1xx. c　　　　　STM32F1xx system source file

@ par Hardware and Software environment
　　-This example runs on STM32F1xx devices.
　　-This example has been tested with STM32VL-Discovery board and can be
　　　easily tailored to any other supported device and development board.

@ par How to use it ?
In order to make the program work, you must do the following :
-Open your preferred toolchain
-Rebuild all files and load your image into target memory
-Run the example

从 readme. txt 文档可以了解到，例程中用到的开发板的相关外设有 LED3、按键 User push-button（连接 PA0 引脚，使用 EXTI_Line0 中断）；按下 User push-button 按键触发 EXTI_Line0 的下降沿中断，在中断程序中实现 LED3 显示状态的反转；另外，本例程的 AHB（Advanced high performance bus）总线时钟 HCLK 配置的是 24MHz。

6.2　分析例程

6.2.1　分析例程 GPIO_EXTI

分析例程还是要从 main. c 文件着手，在 MDK-ARM 左侧工程列表的 Example/User 文件夹中可以找到 main.c 文件，双击该文件，将其在代码编辑窗口中打开。我们从 main 函数入手：

```c
/**
 * @brief   Main program
 * @param   None
 * @retval None
 */
int main(void)
{
    /* STM32F1xx HAL library initialization：
         -Configure the Flash prefetch
         -Systick timer is configured by default as source of time base, but user
          can eventually implement his proper time base source (a general purpose
          timer for example or other time source), keeping in mind that Time base
          duration should be kept 1ms since PPP_TIMEOUT_VALUEs are defined and
          handled in milliseconds basis.
         -Set NVIC Group Priority to 4
         -Low Level Initialization
    */
    HAL_Init();

    /* Configure the system clock to 24MHz */
    SystemClock_Config();

    /* -1-Initialize LEDs mounted on STM32VL-Discovery board */
    BSP_LED_Init(LED3);

    /* -2-Configure EXTI_Line0 (connected to PA.00 pin) in interrupt mode */
    EXTI0_IRQHandler_Config();

    /* Infinite loop */
    while (1)
    {
    }
}
```

在分析代码前，要先使用 MDK-ARM 的菜单命令"Project"→"Build target"或工具栏中的"Build（F7）"按钮🔲编译工程，这样在分析例程时，就可以使用右键菜单跳转到函数的定义处。接下来我们就根据 main 函数运行的过程来分析代码。

1. 解析 HAL_Init 函数

与例程 GPIO_IOToggle 类似，例程 GPIO_EXTI 的 main 函数的第一步也是调用 HAL_Init 函数初始化系统。我们可以重新看一下 HAL_Init 函数的定义：

```
/ **
    * @ brief This function configures the Flash prefetch,
    *          Configures time base source, NVIC and Low level hardware
    * @ note This function is called at the beginning of program after reset and before
    *          the clock configuration
    * @ note The time base configuration is based on MSI clock when exiting from Reset.
    *          Once done, time base tick start incrementing.
    *           In the default implementation, Systick is used as source of time base.
    *          The tick variable is incremented each 1ms in its ISR.
    * @ retval HAL status
    */
HAL_StatusTypeDef HAL_Init( void)
{
    / * Configure Flash prefetch */
#if ( PREFETCH_ENABLE !=0)
#if defined( STM32F101x6) || defined( STM32F101xB) || defined( STM32F101xE) || \
   defined( STM32F101xG) || defined( STM32F102x6) || defined( STM32F102xB) || \
   defined( STM32F103x6) || defined( STM32F103xB) || defined( STM32F103xE) || \
   defined( STM32F103xG) || defined( STM32F105xC) || defined( STM32F107xC)

   / * Prefetch buffer is not available on value line devices */
   __HAL_FLASH_PREFETCH_BUFFER_ENABLE();
#endif
#endif / * PREFETCH_ENABLE */

    / * Set Interrupt Group Priority */
    HAL_NVIC_SetPriorityGrouping( NVIC_PRIORITYGROUP_4);

    / * Use systick as time base source and configure 1ms tick ( default clock after Reset is MSI) */
    HAL_InitTick( TICK_INT_PRIORITY);

    / * Init the low level hardware */
    HAL_MspInit();

    / * Return function status */
    return HAL_OK;
}
```

HAL_Init 的功能我们已经了解过，它包括配置闪存预取指缓存（Flash prefetch）、配置系统嘀嗒时钟（SysTick）作为延时函数基准时钟源（Time base source）、配置 NVIC（嵌套中断向量控制器）和底层硬件（Low level hardware）。

在第 5 章中，我们重点介绍了有关闪存预取指缓存的配置过程。本节要重点关注配置 NVIC 实现中断优先级分组的设置。

1) 设置中断优先级分组 HAL_Init 函数是通过调用一个函数语句实现中断优先级分组设置的：

```
/ * Set Interrupt Group Priority */
HAL_NVIC_SetPriorityGrouping( NVIC_PRIORITYGROUP_4);
```

对于函数的功能，注释语句描述得非常清晰，我们通过右键菜单再看看函数 HAL_NVIC_SetPriorityGrouping 的定义：

```
/ **
    * @ brief   Sets the priority grouping field ( pre-emption priority and subpriority)
    *           using the required unlock sequence.
    * @ param   PriorityGroup:The priority grouping bits length.
    * @ note    When the NVIC_PriorityGroup_0 is selected,IRQ pre-emption is no more possible.
    *           The pending IRQ priority will be managed only by the subpriority.
    * @ retval None
    */
void HAL_NVIC_SetPriorityGrouping( uint32_t PriorityGroup)
{
    / * Check the parameters */
    assert_param( IS_NVIC_PRIORITY_GROUP( PriorityGroup));

    / * Set the PRIGROUP[10:8] bits according to the PriorityGroup parameter value */
    NVIC_SetPriorityGrouping( PriorityGroup);

}
```

由此可知，在 HAL_NVIC_SetPriorityGrouping 函数内部，是通过调用 NVIC 的优先级分组设置函数 NVIC_SetPriorityGrouping 实现的。我们继续用右键菜单跟踪其定义：

```
/ **
   \brief    Set Priority Grouping
   \details Sets the priority grouping field using the required unlock sequence.
            The parameter PriorityGroup is assigned to the field SCB->AIRCR [10:8] PRIGROUP field.
            Only values from 0..7 are used.
            In case of a conflict between priority grouping and available
            priority bits ( __NVIC_PRIO_BITS),the smallest possible priority group is set.
   \param [in]         PriorityGroup   Priority grouping field.
   */
__STATIC_INLINE void NVIC_SetPriorityGrouping( uint32_t PriorityGroup)
{
    uint32_t reg_value;
    uint32_t PriorityGroupTmp =( PriorityGroup & ( uint32_t)0x07UL);/ * only values 0..7 are used */
    reg_value  =  SCB->AIRCR;   / * read old register configuration   */
    reg_value &=~(( uint32_t)( SCB_AIRCR_VECTKEY_Msk | SCB_AIRCR_PRIGROUP_Msk));/ * clear
bits to change        */
```

```
reg_value   =   (reg_value                              |
                ((uint32_t)0x5FAUL<<SCB_AIRCR_VECTKEY_Pos) |
                (PriorityGroupTmp<<8U)); /* Insert write key and priorty group */
SCB->AIRCR =   reg_value;
}
```

函数 NVIC_SetPriorityGrouping 实现的功能比较简单，就是通过设置 SCB_AIRCR 寄存器实现中断优先级分组的设置。为何要这样设置呢？要知道这一点，我们还要借助两份文档：参考手册 RM0008 和编程手册 PM0056。在 RM0008 的第 10.1 节 Nested vectored interrupt controller（NVIC 嵌套向量中断控制器）对 NVIC 有这样的描述：

All interrupts including the core exceptions are managed by the NVIC. For more information on exceptions and NVIC programming, refer to STM32F10xxx Cortex®-M3 programming manual（see Related documents on page 1）.

根据这段描述，我们可以找到编程手册 PM0056：STM32F10xxx Cortex-M3 Programming manual，在手册的 4.4.5 节 Application interrupt and reset control register（SCB_AIRCR）中有对 SCB_AIRCR 寄存器（如图 6-4 所示）的描述：

偏移地址：0x0C   复位值：0xFA05 0000
访问特权：Privileged
The AIRCR provides priority grouping control for the exception model, endian status for data accesses, and reset control of the system.
To write to this register, you must write 0x5FA to the VECTKEY field, otherwise the processor ignores the write.

31	30	29	28	27	26	25	24	23	22	21	20	19	18	17	16
						VECTKEYSTAT[15:0]									
rw	rw	rw	rw	rw	rw	rw	rw	rw	rw	rw	rw	rw	rw	rw	rw

15	14	13	12	11	10	9	8	7	6	5	4	3	2	1	0
ENDIA NESS	保 留				PRIGROUP			保 留					SYS RESET REQ	VECT CLR ACTIVE	VECT RESET
r					rw	rw	rw						w	w	w

数 据 位	描 述	操 作
10：8	PRIGROUP[2：0]中断优先级分组	该字段确定优先级分组：抢占优先级和子优先级（也称亚优先级），具体设置见表 6-2。

图 6-4 SCB_AIRCR 寄存器

表 6-2 优先级分组字段取值

PRIGROUP[2：0]	中断优先级取值，PRI_n[7：4]			两种优先级的级数	
	二进制分组点	抢占优先级位	子优先级位	抢占优先级	子优先级
0b0xx	0bxxxx	[7：4]	无	16	0
0b011	0bxxxx	[7：4]	无	16	0

PRIGROUP[2:0]	中断优先级取值，PRI_n[7:4]			两种优先级的级数	
	二进制分组点	抢占优先级位	子优先级位	抢占优先级	子优先级
0b 100	0bxxx. y	[7:5]	[4]	8	2
0b 101	0bxx. yy	[7:6]	[5:4]	4	4
0b 110	0bx. yyy	[7]	[6:4]	2	8
0b 111	0b. yyyy	无	[7:4]	0	16

【注意】 设置 SCB_AIRCR 寄存器时，必须将 0x5FA 写入 VECTKEYSTAT[15:0] 字段，因此函数定义中才有（uint32_t）0x5FAUL<<SCB_AIRCR_VECTKEY_Pos）代码句；而 PRIGROUP 在 SCB_AIRCR 的位 10 到位 8，因而有（PriorityGroupTmp<<8U）代码句。这样理解 NVIC_SetPriorityGrouping 函数的实现过程就简单了。

另外，HAL_NVIC_SetPriorityGrouping 函数的参数是 NVIC_PRIORITYGROUP_4（即 0x0003），因而这里对应的分组结果是所有的优先级寄存器位 PRI_n[7:4] 都分配给抢占优先级，也就是说，抢占优先级是 16 级，而子优先级是 0 级。

了解 NVIC_SetPriorityGrouping 函数实现的过程很简单，可依然有很多疑问：什么是中断优先级分组？抢占优先级、子优先级又是怎么回事？要理解这些，就要阅读《ARM Cortex-M3 权威指南》的第 7 章 "异常"、第 8 章 "NVIC 与中断控制"、第 9 章 "中断的具体行为"。Cortex-M3 内核的微控制器表示每个中断优先级的寄存器位数最多是 8 位，而 STM32F1 系列微控制器只用其中的高 4 位来表示，这 4 位又可以分为抢占优先级和子优先级（亚优先级），而这 4 个数据位可用于抢占优先级和子优先级的设置，也就是优先级分组设置。

2）中断优先级 现在我们就通过编程手册 PM0056 的 4.3.7 节 Interrupt priority registers（NVIC_IPRx，如图 6-5 所示）来学习中断的优先级设置：

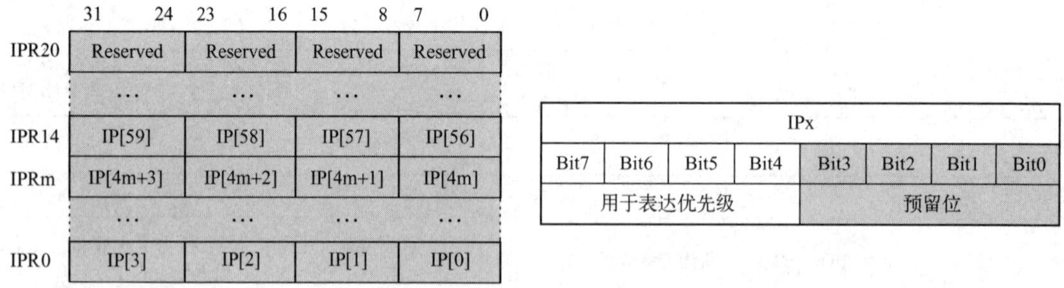

数据位	描述	操作
31:24	优先级，字节偏移量 3	每个优先级字段（字节）预留优先级值为 0～255；而处理器实际仅实现了每个优先级字段的位 7:4，位 3:0 为预留位，读时为零，写时忽略写入
23:16	优先级，字节偏移量 2	
15:8	优先级，字节偏移量 1	
7:0	优先级，字节偏移量 0	

图 6-5 NVIC_IPRx

偏移地址:0x00-0x0B   复位值:0x0000 0000

访问特权:Privileged

The IPR0-IPR16 registers provide a 4-bit priority field for each interrupt. These registers are byte-accessible. Each register holds four priority fields, that map to four elements in the CMSIS interrupt priority array IP[0] to IP[67]

【注意】NVIC_IPR 寄存器是一组而不是一个寄存器。每个 NVIC_IPR 寄存器都是 32 位 (1 个字, 1W) 的, 而每个中断优先级 IPx 占 8 位, 也就是每个寄存器可以表示 4 个中断的优先级。若按 STM32F103RBT6 支持 43 个中断来计算, 则需要 11 个 NVIC_IPR 寄存器有效; 而若按 68 个 (互联型产品) 中断来计算, 则需要 17 个 NVIC_IPR 寄存器有效; 而在编程手册 PM0056 中是按 81 个中断 (STM32F1 系列支持的最大中断数) 来介绍的, 因而画了 21 个 NVIC_IPR。其实, Cortex-M3 内核最多支持 240 个中断, 若按照 ARM Cortex 微控制器软件接口标准 (Cortex Microcontroller Software Interface Standard, CMSIS), 就要画 60 个 NVIC_IPR, 当然, 理解该寄存器的原理就可以了。

另外, 每个中断对应的优先级占 8 位 (1 个字节, 1B), 该设计模式也是按照 CMSIS 设计的。只是这 8 位并非完全有效, 在 STM32 中只用了其中的高 4 位 (bit[7:4]), 因而在表 6-2 中介绍 STM32 的优先级是 16 级优先级, 而且该 4 位既可以全部设置为抢占优先级, 也可全部设置为子优先级 (也称亚优先级)。

2. 函数 SystemClock_Config

学习过系统初始化函数 HAL_Init, 我们返回 main.c 文件, 继续学习 main 函数的执行过程, 接下来是系统配置函数 SystemClock_Config:

```
/* Configure the system clock to 24 MHz */
SystemClock_Config();
```

系统时钟配置函数 SystemClock_Config 在第 5 章的例程 GPIO_IOToggle 中已经介绍过, 这里可以与前面做比较。首先是配置的系统时钟的频率不同, 这里配置的 System Clock 是 24MHz; 其次, 看 SystemClock_Config 函数的源代码会发现, 两个例程设置的时钟源也不相同, 本例程中选择的时钟源是高速外部时钟 HSE, 而例程 GPIO_IOToggle 中使用的是高速内部时钟 HSI。其他有关时钟树的具体配置过程这里不再介绍, 读者可以参考 main.c 文件中 SystemClock_Config 函数的定义进行分析学习。

3. LED 初始化

配置系统时钟后, main 函数执行的是配置在中断函数中要控制的 LED:

```
/* -1-Initialize LEDs mounted on STM32VL-Discovery board */
BSP_LED_Init(LED3);
```

我们可以通过 MDK-ARM 的右键菜单看一下 BSP_LED_Init 函数的定义:

```
/**
  * @brief   Configures LED GPIO.
  * @param   Led:Specifies the Led to be configured.
  *    This parameter can be one of following parameters:
```

```
*       @ arg LED3
*       @ arg LED4
* @ retval None
*/
void BSP_LED_Init(Led_TypeDef Led)
{
    GPIO_InitTypeDef  gpioinitstruct = {0};

    /* Enable the GPIO_LED Clock */
    LEDx_GPIO_CLK_ENABLE(Led);

    /* Configure the GPIO_LED pin */
    gpioinitstruct.Pin        = LED_PIN[Led];
    gpioinitstruct.Mode       = GPIO_MODE_OUTPUT_PP;
    gpioinitstruct.Pull       = GPIO_NOPULL;
    gpioinitstruct.Speed      = GPIO_SPEED_FREQ_HIGH;
    HAL_GPIO_Init(LED_PORT[Led],&gpioinitstruct);

    /* Reset PIN to switch off the LED */
    HAL_GPIO_WritePin(LED_PORT[Led],LED_PIN[Led],GPIO_PIN_RESET);
}
```

读者会发现这和之前例程 MyIOToggle 中的函数 MX_GPIO_Init 配置 LED 的过程很类似，都是使能 GPIO 时钟，配置 GPIO 的输出模式，设置连接 LED 的引脚为低电平模式（RESET）；不同的是这里封装成了开发板的驱动函数（Board Support Package，BSP），而且可以通过参数传入的形式灵活使用。

4. 中断配置

在 main 函数中，接下来要做的也是本例程的关键部分——配置外设中断：

```
/* -2-Configure EXTI_Line0 (connected to PA.00 pin) in interrupt mode */
EXTI0_IRQHandler_Config();
```

开发板的 User push-button 按键连接 STM32 微控制器的 PA.00 引脚，PA.00 引脚对应的外部中断是 EXTI0，因此这里是配置 EXTI0 中断。我们可以通过 MDK-ARM 的右键菜单学习 EXTI0_IRQHandler_Config 的定义：

```
/**
    * @ brief   Configures EXTI line 0 (connected to PA.00 pin) in interrupt mode
    * @ param   None
    * @ retval None
    */
static void EXTI0_IRQHandler_Config(void)
{
    GPIO_InitTypeDef    GPIO_InitStructure;
```

```
    / * Enable GPIOA clock * /
    __HAL_RCC_GPIOA_CLK_ENABLE( );

    / * Configure PA. 00 pin as input floating * /
  GPIO_InitStructure. Mode      = GPIO_MODE_IT_RISING;
  GPIO_InitStructure. Pull      = GPIO_NOPULL;
  GPIO_InitStructure. Pin       = GPIO_PIN_0;
  HAL_GPIO_Init( GPIOA,&GPIO_InitStructure);

    / * Enable and set EXTI line 0 Interrupt to the lowest priority * /
  HAL_NVIC_SetPriority( EXTI0_IRQn,2,0);
  HAL_NVIC_EnableIRQ( EXTI0_IRQn);
}
```

读者会发现，该过程与前面连接 LED 的 GPIO 的输出设置过程非常类似，比如使能 GPIO 时钟、设置 GPIO 的输入模式，不同的是最后要配置 EXITO 的中断优先级，以及使能中断。

1) 设置 PA. 00 引脚的输入模式　调用 __HAL_RCC_GPIOA_CLK_ENABLE 使能外设时钟与配置 GPIO 为通用输出模式是一样的，这里不再赘述。

2) 设置 PA. 00 引脚的输入模式

```
  / * Configure PA. 00 pin as input floating * /
  GPIO_InitStructure. Mode      = GPIO_MODE_IT_RISING;
  GPIO_InitStructure. Pull      = GPIO_NOPULL;
  GPIO_InitStructure. Pin       = GPIO_PIN_0;
  HAL_GPIO_Init( GPIOA,&GPIO_InitStructure);
```

HAL_GPIO_Init 函数在第 5 章介绍过，这里设置的是 PA. 00 引脚，设置内部上拉、下拉模式为悬空（GPIO_NOPULL）；设置模式是上升沿中断模式（GPIO_MODE_IT_RISING）。为何在使用中断时要设置为这种模式呢？我们在参考手册 RM0008 的 10. 2 节 External interrupt/event controller（EXTI）中可以看到这样的描述：

The external interrupt/event controller consists of up to 20 edge detectors in connectivity line devices,or 19 edge detectors in other devices for generating event/interrupt requests. Each input line can be independently configured to select the type（event or interrupt）and the corresponding trigger event（rising or falling or both）. Each line can also masked independently. A pending register maintains the status line of the interrupt requests.

也就是说，STM32 微控制器的 GPIO 可以设置 3 种触发中断的模式：上升沿（Rising）、下降沿（Falling）、双边沿触发（Both）。

查看开发板 STM32VLDiscovery 有关 USER Push-button 按键部分的原理图（在 ST 公司官网的 STM32VLDISCOVERY 开发板介绍页面可以找到，如图 6-6 所示）。我们可以发现，PA0 端口默认是通过 10kΩ 电阻 R21 接地的，按下 User push-button 按键后，接 3.3V 电源，为高电平。也就是说，每次按下按键就有一次上升沿触发，因而这里设置为上升沿中断模式。

3）HAL_GPIO_Init 函数 在第 5 章设置 GPIO 为通用输出模式时，简单分析过 HAL_GPIO_Init 函数部分功能的源代码，这里对设置 GPIO 为中断模式进行分析。首先精简 HAL_GPIO_Init 函数的中断部分代码如下：

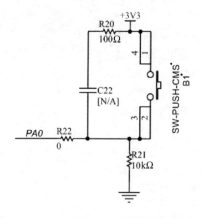

图 6-6　User push-button 按键部分的原理图

```
void HAL_GPIO_Init( GPIO_TypeDef  * GPIOx, GPIO_InitTypeDef  * GPIO_Init)
{
    uint32_t position;
    uint32_t ioposition = 0x00;
    uint32_t iocurrent = 0x00;
    uint32_t temp = 0x00;
    uint32_t config = 0x00;
    __IO uint32_t * configregister;/ * Store the address of CRL or CRH register based on pin number * /
    uint32_t registeroffset = 0;/ * offset used during computation of CNF and MODE bits placement inside CRL or
CRH register * /


    / * Configure the port pins * /
    for ( position = 0; position<GPIO_NUMBER; position++)
    {
        / * Get the IO position * /
        ioposition = ( (uint32_t)0x01) <<position;

        / * Get the current IO position * /
        iocurrent = (uint32_t) (GPIO_Init->Pin) & ioposition;

        if ( iocurrent = = ioposition)
        {
            / * Based on the required mode, filling config variable with MODEy [ 1: 0 ] and CNFy [ 3: 2 ]
corresponding bits * /
            switch (GPIO_Init->Mode)
            {
```

```
/* If we are configuring the pin in INPUT (also applicable to EVENT and IT mode) */
case GPIO_MODE_INPUT:
case GPIO_MODE_IT_RISING:
case GPIO_MODE_IT_FALLING:
case GPIO_MODE_IT_RISING_FALLING:
case GPIO_MODE_EVT_RISING:
case GPIO_MODE_EVT_FALLING:
case GPIO_MODE_EVT_RISING_FALLING:
  /* Check the GPIO pull parameter */
  assert_param(IS_GPIO_PULL(GPIO_Init->Pull));
  if(GPIO_Init->Pull==GPIO_NOPULL)
  {
    config=GPIO_CR_MODE_INPUT+GPIO_CR_CNF_INPUT_FLOATING;
  }
  else if(GPIO_Init->Pull==GPIO_PULLUP)
  {
    config=GPIO_CR_MODE_INPUT+GPIO_CR_CNF_INPUT_PU_PD;

    /* Set the corresponding ODR bit */
    GPIOx->BSRR=ioposition;
  }
  else /* GPIO_PULLDOWN */
  {
    config=GPIO_CR_MODE_INPUT+GPIO_CR_CNF_INPUT_PU_PD;

    /* Reset the corresponding ODR bit */
    GPIOx->BRR=ioposition;
  }
  break;

  /* Parameters are checked with assert_param */
  default:
    break;
}


/* Check if the current bit belongs to first half or last half of the pin count number
 in order to address CRH or CRL register */
configregister=(iocurrent<GPIO_PIN_8) ? &GPIOx->CRL      :&GPIOx->CRH;
registeroffset=(iocurrent<GPIO_PIN_8) ? (position<<2)  :((position-8)<<2);

/* Apply the new configuration of the pin to the register */
MODIFY_REG((*configregister),(((GPIO_CRL_MODE0 | GPIO_CRL_CNF0)<<registeroffset),
(config<<registeroffset)));
```

```
/ * -----------------EXTI Mode Configuration------------------ * /
/ * Configure the External Interrupt or event for the current IO * /
if( ( GPIO_Init->Mode & EXTI_MODE) = = EXTI_MODE)
{
    / * Enable AFIO Clock * /
    __HAL_RCC_AFIO_CLK_ENABLE( );
    temp = AFIO->EXTICR[ position>>2];
    CLEAR_BIT( temp, ( ( uint32_t) 0x0F) <<( 4 * ( position & 0x03)));
    SET_BIT( temp, ( GPIO_GET_INDEX( GPIOx) ) <<( 4 * ( position & 0x03)));
    AFIO->EXTICR[ position>>2] = temp;

    / * Configure the interrupt mask * /
    if( ( GPIO_Init->Mode & GPIO_MODE_IT) = = GPIO_MODE_IT)
    {
        SET_BIT( EXTI->IMR, iocurrent);
    }
    else
    {
        CLEAR_BIT( EXTI->IMR, iocurrent);
    }

    / * Enable or disable the rising trigger * /
    if( ( GPIO_Init->Mode & RISING_EDGE) = = RISING_EDGE)
    {
        SET_BIT( EXTI->RTSR, iocurrent);
    }
    else
    {
        CLEAR_BIT( EXTI->RTSR, iocurrent);
    }

    / * Enable or disable the falling trigger * /
    if( ( GPIO_Init->Mode & FALLING_EDGE) = = FALLING_EDGE)
    {
        SET_BIT( EXTI->FTSR, iocurrent);
    }
    else
    {
        CLEAR_BIT( EXTI->FTSR, iocurrent);
    }
}
```

```
        }
      }
    }
```

代码可以在/ * --------------EXTI Mode Configuration--------------- * /处一分为二,上面的部分与设置 GPIO 为通用输出端口的过程是一样的,重点是配置 GPIOx_CRL、GPIOx_CRH 寄存器,实现 GPIO 输入/输出模式的配置。与设置 GPIO 为通用输出模式不同的是,这里配置的 GPIO 为输入模式(GPIO_CR_MODE_INPUT)、悬空输入(GPIO_CR_CNF_INPUT_FLOATING)、上拉/下拉输入(GPIO_CR_CNF_INPUT_PU_PD),以及内部上拉电阻、下拉电阻的使能(通过设置 GPIOx_BSRR、GPIO_BRR 实现)。关于这一点,我们可以复习一下参考手册 RM0008 的第 9.1 节 GPIO functional description 中的端口位配置表,见表 6-3。

表 6-3 端口位配置表

配 置 模 式		CNF1	CNF0	MODE1	MODE0	PxODR 寄存器
通用输出	推挽(Push-Pull)	0	0	01 10 11 详见表 5-1		0 或 1
	开漏(Open-Drain)		1			0 或 1
复用功能输出	推挽(Push-Pull)	1	0			不使用
	开漏(Open-Drain)		1			不使用
输入	模拟输入	0	0	00		不使用
	悬空输入		1			不使用
	下拉输入	1	0			0
	上拉输入					1

【注意】代码中有关 GPIOx_BSRR、GPIO_BRR 的设置是为了实现 PxODR 寄存器值的修改,以实现内部上拉、下拉电阻的使能;而 CNF[1:0]的设置实现的是上拉输入模式、下拉输入模式的设置。

另外,要设置 GPIO 端口的外部中断功能,要将其设置为输入模式。这一点在参考手册 RM0008 的 9.1 节 External interrupt/wakeup lines 有描述:

All ports have external interrupt capability. To use external interrupt lines, the port must be configured in input mode.

在 HAL_GPIO_Init 函数定义的后半部分实现的是 AFIO 时钟的使能:

```
/ * Enable AFIO Clock * /
__HAL_RCC_AFIO_CLK_ENABLE();
```

函数__HAL_RCC_AFIO_CLK_ENABLE 和函数__HAL_RCC_GPIOA_CLK_ENABLE 实现的功能类似,都是使能 APB2 总线上相应的外设时钟,这里使能的外设是 AFIO。AFIO 是什么呢?我们可以复习一下参考手册 RM0008 的 7.3 节中有关 APB2 外设时钟使能寄存器(RCC_APB2ENR,如图 6-7 所示)的介绍。

31	30	29	28	27	26	25	24	23	22	21	20	19	18	17	16
							保	留							

15	14	13	12	11	10	9	8	7	6	5	4	3	2	1	0
--	USART1 EN	--	SPI1 EN	TIM1 EN	ADC2 EN	ADC1 EN	IOPG EN	IOPF EN	IOPE EN	IOPD EN	IOPC EN	IOPB EN	IOPA EN	--	AFIO EN
	rw		rw	rw	rw	rw	rw	rw	rw	rw	rw	rw	rw		rw

数 据 位	描　　述	操　　作
8	IOPGEN：IO 端口 G 时钟使能	
7	IOPFEN：IO 端口 F 时钟使能	
6	IOPEEN：IO 端口 E 时钟使能	由软件置'1'或'0'
5	IOPDEN：IO 端口 D 时钟使能	0：IO 端口 x 时钟关闭；
4	IOPCEN：IO 端口 C 时钟使能	1：IO 端口 x 时钟开启
3	IOPBEN：IO 端口 B 时钟使能	
2	IOPAEN：IO 端口 A 时钟使能	
1	保留，始终读为 0	只读
0	AFIOEN：复用功能 IO 时钟使能	由软件置'1'或'0' 0：复用功能 IO 时钟关闭； 1：复用功能 IO 时钟开启

图 6-7　RCC_APB2ENR 寄存器

这里，__HAL_RCC_AFIO_CLK_ENABLE 函数设置的就是 RCC_APB2ENR 的第 0 位（AFIOEN），实现复用功能 I/O 时钟使能。

HAL_GPIO_Init 函数接下来实现的是有关寄存器 AFIO_EXTICRx 的配置：

```
temp=AFIO->EXTICR[position>>2];
CLEAR_BIT(temp,((uint32_t)0x0F)<<(4*(position & 0x03)));
SET_BIT(temp,(GPIO_GET_INDEX(GPIOx))<<(4*(position & 0x03)));
AFIO->EXTICR[position>>2]=temp;
```

这段代码中有一个重要的参数 position。分析该参数要从传入 HAL_GPIO_Init 的参数入手，从分析配置 GPIO 输入/输出模式配置的过程中可以推导出 positon=0，这样代码可以简化为：

```
temp=AFIO->EXTICR[0];                              /* position>>2，  positon=0 */
CLEAR_BIT(temp,((uint32_t)0x0F)<<(0));              /* (4*(position & 0x03)),positon=0 */
SET_BIT(temp,(GPIO_GET_INDEX(GPIOx))<<0));          /* (4*(position & 0x03),position=0 */
AFIO->EXTICR[0]=temp;                               /* position>>2,position=0 */
```

跟踪 GPIO_GET_INDEX 函数的定义，把参数 GPIOx=GPIOA 代入，可以发现最终代码配置的是 AFIO_EXTICR[0]寄存器低 4 位的值，该值为 0x00（这个值也是 temp 的值）。要推导代码的执行过程，可以通过右键菜单查看 CLEAR_BIT 函数、SET_BIT 函数的定义。

另外，要想理解寄存器 AFIO_EXTICRx 的设置过程，我们还是要从原理上学习。我们通过参考手册 RM0008 的 9.4 节 AFIO registers 和 10.2 节 External interrupt/event controller（EXTI）可以了解到，STM32 有 19 个可产生事件/中断请求的边沿检测器（EXTI），其中 16 个是外部中断，每个外部中断有 7 个引脚与其相连。我们以 EXTI0 为例理解外部中断通用 I/O 的映像，如图 6-8 所示。

从图 6-8 可以看出，7 条引脚与 EXTI0 的连接是由 AFIO_EXTICR1 寄存器的 EXTI0[3:0] 位控制的。有关 AFIO_EXTICR1 寄存器的介绍，可以通过参考手册 RM0008 的 9.4 节 External interrupt configuration register 1（AFIO_EXTICR1，如图 6-9 所示）学习。

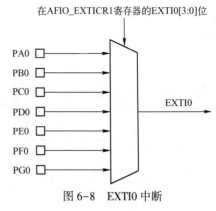

图 6-8　EXTI0 中断

31	30	29	28	27	26	25	24	23	22	21	20	19	18	17	16
							保　留								

15	14	13	12	11	10	9	8	7	6	5	4	3	2	1	0
EXTI3[3:0]				EXTI2[3:0]				EXTI1[3:0]				EXTI0[3:0]			
rw	rw	rw	rw	rw	rw	rw	rw	rw	rw	rw	rw	rw	rw	rw	rw

数　据　位	描　　　述	操　　　作
3:0	EXTI0[3:0]：EXTI0 配置位	这些位可由软件读/写，用于选择 EXTI0 外部中断的输入源。 0000：PA[0]引脚；　　0100：PE[0]引脚； 0001：PB[0]引脚；　　0101：PF[0]引脚； 0010：PC[0]引脚；　　0110：PG[0]引脚 0011：PD[0]引脚；

图 6-9　AFIO_EXTICR1 寄存器

根据 AFIO_EXTICR1 寄存器 EXTI0[3:0] 位的介绍可知，如果在程序中设置 PA0 引脚连接到 EXTI0 线，那么 EXTI0[3:0] 应配置为 0000b，这也就是前面分析代码实现的功能。

完成以上外部中断输入源的配置后，HAL_GPIO_Init 函数接下来要做的是中断屏蔽位的配置：

```
/* Configure the interrupt mask */
if((GPIO_Init->Mode & GPIO_MODE_IT)==GPIO_MODE_IT)
{
    SET_BIT(EXTI->IMR,iocurrent);
}
else
{
    CLEAR_BIT(EXTI->IMR,iocurrent);
}
```

这段代码实现的内容很简单——配置 EXTI_IMR 寄存器。当然，要想了解其设置原理，还是先学习参考手册 RM0008 的 10.3 节 Interrupt mask register（EXTI_IMR）有关 EXTI_IMR 寄存器（如图 6-10 所示）的讲解。

31	30	29	28	27	26	25	24	23	22	21	20	19	18	17	16
保　留												MR19	MR18	MR17	MR16
												rw	rw	rw	rw

15	14	13	12	11	10	9	8	7	6	5	4	3	2	1	0
MR15	MR14	MR13	MR12	MR11	MR10	MR9	MR8	MR7	MR6	MR5	MR4	MR3	MR2	MR1	MR0
rw	rw	rw	rw	rw	rw	rw	rw	rw	rw	rw	rw	rw	rw	rw	rw

数　据　位	描　　　述	操　　　作
31:19	保留位；	必须始终保持为复位状态（0）
18:0	MRx：线 x 上的中断屏蔽（Interrupt mask on line x）	0：屏蔽来自线 x 上的中断请求； 1：使能来自线 x 上的中断请求
0	MR0：线 0 上的中断屏蔽（Interrupt mask on line 0）	0：屏蔽来自 EXTI0 线的中断请求； 1：使能来自 EXTI0 线的中断请求
注：位 19 只适用于互联型产品，在 STM32F103ZET6 中为保留位		

图 6-10　EXTI_IMR 寄存器

现在我们通过 SET_BIT 函数设置 EXTI_IMR 为 0x01，实现使能来自 EXTI0 线的中断请求。

其他寄存器 EXTI_EMR、EXTI_RTST、EXTI_FTSR 等的设置过程，读者可以结合参考手册 RM0008 的 10.3 节仿照学习。

4）设置 EXTI0 中断优先级　回到 main.c 文件的 main 函数，接下来 main 函数要做的是设置相应中断的优先级和使能该中断线：

```
/* Enable and set EXTI line 0 Interrupt to the lowest priority */
HAL_NVIC_SetPriority(EXTI0_IRQn,2,0);
HAL_NVIC_EnableIRQ(EXTI0_IRQn);
```

（1）中断优先级设置：使用 MDK-ARM 右键菜单可以查看有关 HAL_NVIC_SetPriority 的设置，其实就是对外部中断优先级寄存器（NVIC_IPRx）和系统异常优先级寄存器（SCB_SHPRx）的设置：

```
__STATIC_INLINE void NVIC_SetPriority(IRQn_Type IRQn,uint32_t priority)
{
  if((int32_t)(IRQn)>=0)
  {
    NVIC->IP[((uint32_t)(int32_t)IRQn)] = (uint8_t)((priority<<(8U-__NVIC_PRIO_BITS)) &
                                         (uint32_t)0xFFUL);
  }
  else
  {
    SCB->SHP[(((uint32_t)(int32_t)IRQn) & 0xFUL)-4UL] = (uint8_t)((priority<<
                                         (8U-__NVIC_PRIO_BITS)) &(uint32_t)0xFFUL);
  }
}
```

这里要学习的是要设置的外部中断 EXTI0_IRQn 与寄存器 NVIC_IPx 之间的关系，以及中断优先级分组与抢占优先级（HAL_NVIC_SetPriority 函数的实参"2"）、子优先级（HAL_NVIC_SetPriority 函数的实参"0"）的关系。

我们可以通过参考手册 RM0008 的 10.1 节 Interrupt and exception vectors（中断和异常向量表）来学习 STM32 中断向量表，见表 6-4。

表 6-4　STM32 中断向量表

编号	优先级	优先级类型	名　称	说　明	地　址
	N/A	N/A	N/A	没有异常在运行	0x0000_0000
	-3	固定	Reset	复位	0x0000_0004
	-2	固定	NMI	不可屏蔽中断；RCC 时钟安全系统（CSS）连接到 NMI 向量	0x0000_0008
	-1	固定	HardFault	所有类型失效	0x0000_000C
	0	可设置	MemManage	存储器管理	0x0000_0010
	1	可设置	BusFault	预取指失败，存储器访问失败	0x0000_0014
...	...	...	...	...	...
	6	可设置	SysTick	系统嘀嗒定时器	0x0000_003C
0	7	可设置	WWDG	窗口定时器中断	0x0000_0040
1	8	可设置	PVD	连到 EXTI 的电源电压检测（PVD）中断	0x0000_0044
...	...	...	...	...	...
6	13	可设置	EXTI0	EXTI 线 0 中断	0x0000_0058
7	14	可设置	EXTI1	EXTI 线 1 中断	0x0000_005C
8	15	可设置	EXTI2	EXTI 线 2 中断	0x0000_0060
...	...	...	...	...	...
23	30	可设置	EXTI9_5	EXTI 线[9:5]中断	0x0000_009C
...	...	...	...	...	...
40	47	可设置	EXTI15_10	EXTI 线[15:10]中断	0x0000_00E0
...	...	...	...	...	...
58	65	可设置	DMA2 通道 3	DMA2 通道 3 全局中断	0x0000_0128
59	66	可设置	DMA2 通道 4_5	DMA2 通道 4 和 DMA2 通道 5 全局中断	0x0000_012C

查看表 6-4 时，要注意以下几点：

☺ 编号列为空的中断是 Cortex-M3 内部的异常，共有 16 个异常地址，目前是 10 个有效异常和 5 个保留地址，0x0000_0000 地址不是异常。

☺ 编号列的最大值是 59，由此可知大容量 STM32 支持 60 个外部中断和 15 个内核异常。

☺ EXTI0～EXTI4 分别有一个中断号，而 EXTI9_5 和 EXTI15_10 各占用一个中断号。

☺ 参考手册 RM0008 的 9.1 节中还有一个"互联型产品的中断向量表"，表中编号列的最大值是 67，该值是与编程手册 PM0056 的 4.3.7 节介绍的 68 组 NVIC_IPx 寄存器相对应的。

有人会问，NVIC 相关的 68 组 NVIC_IPx 寄存器用来设置 68 个外部中断，而 15 个内核异常中的某些优先级也是可以设置的，它们怎么设置呢？编程手册 PM0056 的 4.4 节 System control block（SCB）对内核异常的设置做了较为详细的介绍，其中 4.4.8 节 System handler priority registers（SHPRx）就是对系统异常优先级的介绍，这也是函数 NVIC_SetPriority 中有关 SCB_SHPx 寄存器设置的依据。

我们明白了 NVIC 相关的寄存器与外部中断的对应关系，通过 MDK-ARM 的右键菜单可以找到 EXTI0_IRQn 的定义是 EXTI0_IRQn=6，该值刚好与表 6-4 中编号列的值对应。

有关 HAL_NVIC_SetPriority 函数的其他两个参数：PreemptionPriority（抢占优先级）、SubPriority（子优先级/亚优先级），我们可以复习一下前面在 HAL_Init 函数中有关中断优先级分组的设置，其设置值是 NVIC_PRIORITYGROUP_4（即 0x0003），对应到表 6-2 中有关优先级分组的结果是分配每个中断优先级（NVIC_IPx）的 Bit[7:4]设定为抢占优先级，而没有数据位分配给子优先级，也就是说，每个中断的抢占优先级有 16 级，而子优先级只有 0 级。函数 HAL_NVIC_SetPriority 的参数是 PreemptionPriority 的实参 "2"、SubPriority 的实参 "0"，因而设置中断 EXTI0_IRQn 的抢占优先级是 2，子优先级是 0。

有关中断分组和中断优先级的设置，读者可以进一步阅读编程手册 PM0056 中 4.3 节和 4.4 节对中断优先级寄存器 NVIC_IPRx 和应用中断及复位控制寄存器 SCB_AIRCR 的介绍。

（2）中断使能：分析过有关中断优先级的设置，回到 EXTI0_IRQHandler_Config 函数，最后实现的是有关中断使能的设置：

```
HAL_NVIC_EnableIRQ(EXTI0_IRQn);
```

同样，通过 MDK-ARM 的右键菜单，我们可以找到 HAL_NVIC_EnableIRQ 调用函数 NVIC_EnableIRQ 的定义：

```
__STATIC_INLINE void NVIC_EnableIRQ(IRQn_Type IRQn)
{
  if((int32_t)(IRQn)>=0)
  {
    NVIC->ISER[(((uint32_t)(int32_t)IRQn)>>5UL)]=(uint32_t)(1UL<<(((uint32_t)(int32_t)IRQn) & 0x1FUL));
  }
}
```

这里是通过设置寄存器 NVIC_ISER 来实现的。我们回到编程手册 PM0056 的 4.3.2 节 Interrupt set-enable registers（NVIC_ISERx，如图 6-11 所示）学习中断使能寄存器：

地址偏移:0x00-0x0B	复位值:0x0000 0000	操作权限:Privileged

【注意】NVIC_ISER 寄存器是一组寄存器，而不是一个寄存器。每个 NVIC_ISER 寄存器的 32 个位分别对应于 32 个中断，若以 STM32F103RBT6 支持 43 个中断计算，就有 2 个 NVIC_ISER 寄存器有效；而《STM32F10×××Cortex-M3 编程手册》是按 68 个中断（互联型 STM32 产品）讲解的，因而就有 3 个 NVIC_ISER 寄存器有效。

31	30	29	28	27	26	25	24	23	22	21	20	19	18	17	16
SETENA[31:16]															
rw	rw	rw	rw	rw	rw	rw	rw	rw	rw	rw	rw	rw	rw	rw	rw
15	14	13	12	11	10	9	8	7	6	5	4	3	2	1	0
SETENA[15:0]															
rw	rw	rw	rw	rw	rw	rw	rw	rw	rw	rw	rw	rw	rw	rw	rw

数 据 位	描 述	操 作
31:0	中断设置使能位	0：失能 EXTI 线 32 * x+n 上的中断请求； 1：使能 EXTI 线 32 * x+n 上的中断请求

图 6-11　NVIC_ISER 寄存器

由于每个 NVIC_ISER 寄存器表示 32 个中断的使能，因而在代码中是通过对中断号的移位实现的：IRQn>>5UL；而每个 NVIC_ISER 寄存器的数据位是 0 ~ 31，因此后面先将中断号 IRQn 与数值 0x1FUL 做一个与操作，而后再对数值 1UL 进行移位操作。看懂这些，再理解函数 NVIC_EnableIQR 就简单了。

6.2.2　解析 stm32f10x_it.c

分析完 main.c 文件的 main 函数，读者会发现一个问题：例程 GPIO_EXTI 与在第 5 章学习的例子程序有些不同，该例程的 main 函数仅做了一些初始化的工作，其 while 循环语句是空的。这是怎么回事呢？要想揭开这个谜底，就要分析一下 stm32f10x_it.c 文件：

```
/**
    * @ brief   This function handles NMI exception.
    * @ param   None
    * @ retval None
    */
void NMI_Handler( void)
{
}
```

打开 stm32f10x_it.c 文件，将看到一些类似 NMI_Handler 函数的空函数。为什么该文件中会有这么多的空函数呢？定义这些空函数用来做什么呢？这些函数就是内核异常和外部中断触发的中断函数，定义这些空函数就是为了要与表 6-4 中的中断向量相对应。学习过 51 单片机、AVR 单片机的读者会发现，STM32 的中断函数的书写方式与它们都不一样，那么这些中断函数又是如何对应、触发的呢？想解决该疑问，就要打开工程中唯一的汇编文件 startup_stm32f100xb.s：

```
__Vectors       DCD     __initial_sp            ;Top of Stack
                DCD     Reset_Handler           ;Reset Handler
                DCD     NMI_Handler             ;NMI Handler
                DCD     HardFault_Handler       ;Hard Fault Handler
                DCD     MemManage_Handler       ;MPU Fault Handler
                DCD     BusFault_Handler        ;Bus Fault Handler
                DCD     UsageFault_Handler      ;Usage Fault Handler
```

```
DCD        0                          ;Reserved
DCD        0                          ;Reserved
DCD        0                          ;Reserved
DCD        0                          ;Reserved
DCD        SVC_Handler                ;SVCall Handler
DCD        DebugMon_Handler           ;Debug Monitor Handler
DCD        0                          ;Reserved
DCD        PendSV_Handler             ;PendSV Handler
DCD        SysTick_Handler            ;SysTick Handler

;External Interrupts
DCD        WWDG_IRQHandler            ;Window Watchdog
DCD        PVD_IRQHandler             ;PVD through EXTI Line detect
DCD        TAMPER_IRQHandler          ;Tamper
DCD        RTC_IRQHandler             ;RTC
DCD        FLASH_IRQHandler           ;Flash
DCD        RCC_IRQHandler             ;RCC
DCD        EXTI0_IRQHandler           ;EXTI Line 0
DCD        EXTI1_IRQHandler           ;EXTI Line 1
DCD        EXTI2_IRQHandler           ;EXTI Line 2
…          …          …
```

将该段代码与表 6-4 中的中断对照可以发现，它们是一一对应的，而且将那些保留的中断用"0"定义。再对照该段代码和 stm32f10x_it.c 文件中的函数名，可以发现它们也是一一对应的，这就是秘密之所在。

接下来，我们可以找到 stm32f10x_it.c 文件中的 EXTI0_IRQHandler 函数：

```
/ **
    * @ brief   This function handles external line 0 interrupt request.
    * @ param   None
    * @ retval None
    */
void EXTI0_IRQHandler( void)
{
    HAL_GPIO_EXTI_IRQHandler( USER_BUTTON_PIN);
}
```

函数的功能在其注释中这样描述：响应外部中断 0 的中断请求。函数内部是通过调用 HAL_GPIO_EXTI_IRQHandler 函数完成的，我们就通过 MDK 的右键菜单看看该函数的定义：

```
/ **
    * @ brief This function handles EXTI interrupt request.
    * @ param GPIO_Pin:Specifies the pins connected EXTI line
    * @ retval None
```

```
    */
void HAL_GPIO_EXTI_IRQHandler(uint16_t GPIO_Pin)
{
    /* EXTI line interrupt detected */
    if(__HAL_GPIO_EXTI_GET_IT(GPIO_Pin) != RESET)
    {
        __HAL_GPIO_EXTI_CLEAR_IT(GPIO_Pin);
        HAL_GPIO_EXTI_Callback(GPIO_Pin);
    }
}
```

在函数 HAL_GPIO_EXTI_IRQHandler 内部，先通过调用__HAL_GPIO_EXTI_GET_IT 函数查询中断挂起寄存器 EXTI_PR，以此来确认该中断线是否有中断发生，而后调用__HAL_GPIO_EXTI_CLEAR_IT 函数清除该标志位。查看这两个函数的定义可以发现，两个函数都操作了中断挂起寄存器 EXTI_PR。下面我们就通过参考手册 RM0008 来学习。

1）中断挂起寄存器 EXTI_PR　在参考手册 RM0008 的 10.3 节 Pending register（EXTI_PR）中有该寄存器（如图 6-12 所示）的介绍：

地址偏移:0x14　　　　　复位值:未定义

31	30	29	28	27	26	25	24	23	22	21	20	19	18	17	16
保　留												PR19	PR18	PR17	PR16
												rc_w1	rc_w1	rc_w1	rc_w1

15	14	13	12	11	10	9	8	7	6	5	4	3	2	1	0
PR15	PR14	PR13	PR12	PR11	PR10	PR9	PR8	PR7	PR6	PR4	PR4	PR3	PR2	PR1	PR0
rc_w1	rc_w1	rc_w1	rc_w1	rc_w1	rc_w1	rc_w1	rc_w1	rc_w1	rc_w1	rc_w1	rc_w1	rc_w1	rc_w1	rc_w1	rc_w1

数 据 位	描 述	操 作
31:19	保留位；	必须始终保持为复位状态（0）
18:0	PRx：线 x 挂起位（Pending bit on line x）； 0：没有发生触发请求； 1：发生了选择的触发请求	当外部中断线上发生了选择的边沿事件时，该位被置 1。在该位中写 1 可将它清零，也可以通过改变边沿检测的极性清零
注：位 19 只适用于互联型产品，在 STM32F103RBT6 中为保留位		

图 6-12　EXTI_PR 寄存器

触发 PRx 置 1 的是相应 EXTIx 线上的触发请求，因此程序中通过调用__HAL_GPIO_EXTI_GET_IT 函数读取 EXTI_PR 寄存器来判断 EXTI0 线上是否有中断发生；而后调用__HAL_GPIO_EXTI_CLEAR_IT 函数对相应的 PRx 位写 1 来对它清零。

另外，在 EXTI_PR 寄存器的位描述中使用的是 "RC_W1"，与其他寄存器使用的 "RW"或 "R"稍有区别，这一点在参考手册 RM0008 的 2.1 节 List of abbreviations for registers 中有清晰的说明：

read/write(rw)　　　Software can read and write to these bits.

read-only(r)	Software can only read these bits.
write-only(w)	Software can only write to this bit. Reading the bit returns the reset value.
read/clear(rc_w1)	Software can read as well as clear this bit by writing 1. Writing '0' has no effect on the bit value.

2) HAL_GPIO_EXTI_Callback 函数　在 HAL_GPIO_EXTI_IRQHandler 函数内部还有一句对 HAL_GPIO_EXTI_Callback 函数的调用。有关 HAL_GPIO_EXTI_Callback 函数，在例程 GPIO_EXTI 的工程文件中有两处定义，一处在 stm32f1xx_hal_gpio.c 文件中：

```
/**
  * @brief   EXTI line detection callback
  * @param GPIO_Pin:Specifies the pins connected EXTI line
  * @retval None
  */
__weak void HAL_GPIO_EXTI_Callback(uint16_t GPIO_Pin)
{
    /* Prevent unused argument(s) compilation warning */
    UNUSED(GPIO_Pin);
    /* NOTE:This function Should not be modified,when the callback is needed,
            the HAL_GPIO_EXTI_Callback could be implemented in the user file
     */
}
```

由 UNUSED 函数的定义读者会发现这是一个空函数。也就是说，这里整个 HAL_GPIO_EXTI_Callback 函数就是一个空函数。HAL_GPIO_EXTI_Callback 函数在工程中的另一处定义在 main.c 文件中：

```
/**
  * @brief EXTI line detection callbacks
  * @param GPIO_Pin:Specifies the pins connected EXTI line
  * @retval None
  */
void HAL_GPIO_EXTI_Callback(uint16_t GPIO_Pin)
{
    if(GPIO_Pin==GPIO_PIN_0)
    {
        /* Toggle LED3 */
        BSP_LED_Toggle(LED3);
    }
}
```

读者会发现，这里才是 readme.txt 文档中描述的操作"User push-button"按键后，实现 LED3 状态的翻转功能。观察两处函数的定义，细心的读者会发现，stm32f1xx_hal_gpio.c 文件中的函数定义比 main.c 中的函数定义多了一个关键字__weak。有关这点，在 STM32CubeF1 软件包的用户手册 UM1850 的 2.5 节 HAL interrupt handler and callback functions 中有详细的描述：

> Besides the APIs, HAL peripheral drivers include：
> - HAL_PPP_IRQHandler( ) peripheral interrupt handler that should be called from stm32f1xx_it. c
> - User callback functions.
>
> The user callback functions are defined as empty functions with "weak" attribute. They have to be defined in the user code.

也就是说，这是 HAL 软件包的一个固定模式，默认用 weak 声明一个空的回调函数（Callback Functions），在实际应用时，用户要自己定义回调函数，并补充要实现的功能代码。

关键字 weak 在工程中其实不止用于一处，细心的读者在看汇编文件 startup_stm32f100xb. s 时也许已经发现了：

```
EXPORT    WWDG_IRQHandler              [WEAK]
EXPORT    PVD_IRQHandler               [WEAK]
EXPORT    TAMPER_IRQHandler            [WEAK]
EXPORT    RTC_IRQHandler               [WEAK]
EXPORT    FLASH_IRQHandler             [WEAK]
EXPORT    RCC_IRQHandler               [WEAK]
...                                    ...
```

学习这个关键字，我们可以通过 MDK-ARM 的帮助手册查看：

> 3. 8 Weak references and definitions
>
> Weak references and definitions provide additional flexibility in the way the linker includes various functions and variables in a build.
>
> Weak references and definitions are typically references to library functions.
> ...

其实这就是编译器的一个弱导出符，可以防止连接器在解析时找不到函数、变量的定义而报错，有些类似于关键字 extern。

6.3 移植例程

前面学习了 STM32VLDISCOVERY 开发板上的例程 GPIO_EXTI，和学习例程 GPIO_IOToggle 一样，接下来我们通过 STM32CubeMX 创建一个属于自己的例程，而且让该例程运行在 Nucleo-F103RB 开发板上。

6.3.1 新建例程 MyEXTI

按照第 5 章创建例程 MyIOToggle 的过程，我们复习一下使用 STM32CubeMX 创建工程的过程。

（1）新建文件夹：在 E 盘的根目录下新建文件夹 KeilMDK，用来保存所有的练习工程；在该目录下新建子文件夹 EXTI，用来保存本章例程。

（2）新建 STM32CubeMX 工程，选择 "Start My project from STBoard"。

（3）选择开发板：选择 Nucleo-F103RB，然后单击 "Start Project" 按钮，进入配置工程页面。

（4）配置 MCU 引脚：在这一步无须做任何操作，因为选择的是 Nucleo-F103RB 开发板，系统已经默认配置 User push-button 的中断模式。如图 6-13 所示，读者可以将光标放在 PC13 引脚上，系统会对该引脚的可配置情况给出提示。

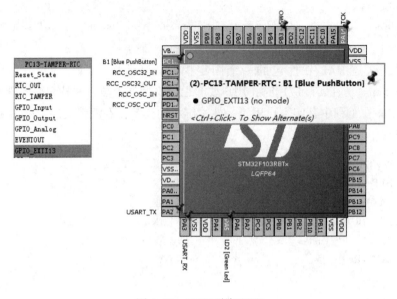

图 6-13　MCU 引脚配置

（5）保存 STM32CubeMX 工程：将工程保存在 EXTI 文件夹中，将其命名为 GPIO_EXTI。

（6）生成报告。

（7）配置 MCU 时钟树：这里也选择默认配置，不做任何修改。

（8）配置 MCU 外设：这里要重点学习 GPIO 和 NVIC 的配置。有关 GPIO 的配置，我们重点学习将 PC13 引脚配置为上升沿触发中断模式的情况，如图 6-14 所示。

图 6-14　配置 PC13 引脚的中断模式

有关 NVIC 的配置有两处：一是中断优先级分组（Priority group），二是中断抢占优先级（Premption priority）和子优先级（Sub priority），如图 6-15 所示。

图 6-15 NVIC 的配置

（9）生成 C 代码工程：生成代码前，选择"Project Manager"标签页，选择开发工具 MDK-ARM、软件版本：V5.27 等，具体配置如图 6-16 所示。

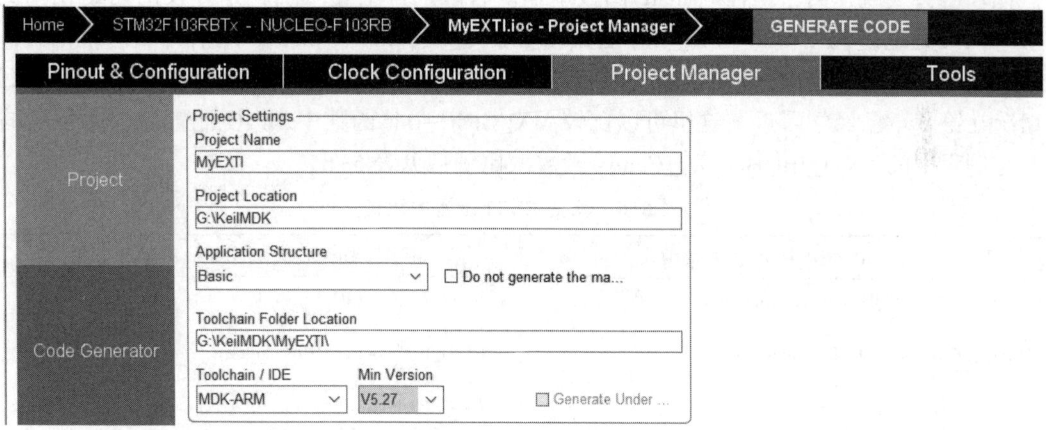

图 6-16 配置工程

配置工程后，单击"GENERATE CODE"按钮生成 C 代码工程，并在 MDK-ARM 中打开该工程。

（10）编译工程。

（11）完善工程：在完善代码前，我们可以先将生成工程 MyEXTI 与前面学习的例程 GPIO_EXTI 的 main 函数做一个比较，见表 6-5。

表 6-5　两个 main 函数的比较

例程 GPIO_EXTI	新生成工程 MyEXTI

int main(void)
{
 	
  / * STM32F1xx HAL library initialization * /
  HAL_Init( ) ;
 	
  / * Configure the system clock to 24 MHz * /
  SystemClock_Config( ) ;
 	
  / * – 1 – Initialize LEDs mounted on STM32VL – Discovery board * /
  BSP_LED_Init(LED3) ;
 	
  / * –2–Configure EXTI_Line0 (connected to PA. 00 pin) in interrupt mode * /
  EXTI0_IRQHandler_Config( ) ;
 	
  / * Infinite loop * /
  while(1)
  {
  }
}
	int main(void)
	{
	  / * USER CODE BEGIN 1 * /
	  / * USER CODE END 1 * /
	  / * MCU Configuration------------ * /
	  / * Reset of all peripherals, Initializes the Flash interface and the Systick. * /
	  HAL_Init( ) ;
	
	  / * Configure the system clock * /
	  SystemClock_Config( ) ;
	
	  / * Initialize all configured peripherals * /
	  MX_GPIO_Init( ) ;
	
	  / * USER CODE BEGIN 2 * /
	  / * USER CODE END 2 * /
	
	  / * Infinite loop * /
	  / * USER CODE BEGIN WHILE * /
	  while(1)
	  {
	  / * USER CODE END WHILE * /
	  / * USER CODE BEGIN 3 * /
	  }
	  / * USER CODE END 3 * /
	}

比较后会发现，两个工程的 main 函数基本没有区别，主要区别就是外设的初始化：例程 GPIO_EXTI 是通过调用 DSP_LED_Init 函数和 EXIT0_IRQHanler_Config 函数完成初始化的，而工程 MyEXTI 是通过调用 MX_GPIO_Init 完成初始化的。GPIO 配置为通用输出端口控制 LED 的情况在第 5 章已经学习过，这里可以比较 MX_GPIO_Init 函数中 GPIO 配置为外部中断的情况，与例程中的 EXTI_IRQHandler_Config 函数做比较，见表 6-6。

表 6-6　两处 EXTI 配置的比较

例程 EXTI0_IRQHandler_Config 函数	新建工程 MX_GPIO_Init 函数 EXTI 配置

static void EXTI0_IRQHandler_Config(void)
{
  GPIO_InitTypeDef   GPIO_InitStructure;
 	
  / * Enable GPIOA clock * /
  __HAL_RCC_GPIOA_CLK_ENABLE( ) ;
 	
  / * Configure PA. 00 pin as input floating * /
  GPIO_InitStructure. Mode = GPIO_MODE_IT_RISING;
  GPIO_InitStructure. Pull = GPIO_NOPULL;
  GPIO_InitStructure. Pin = GPIO_PIN_0;
  HAL_GPIO_Init(GPIOA, &GPIO_InitStructure) ;
 	
  / * Enable and set EXTI line 0 Interrupt to the lowest priority * /
  HAL_NVIC_SetPriority(EXTI0_IRQn, 2, 0) ;
  HAL_NVIC_EnableIRQ(EXTI0_IRQn) ;
}
	static void MX_GPIO_Init(void)
	{
	  GPIO_InitTypeDef GPIO_InitStruct;
	
	  / * GPIO Ports Clock Enable * /
	  __HAL_RCC_GPIOC_CLK_ENABLE( ) ;
	
	/ * Configure GPIO pin; B1_Pin * /
	  GPIO_InitStruct. Pin = B1_Pin;
	  GPIO_InitStruct. Mode = GPIO_MODE_IT_RISING;
	  GPIO_InitStruct. Pull = GPIO_NOPULL;
	  HAL_GPIO_Init(B1_GPIO_Port, &GPIO_InitStruct) ;
	
	  / * EXTI interrupt init * /
	
	  HAL_NVIC_SetPriority(EXTI15_10_IRQn, 2, 0) ;
	  HAL_NVIC_EnableIRQ(EXTI15_10_IRQn) ;
	}

通过比较可以发现，两者的 EXTI 配置几乎是一样的，唯一不同的就是两个开发板的按键连接的中断线不同，STM32VLDISCOVERY 使用的是 EXTI0 中断（PA.00），而 Nucleo-F103RB 使用的是 EXTI15_10 中断（PC.13）。

现在就可以参考例程 GPIO_EXTI，在新建工程 MyEXTI 的 main.c 文件中完善代码了。可以直接将例程 GPIO_EXTI 中的回调函数 HAL_GPIO_EXTI_Callback 复制到 main.c 文件中，简单修改如下：

```
/* USER CODE BEGIN 4 */
/**
  * @ brief EXTI line detection callbacks
  * @ param GPIO_Pin:Specifies the pins connected EXTI line
  * @ retval None
  */
void HAL_GPIO_EXTI_Callback(uint16_t GPIO_Pin)
{
    if( GPIO_Pin = = GPIO_PIN_13)                          /* 修改 GPIO_PIN_0 为 GPIO_PIN_13 */
    {
        /* Toggle LD2 */
        HAL_GPIO_TogglePin(LD2_GPIO_Port,LD2_Pin);   /* 参考例程 MyIOToggle 修改 */
    }
}
/* USER CODE END 4 */
```

复制、修改回调函数 HAL_GPIO_EXTI_Callback 时，有以下几点须要注意：

☺ 函数放置位置：要放置在/* USER CODE BEGIN 4 */与 /* USER CODE END 4 */之间。

☺ 例程中判断条件是 GPIO_PIN_0，而 Nucleo-F103RB 开发板上的按键连接的是 PC.13 引脚，因而要修改为 GPIO_PIN_13。可以参考 stm32f1xx_it.c 文件 EXTI15_10_IRQHandler 函数中调用 HAL_GPIO_EXTI_IRQHandler 函数的参数。

☺ 控制 LD2 翻转的函数应修改为 HAL_GPIO_TogglePin(LD2_GPIO_Port,LD2_Pin)，可以参考例程 MyIOToggle 来修改。

（12）重新编译、下载工程。注意，若没有设置工程下载后自动复位，则下载工程后，要按一下复位键（黑色按键），然后再操作 User push-button 按键（蓝色按键），才能看到 LD2（绿色 LED）状态的翻转。

6.3.2 外部中断小结

做完实验，再回头看看两个例程有关 GPIO_EXTI 的初始化代码，见表 6-7。

例程 GPIO_EXTI 的 EXTI0_IRQHandler_Config 函数最后设置的 EXTI0_IRQn 的中断优先级，而新建工程 MyEXTI 的 MX_GPIO_Init 函数中配置的是 EXTI15_10_IRQn 的中断优先级。这是因为两个开发板的按键连接的 GPIO 引脚不同，在此可以比较一下两个开发板的原理图，如图 6-17 所示。

表 6-7　两个例程有关 GPIO_EXTI 的初始化代码

例程 EXTI0_IRQHandler_Config 函数	新建工程 MX_GPIO_Init 函数 EXTI 配置
| ```c
static void EXTI0_IRHandler_Config(void)
{
  GPIO_InitTypeDef    GPIO_InitStructure;

  /* Enable GPIOA clock */
  __HAL_RCC_GPIOA_CLK_ENABLE();

  /* Configure PA.00 pin as input floating */
  GPIO_InitStructure. Mode=GPIO_MODE_IT_RISING;
  GPIO_InitStructure. Pull=GPIO_NOPULL;
  GPIO_InitStructure. Pin=GPIO_PIN_0;
  HAL_GPIO_Init(GPIOA,&GPIO_InitStructure);

  /* Enable and set EXTI line 0 Interrupt to the lowest
priority */
  HAL_NVIC_SetPriority(EXTI0_IRQn,2,0);
  HAL_NVIC_EnableIRQ(EXTI0_IRQn);
}
``` | ```c
static void MX_GPIO_Init(void)
{
  GPIO_InitTypeDef GPIO_InitStruct;

  /* GPIO Ports Clock Enable */
  __HAL_RCC_GPIOC_CLK_ENABLE();

  /* Configure GPIO pin：B1_Pin */
  GPIO_InitStruct. Pin=B1_Pin;
  GPIO_InitStruct. Mode=GPIO_MODE_IT_RISING;
  GPIO_InitStruct. Pull=GPIO_NOPULL;
  HAL_GPIO_Init(B1_GPIO_Port,&GPIO_InitStruct);

  /* EXTI interrupt init */
  HAL_NVIC_SetPriority(EXTI15_10_IRQn,2,0);
  HAL_NVIC_EnableIRQ(EXTI15_10_IRQn);
}
``` |

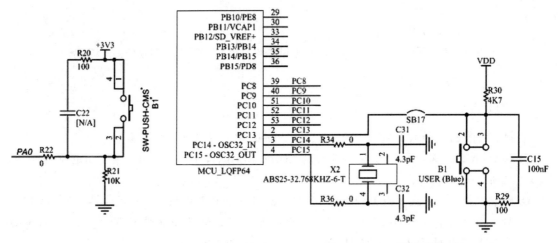

（a）STM32VLDISCOVERY的按键原理图　　　　　　（b）Nucleo-F103RB的按键原理图

图 6-17　两个开发板按键原理图的比较

通过比较可以发现：

（1）两个开发板的按键连接的 GPIO 口的引脚不同：STM32VLDISCOVERY 开发板的按键连接的是 PA.00 引脚，而 Nucleo-F103RB 开发板的按键连接的是 PC.13 引脚。

（2）按键与电源和地的连接方式也不同：STM32VLDISCOVERY 开发板按键连接的引脚 PA.00 默认是通过电阻接地的，按下按键接电源，是高电平，因而按下按键有上升沿出现；而 Nucleo-F103RB 开发板连接按键的引脚 PC.13 默认是通过电阻接电源的，按下按键接地，因而按下按键出现的是下降沿，释放按键才是上升沿。

然而，两个例程中都设置的是 GPIO_MODE_IT_RISING 模式（上升沿触发中断），这样的结果就是在 Nucleo-F103RB 开发板上按下按键并不触发中断，而是在释放按键时触发中断。读者可以按下开发板上的蓝色按键不释放，观察 LD2（绿色 LED）的状态；而后释放按键，再观察 LD2 的状态。我们可以修改工程代码，配置为 GPIO_MODE_IT_FALLING 模式（下降沿触发中断），再下载到开发板上观察运行结果。

因为按键连接的微控制器的 GPIO 引脚不同，所以须要设置不同的中断。我们可以通过外部中断向量表来总结，见表 6-8。

表 6-8 外部中断向量表

编号	优先级	优先级类型	名 称	说 明	地 址
...	...	...	...	...	...
6	13	可设置	EXTI0	EXTI 线 0 中断	0x0000_0058
7	14	可设置	EXTI1	EXTI 线 1 中断	0x0000_005C
8	15	可设置	EXTI2	EXTI 线 2 中断	0x0000_0060
9	16	可设置	EXTI3	EXTI 线 3 中断	0x0000_0064
10	17	可设置	EXTI4	EXTI 线 4 中断	0x0000_0068
...	...	...	...	...	...
23	30	可设置	EXTI9_5	EXTI 线[9:5]中断	0x0000_009C
...	...	...	...	...	...
40	47	可设置	EXTI15_10	EXTI 线[15:10]中断	0x0000_00E0
...	...	...	...	...	...

EXTI 中断线与 GPIO 引脚的关系如图 6-18 所示。

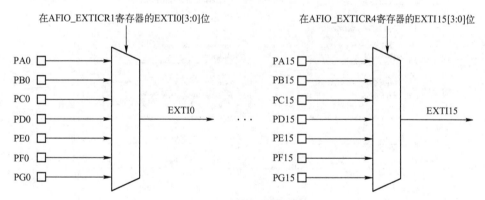

图 6-18 外部中断线

对照 Nucleo-F103RB 开发板的按键原理图可知，User push-button 按钮连接的是 PC.13，因而对应于中断 EXTI15_10。根据这个原理，读者可以像第 5 章学习例程 GPIO_IOToggle 一样，按照 Nucleo-F103RB 开发板的扩展接口（如图 6-19 所示）任意扩展按键，实现外部中断。

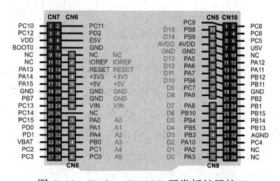

图 6-19 Nucleo-F103RB 开发板扩展接口

6.3.3 硬件仿真

学习过 AVR、PIC 等 8 位/16 位单片机的读者大概都使用过硬件仿真器，且大多使用的是 JTAG 接口的仿真器。STM32 单片机不仅支持传统的 JTAG 接口，而且还为节约调试端口，设计了串行线（Serial Wire，SW）接口，该接口仅占用 2 个 I/O 端口就可以完成 JTAG 接口要完成的调试工作。因此在使用硬件仿真器调试 STM32 时，通常选择 SW 接口调试；当有些 JTAG 接口的端口线被别的硬件占用时，尤其要选择 SW 接口来调试。

《STM32F10×××参考手册》《ARM Cortex-M3 权威指南》《Cortex-M3 技术参考手册》等都使用了大量篇幅介绍 STM32/Cortex-M3 处理器的调试系统，不过这些都是从其内部工作原理的角度来介绍的，嵌入式程序员无须完全参透。要了解如何使用硬件仿真器/软件仿真来调试 STM32，可以查看 MDK-ARM 的帮助手册。下面介绍的就是使用 ST-LINK/V2 仿真器来调试 STM32 的步骤。

1）连接设备 Nucleo-F103RB 开发板上集成了 ST-LINK/V2 仿真器，而且是使用 SW 接口连接 STM32F103RBT6 微控制器的。开发板提供 USB 接口，因此直接通过 USB 线将开发板连接到 PC。

2）配置工程"Debug"标签页 通过工具栏中的"Options for Target…"按钮 打开"Options for Target 'MyEXTI'"对话框，选择"Debug"标签页，在"Use:"栏中选择"ST-Link Debugger"，同时选中"Run to main( )"选项，如图 6-20 所示。

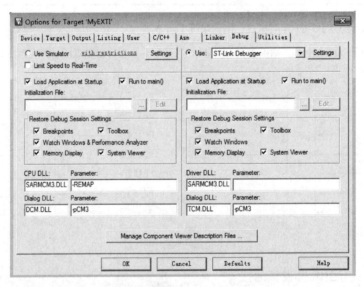

图 6-20 "Options for Target 'MyEXTI'"对话框（"Debug"标签页）

单击"Use:"栏右侧的"Settings"按钮，打开"Cortex-M Target Driver Setup"对话框，选择"Debug"标签页，设置 ST-LINK 仿真器参数，如图 6-21 所示。

3）配置工程"Utilities"标签页 完成上述设置后，单击"确定"按钮，保存设置，返回"Options for Target 'MyEXTI'"对话框，选择"Utilities"标签页，单击"Settings"按钮，打开"Cortex-M Target Driver Setup"对话框，选择"Flash Download"标签页，按图 6-22 所示进行设置。

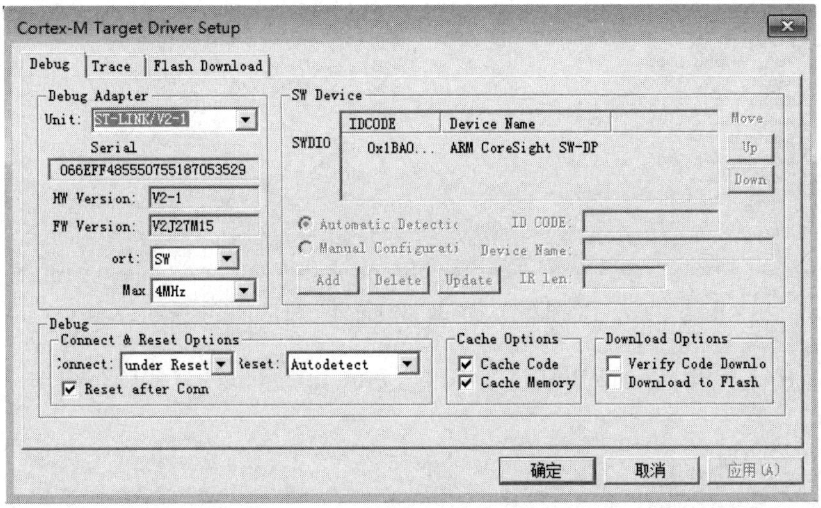

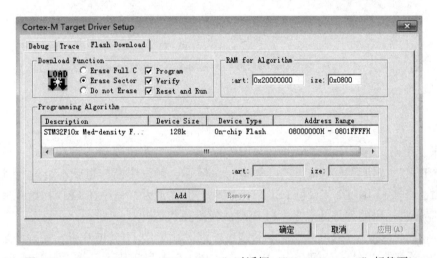

图 6-21 "Cortex-M Target Driver Setup" 对话框 ("Debug" 标签页)

图 6-22 "Cortex-M Target Driver Setup" 对话框 ("Flash Download" 标签页)

在 "Download Function" 区域中选中 "Reset and Run" 选项，这样，使用仿真器下载程序后，就可以实现程序自动启动。在 "Programming Algorithm" 区域的列表中，根据开发板的控制芯片添加相应的芯片类型，添加的方法是单击 "Add" 按钮。本工程是通过 STM32CubeMX 生成的，因此这里已经设置完成，我们仅参考学习。

完成以上设置后，单击 "确定" 按钮，返回 "Options for Target 'MyEXTI'" 对话框。在该对话框单击 "OK" 按钮，保存以上设置。现在我们就可以使用 ST-LINK/V2 仿真器调试程序了，同时也可以使用仿真器下载程序到 STM32 中。

4) 使用仿真器下载程序 下载程序前，首先要有编译好的程序，然后就是通过 USB 线将 PC 和开发板连接起来。选择 MDK-ARM 工具栏中的 "Download" 按钮，系统自动下载程序到开发板。下载完成后，可以观察 "Build Output" 窗口输出的提示信息，如图 6-23 所示。

5) 调试程序 首先设置断点，在可能出现问题的代码行前添加断点：双击添加断点的代码行或将光标停留在要添加的代码行处，然后使用工具栏中的 "Insert/Remove Breakpoint" 按钮 来添加断点。以本章的 MyEXTI 工程为例，为了观察 STM32 中断跳转的流程，可以在

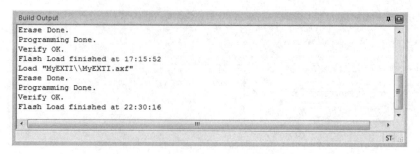

图 6-23 "Build Output" 窗口

main 函数的 "HAL_GPIO_TogglePin（LD2_GPIO_Prot，LD2_Pin）；" 代码行添加一个断点，如图 6-24 所示。

```
192 ┌/**
193    * @brief EXTI line detection callbacks
194    * @param GPIO_Pin: Specifies the pins connected EXTI line
195    * @retval None
196    */
197  void HAL_GPIO_EXTI_Callback(uint16_t GPIO_Pin)
198 ┌{
199    if (GPIO_Pin == GPIO_PIN_13)
200 ┌  {
201      /* Toggle LED3 */
202      HAL_GPIO_TogglePin(LD2_GPIO_Port,LD2_Pin);
203    }
204 └}
205  /* USER CODE END 4 */
```

图 6-24 添加断点

接下来，单击工具栏中的 "Start/Stop Debug Session" 按钮 🔍 进入调试模式；然后单击工具栏中的 "Run" 按钮 📄，此时程序已经运行，但不会触发中断，也就不会运行到设置的断点处。此时，开发板上 LD2（绿色 LED）已熄灭，也就是说，程序在 LED 初始化完成后，连接 LED 相应引脚输出的都是低电平，LED 默认为不亮状态。

然后，我们可以按下并释放开发板上的蓝色按键，触发 EXTI15_10 中断，使程序运行到 main 函数中设置的断点处 "HAL_GPIO_TogglePin（LD2_GPIO_Prot，LD2_Pin）；" 暂停，如图 6-25 所示。

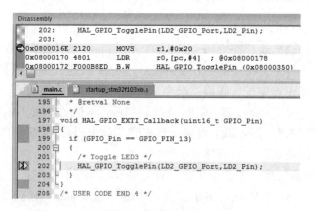

图 6-25 断点触发

此时，开发板上的 LED（LD2）还都是熄灭的。单击工具栏中的 "Step Over" 按钮 ⏭ 或按 "F10" 键，跳转到下一行代码。执行过 "HAL_GPIO_TogglePin（LD2_GPIO_Prot，LD2_Pin）；"

代码行后，可以发现 LED（LD2）亮了，也就是连接 LD2 的端口的状态反转了，这与我们要实现的目标是一致的。接下来，按"F5"键继续运行程序，程序会一直运行，不发生断点触发。此时，操作 USER 键（蓝色按键）就会触发相应的中断，从而停留在设置的断点处。

思考与练习

（1）通过 STM32CubeF1 用户手册 UM1850 复习外部中断相关的驱动函数。

（2）复习参考手册 RM0008 的第 7～10 章中与 EXTI 相关的内容。

（3）复习《ARM Cortex-M3 权威指南》第 7、8 章中与 EXTI、NVIC 相关的内容。

（4）复习编程手册 PM0056 第 2、4 章中与 EXTI、NVIC 相关的内容。

（5）使用 ST-LINK/V2 仿真器调试第 5 章的例程 MyIOToggle。

（6）例程 MyEXTI 中的中断触发方式修改为下降沿触发，在开发板上搭建另一个按键，并实现中断方式的相关代码。

第7章 串 口 通 信

在第 6 章学习 STM32 的外部中断时，我们了解了如何使用 ST-LINK/V2 仿真器调试程序。然而在实际开发中，有时会遇到手头没有仿真器的情况，这就要想一想其他办法，常用的方法有软件仿真、LED 显示运行状态、串行口打印输出等。本章就介绍一种常用的辅助调试手段——串口通信。

串口通信是一个"古老"的话题，它几乎是伴随着 51 单片机而产生的。单片机应用中，最先是并行口（GPIO）、定时器/计数器，而后就是串口通信。

通用同步/异步串行接收/发送器（Universal Synchronous/Asynchronous Receiver/Transmitter，USART）是单片机世界里最早出现的串行通信接口，因而人们也习惯称之为串口通信（简称串口），其实后来串行通信的接口有很多，如 SPI、IIC、CAN、USB 等。早在 51 单片机时代，串口还很简单（那时称为 UART），没有同步串行通信功能，只有异步串行通信功能。随着科技的发展，串口后来增加了同步串行通信功能，就由 UART 变成了 USART。在 8 位单片机盛行的时代，嵌入式设备与 PC、手持器通信几乎只靠串口（PC 端是RS-232）来实现。但近些年，并口和串口在 PC 的主板上已经慢慢消失了，它们被更高速的 USB、RJ-45（网卡接口）等取代，因此现在的产品和 PC 通信时，通常会加一个 USB 转 UART 芯片。不过在嵌入式领域，USART 还是串行通信的首选。

增强型大容量 STM32 微控制器提供了 5 个串口：3 个 USART（USART1 ~ USART3）和 2 个 UART（UART4、UART5）。Nucleo-F103RB 开发板上的 STM32F103RBT6 是增强型中容量 STM32 微控制器，提供了 3 个串口。在 STM32Cube_FW_F1_V1.8.0\Projects\STM32F103RB-Nucleo\Examples\UART 目录下，提供了 5 个与 UART 相关的例程。下面我们就借助这些例程来了解 STM32 的串口。

7.1 例程 UART_Printf

笔者对学习单片机的指导思想是从简单到复杂，从了解和模仿到熟悉和精通。学习 STM32CubeF1 软件包有关 USART 的例程时也按照该思路进行，首先从最简单的入手，这就是我们要模仿、分析、移植的第一个例程 UART_Printf，其所在的目录是 STM32Cube_FW_F1_V1.8.0\Projects\STM32F103RB-Nucleo\Examples\UART\UART_Printf。

7.1.1 使用例程

1. 例程介绍

通过 MDK-ARM 的菜单命令"Project"→"Open Project"打开 MDK-ARM 文件夹下的

Project. uvprojx 工程文件，在工程列表中找到 Doc/readme. txt 文档。首先从其说明文档 readme. txt 入手：

```
@ par Example Description
This example shows how to reroute the C library printf function to the UART. It
outputs a message sent by the UART on the HyperTerminal.

Board:STM32F103RB-Nucleo
Tx Pin:PA. 09(Pin 21 in CN10)
Rx Pin:PA. 10(Pin 33 in CN10)
```

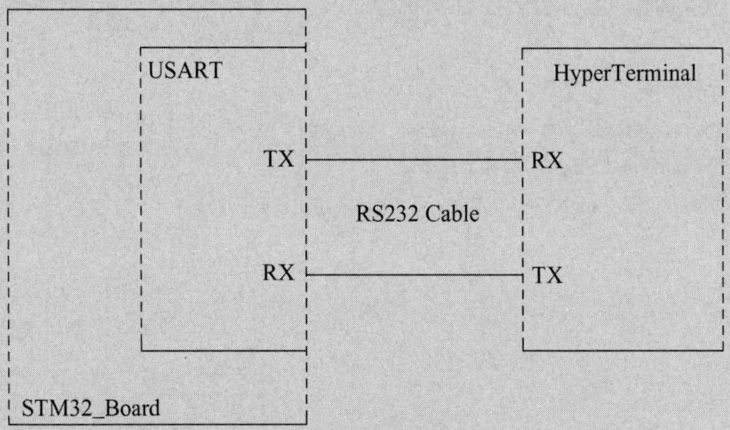


```
LED2 is ON when there is an error occurrence.

The USART is configured as follows:
    -BaudRate=9600 baud
    -Word Length=8 Bits(7 data bit+1 parity bit)
    -One Stop Bit
    -Odd parity
    -Hardware flow control disabled(RTS and CTS signals)
    -Reception and transmission are enabled in the time

@ note USARTx/UARTx instance used and associated resources can be updated in "main. h"
file depending hardware configuration used.

@ note When the parity is enabled,the computed parity is inserted at the MSB
position of the transmitted data.

@ par Directory contents
  -UART/UART_Printf/Inc/stm32f1xx_hal_conf. h      HAL configuration file
  -UART/UART_Printf/Inc/stm32f1xx_it. h            IT interrupt handlers header file
  -UART/UART_Printf/Inc/main. h                    Header for main. c module
  -UART/UART_Printf/Src/stm32f1xx_it. c            Interrupt handlers
```

```
-UART/UART_Printf/Src/main. c                    Main program
-UART/UART_Printf/Src/stm32f1xx_hal_msp. c       HAL MSP module
-UART/UART_Printf/Src/system_stm32f1xx. c        STM32F1xx system source file


@ par Hardware and Software environment

  -This example runs on STM32F103xB devices.

  -This example has been tested with STM32F103RB-Nucleo board and can be
   easily tailored to any other supported device and development board.

  -STM32F103RB_Nucleo Set-up
    -If you want to display data on the HyperTerminal, please connect USART1 TX(PA9)
      to RX pin of PC serial port(or USB to UART adapter).
      USART1 RX(PA10) could be connected similarly to TX pin of PC serial port.

  -Hyperterminal configuration：
    -Data Length＝7 Bits
    -One Stop Bit
    -Odd parity
    -BaudRate＝9600 baud
    -Flow control：None


@ par How to use it ?

In order to make the program work,you must do the following：
  -Open your preferred toolchain
  -Rebuild all files and load your image into target memory
  -Run the example.
```

通过 readme. txt 文档的介绍可知：该例程主要实现了 C 标准库的 Printf 函数的重定向；通过 RS-232 接口将开发板连接到 PC，通过 Printf 函数向超级终端（或 Windows 7 以前的版本自带的串口通信工具）输出消息。另外，Nucleo-F103RB 开发板使用的是 USART1 串口，与 PC 通过 RS-232 线缆连接，现在的 PC 已无 DB9 接口，可以用 USB 转串口模块代替 RS-232 线缆。

此外，该文档还对 USART 的设置参数进行了详细的说明，包括波特率、字长、停止位、校验位、硬件流控制等，我们在分析例程时再具体分析这些参数。

2. 辅助工具

在编译、下载例程前还有一些辅助工作要做，首先是连接开发板和 PC 通信的 USB 转串口模块。常见的 USB 转串口 TTL 电平的模块有 3 种，如图 7-1 所示。

（a）PL2303HX   （b）CH340G   （c）CP2102

图 7-1　常见的 USB 转串口 TTL 电平模块

不同类型 USB 转串口模块的区别主要是选择的核心转换芯片不同，常见的转换芯片有 PL2303HX、CH340G、CP2102 等。具体使用时，除开始要选择安装的驱动软件不同外，通信过程中几乎不会感觉到有何差别。另外，对于图 7-1 中的 3 种模块，后两种要通过杜邦线与开发板连接，这样的好处是操作灵活；缺点是两端都连接，对新手来说操作有点复杂，因而我们优先选择第一种 PL2303HX 驱动模块。

PL2303HX 驱动 USB 转串口 TTL 模块引出了 4 根线：红色线为 5V 电源线，黑色线为地线（GND），白色线为 PL2303HX 的 TTL 串口接收（RXD）线，绿色线为 PL2303HX 的 TTL 串口发送（TXD）线。两个串口之间的通信，至少要连接 3 根线：一是要求共地，也就是两个串口的 GND 要连接在一起；二是串口 1 的 TXD 要连接串口 2 的 RXD；三是串口 1 的 RXD 要连接串口 2 的 TXD。通过阅读例程 UART_Printf 的 readme. txt 文档可知，开发板 Nucleo-F103RB 的串口引出方式是 PA. 09（CN10 接口的 21 引脚）为发送接口 TXD、PA. 10（CN10 接口的 33 引脚）为接收接口 RXD。我们也可以通过 Nucleo-F103RB 开发板的用户手册了解开发板的接口具体位置，如图 7-2 所示。

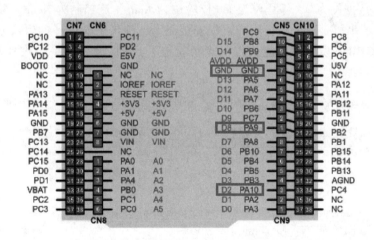

图 7-2　Nucleo-F103RB 开发板接口

因此，可以将 PL2303HX 模块的黑色线（GND）插到开发板 CN10 接口的第 9 插针（GND）上，将白色线（RXD）插到开发板 CN10 接口的第 21 插针（TXD）上，将绿色线（TXD）插到开发板 CN10 接口的第 33 插针（RXD）上。

完成物理连接后，还要在 PC 上安装 PL2303HX 模块的驱动程序。安装完成后，应重新启动 PC，然后再将 PL2303HX 模块插到 PC 的 USB 接口，通过 Windows 的设备管理器查看该模块对应的是哪个串口，这里安装之后对应的是 COM3，如图 7-3 所示。

完成硬件连接后，还要下载一个串口通信工具（在 Windows 7 之前的版本中都有超级终端（Hyper Terminal）可以辅助串口调试）。如图 7-4 所示，我们可以下载一个由丁丁（聂小猛）设计的串口调试助手 SSCOM3.2（当然，读者也可以使用其他类型的串口调试助手）。如果读者使用过宏晶科技（STC）的 51 单片机，其下载工具 STC-ISP 上也集成了一个串口助手。

图 7-3　USB 转串口 COM3

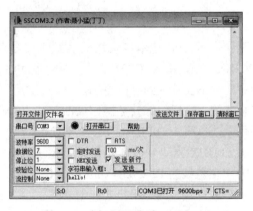
图 7-4　串口调试助手 SSCOM3.2

3. 下载演示

下载程序时，要先通过 USB 线将 Nucleo-F103RB 开发板与 PC 连接起来。

打开串口调试助手，选择串口为 PL2303HX 模块映射的串口（这里是 COM3），设置波特率为 9600，数据位为 7，停止位为 1，校验位为 None，流控制为 None，最后单击"打开串口"按钮。若串口打开失败，则应重新安装驱动，或者查看选择的串口号是否有错。按下 Nucleo-F103RB 开发板上的复位键（黑色按键），串口调试助手会收到两行输出信息，如图 7-5 所示。

UART Printf Example：retarget the C library printf function to the UART ∗∗ Test finished successfully. ∗∗

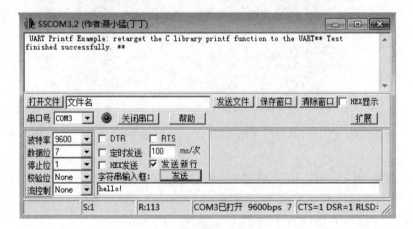
图 7-5　例程运行结果

由此可见，例程还是有点小问题的：本来此处应该输出两行信息，拉宽调试助手的显示区域后会发现，两行信息是连接起来的。这个小问题在后面重新生成例程代码时再处理。

7.1.2 新建例程

接下来，我们通过STM32CubeMX生成自己的例程，感受这个例程是如何实现的。

（1）新建文件夹：在 E:\KeilMDK 文件夹下建立 UART 文件夹。

（2）新建 STM32CubeMX 工程，选择"Start My project from STBoard"。

（3）选择 Nucleo-F103RB 开发板。

（4）配置 MCU 引脚：首先，我们可以观察 STM32CubeMX 对 Nucleo-F103RB 的默认配置，如图 7-6 所示。我们特别关注 STM32F103RBTx 微控制器 PA2（左下角）的默认配置，单击该引脚，可以看到其配置为 UART2_TX。用同样的操作方式关注 PA3 引脚的配置。

观察 PA2、PA3 的默认配置后，在左侧的列表中找到 USART1，将其 Mode 属性配置为 Asynchronous（异步模式），Hardware Flow Control（RS232）选择默认控制模式 Disable。然后，观察右侧 STM32F103RBTx 微控制器 PA9、PA10 引脚的变化，可以看到 PA10 引脚已经自动配置为 USART1_RX 模式，如图 7-6 所示。

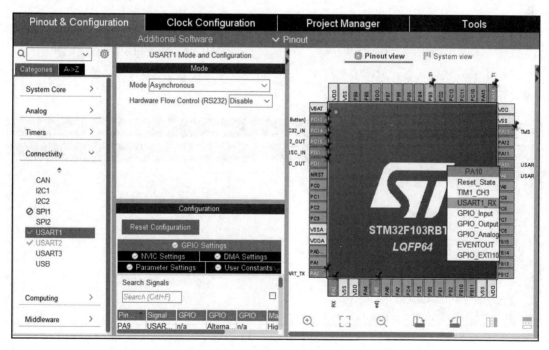

图 7-6 配置 MCU 引脚

（5）保存 STM32CubeMX 工程：将工程保存在 UART 文件夹中，将其命名为 MyPrintf。

（6）生成报告。

（7）配置 MCU 时钟树（默认配置）。

（8）配置 MCU 外设：在 STM32CubeMX 主窗口的"Pinout & Configuration"标签页，单击左侧的"Categories→Connectivity"列表中的 UART1，进入"USART1 Mode and Configuration"窗口，如图 7-7 所示。在"Parameter Settings"标签页配置 USART1。

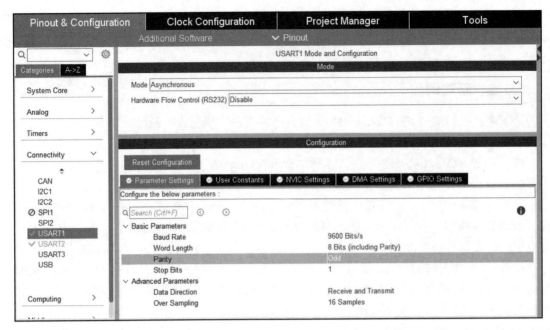

图 7-7　配置 USART1

将 Baud Rate 配置为 "9600Bits/s"，将 Parity 配置为 "Odd"（奇校验），其他项为默认配置。另外，读者可以学习 "GPIO Settings" 标签页有关 PA9、PA10 的 GPIO 属性配置。

（9）生成 C 代码工程：如图 7-8 所示，在 "Project Manager" 标签页，选择开发工具 MDK-ARM、软件版本 V5.27 等。

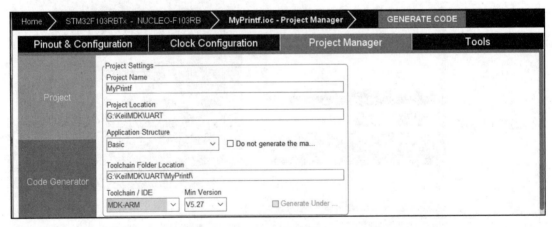

图 7-8　配置工程

单击 "GENERATE CODE" 按钮，生成 C 代码工程，并在 MDK-ARM 中打开该工程。

（10）编译工程。

（11）完善工程：先将生成工程 MyPrintf 的 main 函数和例程 UART_Printf 的 main 函数做比较，见表 7-1。可以发现，有关系统初始化的部分是相同的。我们可以重点比较 UART 的配置：例程中是在 main 函数内完成的，而 MyPrintf 工程中是在 MX_USART1_UART_Init 函数内完成的。

表 7-1 两个 main 函数的比较

例程 UART_Printf	工程 MyPrintf

/* ##-1-Configure the UART peripheral ############ */
/* Put the USART peripheral in the Asynchronous mode(UART Mode) */
UartHandle. Instance = USARTx;
 	
UartHandle. Init. BaudRate = 9600;
UartHandle. Init. WordLength = UART_WORDLENGTH_8B;
UartHandle. Init. StopBits = UART_STOPBITS_1;
UartHandle. Init. Parity = UART_PARITY_ODD;
UartHandle. Init. HwFlowCtl = UART_HWCONTROL_NONE;
UartHandle. Init. Mode = UART_MODE_TX_RX;
 	
if(HAL_UART_Init(&UartHandle) != HAL_OK)
{
  /* Initialization Error */
  Error_Handler( );
}
	/* USART1 init function */
	static void MX_USART1_UART_Init(void)
	{
	  huart1. Instance = USART1;
	
	  huart1. Init. BaudRate = 9600;
	  huart1. Init. WordLength = UART_WORDLENGTH_8B;
	  huart1. Init. StopBits = UART_STOPBITS_1;
	  huart1. Init. Parity = UART_PARITY_ODD;
	  huart1. Init. Mode = UART_MODE_TX_RX;
	  huart1. Init. HwFlowCtl = UART_HWCONTROL_NONE;
	  huart1. Init. OverSampling = UART_OVERSAMPLING_16;
	  if(HAL_UART_Init(&huart1) != HAL_OK)
	  {
	    Error_Handler( );
	  }
	}

通过比较可以发现：两个工程有关 USART 的初始化配置是相同的；唯一不同之处是，新建工程比例程多了一句"huart1. Init. OverSampling = UART_OVERSAMPLING_16;"的配置。可以通过结构体"UART_HandleTypeDef huart1;"的定义来了解该语句。深入学习源代码，读者会发现成员变量 OverSampling 的定义（在 stm32f1xx_hal_uart.h 文件的结构体 UART_InitTypeDef 的定义中）有这样的注释：

uint32_t OverSampling;

/* !<Specifies whether the Over sampling 8 is enabled or disabled, to achieve higher speed(up to fPCLK/8).

  This parameter can be a value of @ ref UART_Over_Sampling. This feature is not available on STM32F1xx

  family, so OverSampling parameter should always be set to 16. */

也就是说，STM32F1×× 系列微控制器不支持该属性项，默认设置就是 UART_OVERSAMPLING_16，因此例程 UART_Printf 工程中没有设置该项。

（1）printf 函数重定向：在例程 UART_Printf 的 main.c 文件中，用两段代码实现了 printf 函数的重定向，第一段代码是（在新建工程 main.c 文件的/* USER CODE BEGIN 0 */处补充以下代码）：

/* USER CODE BEGIN 0 */

#ifdef __GNUC__

/* With GCC/RAISONANCE, small printf(option LD Linker->Libraries->Small printf

  set to 'Yes') calls __io_putchar( ) */

#define PUTCHAR_PROTOTYPE int __io_putchar(int ch)

#else

#define PUTCHAR_PROTOTYPE int fputc(int ch, FILE * f)

#endif /* __GNUC__ */

/* USER CODE END 0 */

这段代码主要实现的是宏定义 PUTCHAR_PROTOTYPE。条件宏#ifdef __GNUC__是一个编译器预定义宏，通常用来判断编译器类型，而 GNU GCC 编译器通常是开源的。通过 MDK-ARM 的"help"菜单可以了解到，MDK-ARM 使用的编译器是 ARMcc.exe，因此这里的有效语句应该是：

```
#define PUTCHAR_PROTOTYPE int fputc(int ch,FILE * f)
```

明确了宏定义 PUTCHAR_PROTOTYPE，下面的实现函数就容易读懂了。

第二段代码是（参考例程的源代码补充在新建工程 main. c 文件的/ * USER CODE BEGIN 4 * /与/ * USER CODE END 4 * /之间）：

```
/ * USER CODE BEGIN 4 * /
/ * *
    * @ brief   Retargets the C library printf function to the USART.
    * @ param   None
    * @ retval None
    * /
PUTCHAR_PROTOTYPE
{
   / * Place your implementation of fputc here * /
   / * e. g.  write a character to the USART1 and Loop until the end of transmission * /
   HAL_UART_Transmit(&huart1,(uint8_t * )&ch,1,0xFFFF);/ * 修改 UartHandle 为 huart1 * /

   return ch;
}
/ * USER CODE END 4 * /
```

这段代码的注释很清晰：

```
@ brief   Retargets the C library printf function to the USART.
```

乍一看，这里没有函数名，其实根据对第一段代码的理解，这部分代码的函数名应该是 int fputc(int ch,FILE * f)。也就是说，该段代码通过对库函数 fputc 的重新定义，且在 fputc 函数中调用 HAL_UART_Transmit 函数来实现库函数 printf 的重定向（库函数 printf 内部要调用 fputc 函数）。

另外，在将参考例程 UART_Printf 工程的源代码移植到新建工程 MyPrintf 时，要将函数 HAL_UART_Transmit 的参数 UartHandle 修改为 huart1，因为在新建工程 MyPrintf 的 main. c 文件的开始定义的是：

```
/ * Private variables------------------------------------------------ * /
UART_HandleTypeDef huart1;
```

最后，既然要使用库函数 printf，就要在 main. c 文件的开始引用头文件 stdio. h，因此可以在 main. c 文件的开始处/ * USER CODE BEGIN Includes * /补充代码：

```
/ * USER CODE BEGIN Includes * /
#include "stdio. h"
/ * USER CODE END Includes * /
```

其实，例程中也有头文件 stdio. h 的引用，只不过是在 main. h 文件中引用的，读者可以打

开例程 UART_Printf 的 main. h 文件学习。

（2）完善 main 函数：接下来我们参考例程 UART_Printf 的 main 函数，使用 printf 函数来通过串口输出提示信息，可以将代码补充在 main 函数的/ * USER CODE BEGIN 2 * /的下面：

```
/ * USER CODE BEGIN 2 * /
/ * Output a message on Hyperterminal using printf function * /
printf(" \r\n UART Printf Example:retarget the C library printf function to the UART\r\n");
printf(" * * Test finished successfully. * * \r\n");   / *修改\n\r 为 \r\n * /
/ * USER CODE END 2 * /
```

【注意】我们将例程中的\n\r 修改为\r\n，因为在 C 语言中，\r 是回车符（Return），\n 是换行符（Newline）。在 Windows 系统下，要实现换行操作，其实是两个动作：先回车、再换行，因而要使用\r\n，而不是\n\r。细心的读者会发现，例程中使用的方法是错误的，所以在串口调试助手输出信息时不会换行。但是，Linux 系统下的换行和 Windows 系统下的换行不同，Linux 系统下的程序仅使用\n 就可以换行输出。

前面说过，使用串口可以帮助我们调试程序，在此可以补充一条语句来输出调试信息。

接下来，我们就尝试简单修改一下代码，仅在 printf 语句前再添加一个 printf 语句，即可输出调试信息：

```
/ * USER CODE BEGIN 2 * /
/ * Output a message on Hyperterminal using printf function * /
printf(" \r\n UART Printf Example:retarget the C library printf function to the UART\r\n");
printf(" * * Test finished successfully. * * \r\n");   / *修改\n\r 为 \r\n * /

printf("文件:%s,函数:%s,代码行:%d\r\n",__FILE__,__FUNCTION__,__LINE__);
/ * USER CODE END 2 * /
```

该语句使用了 ANSI C 中几个常用的标准宏定义__FILE__、__FUNCTION__、__LINE__，分别表示源文件的文件名、函数名、所在源文件的代码行；其他常用的还有__DATE__、__TIME__等。

12）**编译、运行工程** 完成以上补充、修改后，我们可以再次编译工程，然后通过 USB 线将开发板连接到 PC，并将工程文件下载到开发板。和运行例程一样，先通过 USB 转串口 TTL 模块连接 Nucleo-F103RB 开发板的 CN10 接口的 GND（第 9 针）、TXD（第 21 针）、RXD（第 33 针），然后给 Nucleo-F103RB 开发板重新加电或者按复位键（黑色按键），在 PC 的串口调试助手中可以看到如图 7-9 所示的输出信息。

最后，在本例程实验完成后，给读者留几个问题：

☺ 如果把 printf 语句移到 while 语句内部，是否要添加一个延时函数呢？如何实现？

☺ 如果要求按下每个按键时，都输出一条语句提示是哪个按键被操作了，如何实现？

☺ 例程中使用的是 USART1，如果要求使用 USART3，如何修改？

☺ 如果不使用 C 库函数 printf，能否写一个 USART 的发送函数？

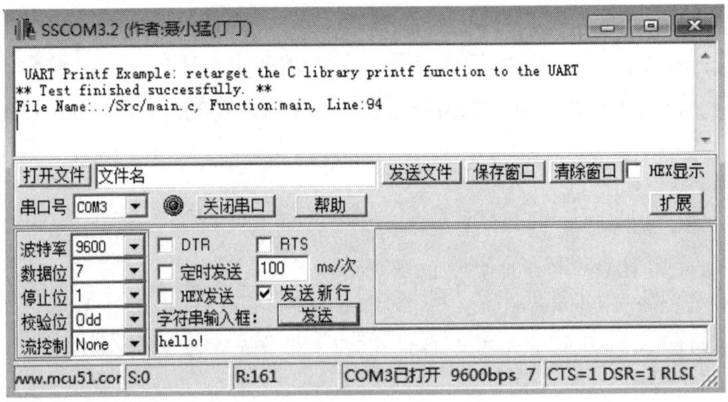

图 7-9　MyPrintf 输出信息

7.1.3　分析例程

1. UART 初始化

在例程的 main 函数中，关于 UART 的初始化有一段详细的描述（新建工程 MyPrintf 是在函数 MX_USART1_UART_Init 中实现的，注释较少）：

```
/* ##-1-Configure the UART peripheral ######################### */
/* Put the USART peripheral in the Asynchronous mode(UART Mode) */
/* UART configured as follows：
    -Word Length=8 Bits(7 data bit+1 parity bit)：BE CAREFUL：Program 7 data bits
                        +1 parity bit in PC HyperTerminal
    -Stop Bit       =One Stop bit
    -Parity         =ODD parity
    -BaudRate       =9600 baud
    -Hardware flow control disabled(RTS and CTS signals) */
UartHandle. Instance          =USARTx；

UartHandle. Init. BaudRate    =9600；
UartHandle. Init. WordLength  =UART_WORDLENGTH_8B；
UartHandle. Init. StopBits    =UART_STOPBITS_1；
UartHandle. Init. Parity      =UART_PARITY_ODD；
UartHandle. Init. HwFlowCtl   =UART_HWCONTROL_NONE；
UartHandle. Init. Mode        =UART_MODE_TX_RX；
if( HAL_UART_Init( &UartHandle) != HAL_OK)
{
    /* Initialization Error */
    Error_Handler( )；
}
```

我们可以通过 MDK-ARM 的右键菜单来查找、阅读代码；借助 STM32F1×××参考手册 RM0008 的第 27 章 Universal synchronous asynchronous receiver transmitter（USART）来理解、学习代码。

有关以上代码参数的赋值，我们可以借助参考手册 RM0008 的 27.3 节 USART functional description 来理解，其中详细介绍了字长（WordLength）、停止位（StopBits）、校验位（Parity）、波特率（BaudRate）、发送模式设置、接收模式设置等。

2. HAL_UART_Init 函数

使用 MDK-ARM 的右键菜单跟踪 HAL_UART_Init 函数的定义，我们要重点关注两个函数：HAL_UART_MspInit、UART_SetConfig。HAL_UART_MspInit 函数用来设置 GPIO 的复用功能；UART_SetConfig 函数用来配置 UART 的工作模式。

（1）HAL_UART_MspInit 函数：在工程中有两处有关 HAL_UART_MspInit 函数的定义，一处是在 stm32f1xx_hal_uart. c 中用关键字 __weak 的定义；另一处就是 stm32f1xx_hal_msp. c 文件中的定义：

```
void HAL_UART_MspInit( UART_HandleTypeDef * huart)
{
    GPIO_InitTypeDef GPIO_InitStruct;
    if( huart->Instance = = USART1)
    {
    /* USER CODE BEGIN USART1_MspInit 0 */

    /* USER CODE END USART1_MspInit 0 */
        /* Peripheral clock enable */
        __HAL_RCC_USART1_CLK_ENABLE( );

        /** USART1 GPIO Configuration
        PA9      ------>USART1_TX
        PA10     ------>USART1_RX
        */
        GPIO_InitStruct. Pin = GPIO_PIN_9;
        GPIO_InitStruct. Mode = GPIO_MODE_AF_PP;
        GPIO_InitStruct. Speed = GPIO_SPEED_FREQ_HIGH;
        HAL_GPIO_Init( GPIOA, &GPIO_InitStruct);

        GPIO_InitStruct. Pin = GPIO_PIN_10;
        GPIO_InitStruct. Mode = GPIO_MODE_INPUT;
        GPIO_InitStruct. Pull = GPIO_NOPULL;
        HAL_GPIO_Init( GPIOA, &GPIO_InitStruct);

        /* USER CODE BEGIN USART1_MspInit 1 */

        /* USER CODE END USART1_MspInit 1 */
    }
}
```

　　这段代码和 LED 的设置、外部中断的初始化过程都有些类似，只是设置的工作模式稍有不同。理解这段代码，要借助于 STM32F10×××参考手册 RM0008，有关外设时钟的使能，我们可以通过 RM0008 的 7.3.7 节 APB2 peripheral clock enable register（RCC_APB2ENR）来了解（注意，UART1 在 APB2 总线上，而另外两个 UART 在 APB1 总线上，因此实际应用时要根据不同的 UART 来查看不同的寄存器）。

　　有关 GPIO 口的复用功能，我们可以学习 RM0008 的 9.1.9 节 Alternate function configuration（复用功能配置），9.1.11 节 GPIO configurations for device peripherals（外设的 GPIO 配置），9.3.8 节 USART alternate function remapping（USART 复用功能重映射）。

　　（2）UART_SetConfig 函数：了解过 HAL_UART_MspInit 函数后，我们再来看设定 UART 的另一个函数 UART_SetConfig。在 HAL_UART_Init 函数中找到该函数的调用，通过 MDK-ARM 右键菜单可以找到该函数的定义：

```
/**
  * @brief   Configures the UART peripheral.
  * @param   huart:Pointer to a UART_HandleTypeDef structure that contains
  *                 the configuration information for the specified UART module.
  * @retval None
  */
static void UART_SetConfig(UART_HandleTypeDef * huart)
{
    uint32_t tmpreg = 0x00;

    /* Check the parameters */
    assert_param(IS_UART_BAUDRATE(huart->Init. BaudRate));
    assert_param(IS_UART_STOPBITS(huart->Init. StopBits));
    assert_param(IS_UART_PARITY(huart->Init. Parity));
    assert_param(IS_UART_MODE(huart->Init. Mode));

    /* -------UART-associated USART registers setting:CR2 Configuration------ */
    /* Configure the UART Stop Bits:Set STOP[13:12] bits according
       * to huart->Init. StopBits value */
    MODIFY_REG(huart->Instance->CR2,USART_CR2_STOP,huart->Init. StopBits);

    /* -------UART-associated USART registers setting:CR1 Configuration------ */
    /* Configure the UART Word Length,Parity and mode:
        Set the M bits according to huart->Init. WordLength value
        Set PCE and PS bits according to huart->Init. Parity value
        Set TE and RE bits according to huart->Init. Mode value */
    tmpreg = (uint32_t)huart->Init. WordLength | huart->Init. Parity | huart->Init. Mode ;
    MODIFY_REG(huart->Instance->CR1,   (uint32_t)(USART_CR1_M | USART_CR1_PCE |
                        USART_CR1_PS | USART_CR1_TE | USART_CR1_RE),tmpreg);

    /* -------UART-associated USART registers setting:CR3 Configuration------ */
```

```
/* Configure the UART HFC:Set CTSE and RTSE bits according to huart->Init. HwFlowCtl
   value */
MODIFY_REG(huart->Instance->CR3,(USART_CR3_RTSE | USART_CR3_CTSE),
           huart->Init. HwFlowCtl);

/* -------UART-associated USART registers setting:BRR Configuration------ */
if((huart->Instance = = USART1))
{
    huart->Instance->BRR = UART_BRR_SAMPLING16(HAL_RCC_GetPCLK2Freq(),
                           huart->Init. BaudRate);
}
else
{
    huart->Instance->BRR = UART_BRR_SAMPLING16(HAL_RCC_GetPCLK1Freq(),
                           huart->Init. BaudRate);
}
}
```

阅读代码可以发现，UART_SetConfig 函数主要是通过设置寄存器 USART_CR1、USART_CR2、USART_CR3、USART_BRR 来实现外设 USART 配置的。具体学习这些寄存器时，我们又要借助 STM32F10×××参考手册（RM0008）。

阅读参考手册 RM0008 的 27.6.4 节 Control register 1（USART_CR1）可以了解 UART 的奇偶校验设置、字长设置、发送使能设置、接收使能设置等，具体可见 USART_CR1 的介绍，如图 7-10 所示。

31	30	29	28	27	26	25	24	23	22	21	20	19	18	17	16
						保			留						

15	14	13	12	11	10	9	8	7	6	5	4	3	2	1	0
--	--	UE	M	WAKE	PCE	PS	PE IE	TXE IE	TCIE	RXNE IE	IDLE IE	TE	RE	RW U	SBK
		rw	rw	rw	rw	rw	rw	rw	rw	rw	rw	rw	rw	rw	rw

数据位	描 述	操 作
13	UE：USART 使能（USART Enable） 若该位被清零，在当前字节传输完成后 USART 的分频器和输出停止工作，以减少功耗	该位由软件设置。 0：USART 分频器和输出被禁止； 1：USART 模块使能
12	M：字长 该位定义了数据字的长度	0：一个起始位，8 个数据位，n 个停止位； 1：一个起始位，9 个数据位，n 个停止位
10	PCE：校验控制使能（Parity Control Enable）	0：禁止校验控制； 1：使能校验控制
9	PS：校验选择（Parity Selection）	0：偶校验； 1：奇校验
3	TE：发送使能（Transmitter Enable）	该位由软件设置。 0：禁止发送； 1：使能发送
2	RE：接收使能（Receiver Enable）	0：禁止接收； 1：使能接收，并开始搜寻 RX 引脚上的起始位

图 7-10 USART_CR1 寄存器

阅读参考手册 RM0008 的 27.6 节，可以学习 USART_CR1 寄存器每个位的具体意义，理解代码的设置过程；但是，要具体理解 USART 数据帧的格式、字长、起始位、校验位等概念，还要阅读参考手册 RM0008 的 27.3.1 节 USART character description（USART 特性描述）、27.3.2 节 Transmitter（发送器）、27.3.3 节 Receive（接收器）、27.3.7 节 Parity control（校验控制）等。

同样，阅读参考手册 RM0008 的 27.6.5 节 Control register 2（USART_CR2）可以了解有关 USART 停止位的设置，如图 7-11 所示。

31	30	29	28	27	26	25	24	23	22	21	20	19	18	17	16
						保		留							

15	14	13	12	11	10	9	8	7	6	5	4	3	2	1	0
--	LINEN	STOP[1:0]		CLKEN	CPOL	CPHA	LBCL	--	LBDIE	LBDL	--	ADD[3:0]			
rw	rw	rw	rw	rw	rw	rw	rw	rw	rw	rw	rw	rw	rw	rw	rw

数据位	描　　述	操　　作
13:12	STOP：停止位 这 2 位用于设置停止位的位数	00：1 个停止位； 01：0.5 个停止位； 10：2 个停止位； 11：1.5 个停止位； 注：0.5 个和 1.5 个停止位用于智能卡模式，UART4、UART5 不能使用该设置

图 7-11　USART_CR2 停止位的设置

通过配置控制寄存器 USART_CR2 的 STOP[1:0] 位，可以实现 USART 停止位格式的设置。但要具体了解有关停止位的设置，还要阅读参考手册 RM0008 的 27.3.2 节 Transmitter（发送器）中有关可配置停止位（Configurable stop bits）的介绍。

阅读参考手册 RM0008 的 27.6.6 节 Control register 3（USART_CR3）可以了解有关 USART 硬件流控制的设置，如图 7-12 所示。

31	30	29	28	27	26	25	24	23	22	21	20	19	18	17	16
						保		留							

15	14	13	12	11	10	9	8	7	6	5	4	3	2	1	0
保		留			CTSIE	CTSE	RTSE	DMAT	DMAR	SCEN	NACK	HDSEL	IRLP	IREN	EIE
					rw	rw	rw	rw	rw	rw	rw	rw	rw	rw	rw

数据位	描　　述	操　　作
9	CTSE：CTS 使能位（CTS Enable） 注：UART4 和 UART5 不存在这一位	0：禁止 CTS 硬件流控制； 1：CTS 模式使能，只有 nCTS 输入信号有效（拉成低电平）时才能发送数据
8	RTSE：RTS 使能位（RTS Enable） 注：UART4 和 UART5 不存在这一位	0：禁止 RTS 硬件流控制； 1：RTS 中断使能，只有接收缓冲区内有空余的空间时才请求下一个数据

图 7-12　USART_CR3 硬件流控制的设置

通过配置控制寄存器 USART_CR3 可以了解硬件流控制 CTS、RTS 的设置，但要具体了解 CTR、RTS 硬件流控制的使用，还要阅读参考手册 RM0008 的 27.3.14 节 Hardware flow control（硬件流控制）的介绍。

阅读参考手册 RM0008 的 27.6.3 节 Baud rate register（USART_BBR）可以了解 USART 通信波特率的设置，如图 7-13 所示。

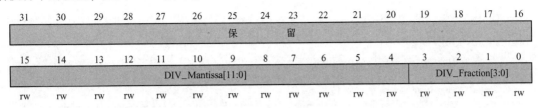

数据位	描 述	操 作
31:16	保留位	硬件强制为 0
15:4	DIV_Mantissa［11:0］：USARTDIV 的整数部分	这 12 位定义了 USARTDIV 的整数部分，可读/写操作
3:0	DIV_Fraction［3:0］：USARTDIV 的小数部分	这 4 位定义了 USARTDIV 的小数部分，可读/写操作

图 7-13 USART 通信波特率的设置

通过波特率寄存器 USART_BRR 可以知道有关 USARTDIV 整数部分和小数部分的设置，具体到 USARTDIV 的整数、小数部分和通信波特率的关系，还要阅读参考手册 RM0008 的 27.3.4 节 Fractional baud rate generation（分数波特率的产生）来了解。

根据以上分析可以发现，阅读代码时，通过参考手册 RM0008 对相应寄存器的介绍，可以了解源代码设置过程要实现的功能，但是要真正理解代码为何这样设置，还是要详细地阅读参考手册 RM0008 中 USART 的相关章节，特别是阅读 27.3.2 节 Transmitter（发送器）和 27.3.3 节 Receiver（接收器），可以更好地理解 USART 串口通信的过程。

MicroLIB 库：由于本例程使用了 C 库函数 printf，因而默认的编译模式会用到 C 标准库。为了减小用户程序的大小，MDK-ARM 自己编写了一个微型 C 标准库——MicroLIB。可以在"Options for Target'MyPrintf'"对话框的"Target"标签页设置该选项，如图 7-14 所示。

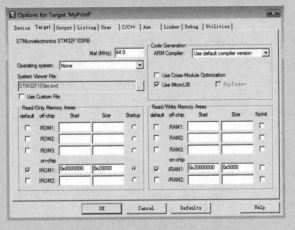

图 7-14 选择 MicroLIB

比较选择 MicroLIB 和不选择该项的编译文件，细心的读者可以发现，其生成文件的大小是不同的，如图 7-15 所示。

图中，Code 为代码占用空间，RO-data 为只读常量数据（Read only data），RW-data 为已

初始化可读/写变量数据（Read write data），ZI-data 为没有初始化的可读/写变量数据（Zero initialize）。

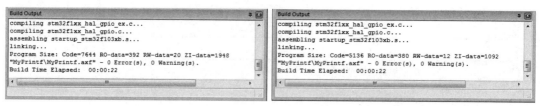

（a）使用C标准库　　　　　　　　　　　　　　（b）使用MicroLIB库

图 7-15　两次编译结果的比较

7.2　例程 ComPolling

例程 UART_TwoBoards_ComPolling 所在的目录是 STM32Cube_FW_F1_V1.8.0\Projects\STM32F103RB-Nucleo\Examples\UART\UART_TwoBoards_ComPolling。

7.2.1　例程介绍

1. 学习 readme.txt 文档

在 MDK-ARM 开发环境中，使用菜单命令"Project"→"Open Project"打开例程所在文件夹下 MDK-ARM 子文件夹中的 Project.uvprojx 文件。然后，在工程列表的 Doc 文件夹下找到 readme.txt 文档，通过 readme.txt 文档来学习该例程实现的功能：

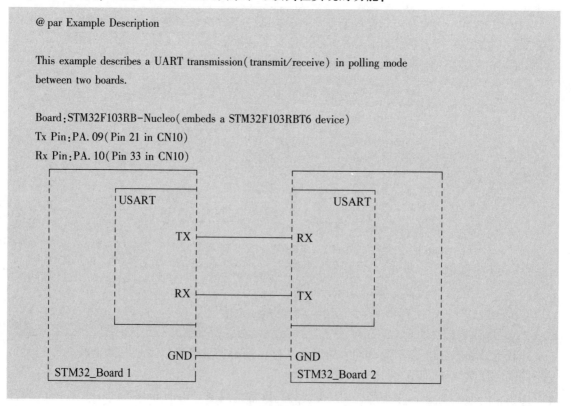

Two identical boards are connected as shown on the picture above.

Board 1:transmitting then receiving board

Board 2:receiving then transmitting board

The user presses the User push-button on board 1.

Then,board 1 sends in polling mode a message to board 2 that sends it back to board 1 in polling mode as well.

Finally,board 1 and 2 compare the received message to that sent.

If the messages are the same,the test passes.

WARNING:as both boards do not behave the same way,"TRANSMITTER_BOARD" compilation switch is defined in /Src/main. c and must be enabled at compilation time before loading the executable in the board that first transmits then receives.

The receiving then transmitting board needs to be loaded with an executable software obtained with TRANSMITTER_BOARD disabled.

STM32F103RB-Nucleo board LED is used to monitor the transfer status:

-While board 1 is waiting for the user to press the User push-button,its LED2 is
  blinking rapidly(100 ms period).

-When the test passes,LED2 on both boards is turned on,otherwise the test has failed.

-If there is an initialization or transfer error,LED2 is slowly blinking(1 sec. period).

At the beginning of the main program the HAL_Init( ) function is called to reset all the peripherals,initialize the Flash interface and the systick.

Then the SystemClock_Config( ) function is used to configure the system clock(SYSCLK) to run at 64 MHz.

The UART is configured as follows:

    -BaudRate=9600 baud

    -Word Length=8 bits(8 data bits,no parity bit)

    -One Stop Bit

    -No parity

    -Hardware flow control disabled(RTS and CTS signals)

    -Reception and transmission are enabled in the time

@ note USARTx/UARTx instance used and associated resources can be updated in "main. h" file depending hardware configuration used.

@ note When the parity is enabled,the computed parity is inserted at the MSB position of the transmitted data.

@ note Care must be taken when using HAL_Delay( ),this function provides accurate delay(in

milliseconds) based on variable incremented in SysTick ISR. This implies that if HAL_Delay( )
is called from a peripheral ISR process, then the SysTick interrupt must have higher priority
(numerically lower) than the peripheral interrupt. Otherwise the caller ISR process will be blocked.
To change the SysTick interrupt priority you have to use HAL_NVIC_SetPriority( ) function.

@ note The application need to ensure that the SysTick time base is always set to 1 millisecond
        to have correct HAL operation.

@ par Directory contents
  –UART/UART_TwoBoards_ComPolling/Inc/stm32f1xx_hal_conf. h   HAL configuration file
  –UART/UART_TwoBoards_ComPolling/Inc/stm32f1xx_it. h   interrupt handlers header file
  –UART/UART_TwoBoards_ComPolling/Inc/main. h   Header for main. c module
  –UART/UART_TwoBoards_ComPolling/Src/stm32f1xx_it. c   interrupt handlers
  –UART/UART_TwoBoards_ComPolling/Src/main. c   Main program
  –UART/UART_TwoBoards_ComPolling/Src/stm32f1xx_hal_msp. c   HAL MSP module
  –UART/UART_TwoBoards_ComPolling/Src/system_stm32f1xx. c   STM32F1xx system source file

@ par Hardware and Software environment
  –This example runs on STM32F103xB devices.
  –This example has been tested with two STM32F103RB–Nucleo boards embedding
    a STM32F103RBT6 device and can be easily tailored to any other supported device
    and development board.

  –STM32F103RB–Nucleo set-up
    –Connect a wire between 1st board PA. 09(Pin 21 in CN10) pin(Uart Tx) and 2nd
      board PA. 10(Pin 33 in CN10) pin(Uart Rx)
    –Connect a wire between 1st board PA. 10(Pin 33 in CN10) pin(Uart Rx) and 2nd
      board PA. 09(Pin 21 in CN10) pin(Uart Tx)
    –Connect 1st board GND to 2nd Board GND

@ par How to use it ?
In order to make the program work, you must do the following:
  –Open your preferred toolchain
  –Rebuild all files and load your image into target memory
  –Run the example.

    通过 readme. txt 文档可以知道例程实现的功能：两个 Nucleo–F103RB 开发板通过 TX 引脚
（PA. 09）、RX 引脚（PA. 10）实现互连，其中一个开发板作为发送器（Transmitter），另一个
开发板作为接收器（Receiver），实现它们之间的简单通信。用户操作发送开发板
（Transmitter）的 User push-button 按键，通过 UART 发送数据到接收开发板（Receiver），接收
开发板通过 UART 接收到数据后，再将接收到的数据发回发送开发板，发送开发板将接收到的数
据和最初发送的数据进行比较，若两个数据一样则表示轮询模式（Polling mode）成功，这时点
亮 LED；否则表示失败，出现 UART 初始化错误或传输错误提示，LED 进入缓慢闪烁状态。

另外，本例 USART 的配置与上例 UART_Printf 中略有不同，具体见表 7-2。

表 7-2 两个工程的 USART 配置比较

USART 配置项	UART_Printf 工程	ComPolling 工程
波特率/(bit/s)	9600	9600
字长（位）	8	8
停止位	1 个	1 个
校验位	奇校验	无校验位
收发使能	使能	使能
硬件流控制	禁止	禁止

2. 编译、下载例程

在编译例程前，我们要修改一句代码，它在 main. c 文件的 54 行：

```
/ * Private typedef------------------------------------------- */
/ * Private define-------------------------------------------- */
#define TRANSMITTER_BOARD
```

因为我们手头只有一个开发板，只能将其作为发送开发板（STM32 board 1），因而要借助 PC 作为接收开发板（STM32 board 2），这样，根据 readme. txt 文档的描述，我们就要将 #define TRANSMITTER_BOARD 前的"//"去掉：

```
WARNING:as both boards do not behave the same way,"TRANSMITTER_BOARD" compilation
switch is defined in /Src/main. c and must be enabled at compilation time before loading the
executable in the board that first transmits then receives.
```

修改代码后，我们就可以编译例程、下载例程到 Nucleo-F103RB 开发板了。另外，参考本书 7.2.1 节内容连接 USB 转串口 TTL 模块（PL2303HX）到 Nucleo-F103RB 开发板，即黑色线 GND 插到开发板 CN10 接口的第 9 针，白色线 RXD 插到开发板 CN10 接口的第 21 针（TXD），绿色线（TXD）插到开发板 CN10 接口的第 33 针（RXD）。

最后，打开串口调试助手，并参考例程的 readme. txt 文档设置 PL2303HX 模块映射的串口，设置波特率为 9600bit/s、字长为 8 位、1 位停止位、无校验位、无硬件流控制，如图 7-16 所示。

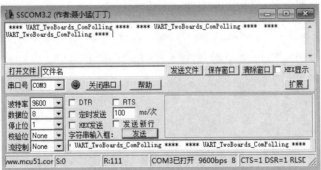

图 7-16 调试 ComPolling 例程

将例程下载到 Nucleo-F103RB 开发板后，按复位键（黑色按键），观察 LED2 的闪烁情况（快闪等待操作 User 按键）；按下 User push-button 按键（蓝色按键），串口调试助手接收到开发板发送的信息；复制接收内容到调试助手的"字符串输入框"，先不单击"发送"按钮，观察开发板的 LED2 的变化，等待超时后，LED2 会缓慢闪烁（每秒改变一次状态）。观察整个流程后，重新操作开发板的复位键，进行以上操作，只是这次不用复制接收内容，接收到数据后，直接单击"发送"按钮，将接收内容回传给开发板，观察开发板的 LED2 变化状态。

完成实验后，再次阅读 readme. txt 文档，对例程的功能重新进行理解。当然，在操作过程中如果遇到问题，也可以重新阅读 readme. txt 文档。只是要弄清楚一个前提，即我们手上的开发板是发送板，PC 端的串口调试助手模拟接收板，而在通过串口调试助手发送数据时与接收数据的间隔不能太久，否则发送板就会认为是超时。

通过阅读 readme. txt 文档和实践操作了解过例程 ComPolling 的基本情况后，接下来我们通过 main. c 文件对例程的具体实现进行了解。

7.2.2 分析例程

分析例程，我们还是从 main. c 文件中的 main 函数开始。在学习 main 函数前，建议读者先阅读 main. c 文件开头部分的宏定义、变量、数组 aTxBuffer 的定义、数组 aRxBuffer 的定义、函数声明等。了解这些可以学习例程的书写格式，同时也有利于理解 main 函数。

1. 系统初始化

```
/ * STM32F103xB HAL library initialization * /
HAL_Init( );

/ * Configure the system clock to 64 MHz * /
SystemClock_Config( );

/ * Configure LED2 * /
BSP_LED_Init( LED2);
```

这是有关系统初始化（HAL_Init）、配置系统时钟（SystemClock_Config）、LED 初始化（BSP_LED_Init）的过程，这里不再详细分析。

2. 串口初始化

main 函数内部接下来的代码是 USART 初始化的过程：

```
/ * ##-1-Configure the UART peripheral ############################### * /
/ * Put the USART peripheral in the Asynchronous mode( UART Mode) * /
/ * UART configured as follows：
       -Word Length = 8 Bits
       -Stop Bit = One Stop bit
       -Parity = None
       -BaudRate = 9600 baud
       -Hardware flow control disabled( RTS and CTS signals) * /
```

```
UartHandle. Instance                = USARTx;

UartHandle. Init. BaudRate          = 9600;
UartHandle. Init. WordLength        = UART_WORDLENGTH_8B;
UartHandle. Init. StopBits          = UART_STOPBITS_1;
UartHandle. Init. Parity            = UART_PARITY_NONE;
UartHandle. Init. HwFlowCtl         = UART_HWCONTROL_NONE;
UartHandle. Init. Mode              = UART_MODE_TX_RX;
if( HAL_UART_DeInit( &UartHandle) != HAL_OK)
{
    Error_Handler( );
}
if( HAL_UART_Init( &UartHandle) != HAL_OK)
{
    Error_Handler( );
}
```

这段代码是对 USART 工作模式配置的过程，与例程 UART_Printf 比较，其配置过程和选项几乎是一样的，配置项上的不同在学习 readme. txt 文档时我们就比较过，这里没有使用奇偶校验位（UART_PARITY_NONE）。另外，在设置过程中多调用了一个函数 HAL_UART_DeInit，有兴趣的读者可以使用 MDK-ARM 的右键菜单找到该函数的定义分析一下，其功能主要是配置 UART 相关 GPIO 端口的复用，配置 UART 相关的控制寄存器 USART_CR1、USART_CR2、USART_CR3 等为初始状态。

当调用函数 HAL_UART_DeInit、HAL_UART_Init 出现异常时，会调用 Error_Handler 函数，该函数是在 main. c 文件中定义的：

```
/ **
    * @ brief   This function is executed in case of error occurrence.
    * @ param   None
    * @ retval None
    * /
static void Error_Handler( void)
{
    / * Turn LED2 on * /
    BSP_LED_On( LED2);
    while( 1)
    {
        / * Error if LED2 is slowly blinking( 1 sec. period) * /
        BSP_LED_Toggle( LED2);
        HAL_Delay( 1000);
    }
}
```

Error_Handler 函数主要用于实现 LED 缓慢闪烁（每秒改变一次状态），提示出现异常。

3. 实现串口收发

main 函数的代码中，接下来实现的是串口发送和接收过程：

```
#ifdef TRANSMITTER_BOARD

/* Configure User push-button in Interrupt mode */
BSP_PB_Init(BUTTON_USER,BUTTON_MODE_EXTI);

/* Wait for User push-button press before starting the Communication.
    In the meantime,LED2 is blinking */
while(UserButtonStatus==0)
{
    /* Toggle LED2 */
    BSP_LED_Toggle(LED2);
    HAL_Delay(100);
}

BSP_LED_Off(LED2);

/* The board sends the message and expects to receive it back */

/* ##-2-Start the transmission process ################################# */
/* While the UART in reception process,user can transmit data through
    "aTxBuffer" buffer */
if(HAL_UART_Transmit(&UartHandle,(uint8_t *)aTxBuffer,TXBUFFERSIZE,5000)!=HAL_OK)
{
    Error_Handler();
}

/* ##-3-Put UART peripheral in reception process ###################### */
if(HAL_UART_Receive(&UartHandle,(uint8_t *)aRxBuffer,RXBUFFERSIZE,5000) !=HAL_OK)
{
    Error_Handler();
}

#else

/* The board receives the message and sends it back */

/* ##-2-Put UART peripheral in reception process ######################### */
if(HAL_UART_Receive(&UartHandle,(uint8_t *)aRxBuffer,RXBUFFERSIZE,0x1FFFFFF) !=HAL_OK)
{
    Error_Handler();
```

```
}

/* ##-3-Start the transmission process ############################### */
/* While the UART in reception process, user can transmit data through
      "aTxBuffer" buffer */
if(HAL_UART_Transmit(&UartHandle,(uint8_t *)aTxBuffer,TXBUFFERSIZE,5000) != HAL_OK)
{
    Error_Handler();
}

#endif /* TRANSMITTER_BOARD */
```

要理解这段代码，首先要注意的是宏定义 TRANSMITTER_BOARD，代码利用 "#ifdef…#else…#endif" 语句将开发板分为发送开发板和接收开发板，两者的工作过程是不同的。

发送开发板先调用 BSP_PB_Init 函数初始化按键（User push-button）为中断模式（BUTTON_MODE_EXTI），然后通过 while 循环等待用户操作按键，等待过程中 LED 快速闪烁（每 100ms 改变一次状态）。注意，while 循环判断的全局变量 UserButtonStatus 的值是在 EXTI 中断的回调函数 HAL_GPIO_EXTI_Callback（main.c 文件中）中修改的：

```
/**
    * @brief EXTI line detection callbacks
    * @param GPIO_Pin:Specifies the pins connected EXTI line
    * @retval None
    */
void HAL_GPIO_EXTI_Callback(uint16_t GPIO_Pin)
{
    if(GPIO_Pin == USER_BUTTON_PIN)
    {
        UserButtonStatus = 1;
    }
}
```

回到 main 函数发送开发板的运行过程，有按键操作时程序跳出 while 循环，然后通过调用 BSP_LED_Off 函数熄灭 LED，而后通过调用 HAL_UART_Transmit 函数实现串口的发送过程。

有关 HAL_UART_Transmit 函数实现 UART 发送的过程，读者可以结合 STM32F10××× 参考手册 RM0008 的 27.3.2 节 Transmitter（发送器）和 27.6.2 节 Data register(USART_DR) 来学习。

在 main 函数中，接下来是调用 HAL_UART_Receive 函数接收数据，其实现过程与 HAL_UART_Transmit 函数实现发送的过程类似，我们可以结合 STM32F10××× 参考手册 RM0008 的 27.3.3 节 Receiver（接收器）和 27.6.2 节 Data register(USART_DR) 来学习。另外要注意，HAL_UART_Receive 函数与 HAL_UART_Transmit 函数的第 4 个参数 Timeout 在例程中传入的实参是 5000，这是等待时间（单位为 ms），在两个函数内部是通过调用 UART_

WaitOnFlagUntilTimeout 函数实现的。这也是我们在 PC 端用串口调试助手模拟接收开发板回复数据给 Nucleo-F103RB 开发板时，第一次复制、粘贴接收数据后容易超时的原因。另外，在 UART_WaitOnFlagUntilTimeout 函数内部是通过查询 USART 状态寄存器 USART_SR 的发送数据寄存器空位（TXE）和读数据寄存器非空（RXNE）位来实现的，读者可以结合 STM32F10××× 参考手册 RM0008 的 27.6.1 节 Status register（USART_SR，如图 7-17 所示）来学习：

31	30	29	28	27	26	25	24	23	22	21	20	19	18	17	16
						保			留						

15	14	13	12	11	10	9	8	7	6	5	4	3	2	1	0
保			留			CTS	LBD	TXE	TC	RXNE	IDLE	ORE	NE	FE	PE
						rc w0	rc w0	r	rc w0	rc w0	r	r	r	r	r

数据位	描　述	操　作
7	TXE：发送数据寄存器空（Transmit data register empty） 当 TDR 寄存器中的数据被硬件转移到移位寄存器时，该位被硬件置位。如果 USART_CR1 寄存器中的 TXEIE 为 1，则产生中断	对 USART_DR 的写操作，将该位清零。 0：数据未被转移到移位寄存器； 1：数据已被转移到移位寄存器
5	RXNE：读数据寄存器非空（Read data register not empty） 当 RDR 移位寄存器中的数据被转移到 USART_DR 寄存器中时，该位被硬件置位。如果 USART_CR1 寄存器中的 RXNEIE 为 1，则产生中断	对 USART_DR 的读操作可以将该位清零。RXNE 位也可以通过写入"0"来清除，只有在多缓存通信中才推荐这种清除方式。 0：数据未收到； 1：收到数据，可以读出

图 7-17　USART_SR 寄存器

接收开发板的实现过程就是先等待接收数据，等待的超时参数大一些（0x1FFFFFF），接收数据后，再将数组 aTxBuffer 的数据发送回去。这个过程刚好是发送开发板检测到有用户操作按键后实现串口发送、接收的逆操作，即先接收、后发送。

4. 验证接收数据

接下来是调用 Buffercmp 函数将接收到的数据与发送的数据进行比较，相同则往下运行，不同则调用 Error_Handler 函数闪烁 LED，提示异常：

```
/ * ##-4-Compare the sent and received buffers ################### * /
if( Buffercmp( ( uint8_t * ) aTxBuffer, ( uint8_t * ) aRxBuffer, RXBUFFERSIZE ) )
{
    Error_Handler( ) ;
}
```

通过对两个数组进行简单的比较，我们可以学习 Buffercmp 函数代码的实现：

```
/ * *
  * @ brief　Compares two buffers.
  * @ param　pBuffer1, pBuffer2 : buffers to be compared.
  * @ param　BufferLength : buffer's length
  * @ retval 0　　: pBuffer1 identical to pBuffer2
  *　　　　　　>0 : pBuffer1 differs from pBuffer2
```

```
    */
static uint16_t Buffercmp(uint8_t * pBuffer1, uint8_t * pBuffer2, uint16_t BufferLength)
{
    while(BufferLength--)
    {
        if((* pBuffer1)! =* pBuffer2)
        {
            return BufferLength;
        }
        pBuffer1++;
        pBuffer2++;
    }

    return 0;
}
```

5. 操作完成状态

在 main 函数中，最后的代码实现串口通信成功的状态指示（LED 点亮），进入空的 while 循环：

```
/ * Turn on LED2 if test passes then enter infinite loop * /
BSP_LED_On(LED2);
/ * Infinite loop * /
while(1)
{
}
```

简单分析 ComPolling 例程的代码后会发现，虽然代码量比例程 UART_Printf 更大，但并没有新内容。例程 ComPolling 中使用 UART 发送数据的过程对 HAL_UART_Transmit 函数的调用，和例程 UART_Printf 中对 printf 函数的重定向，在 fput 函数中调用 HAL_UART_Transmit 函数实现单个字符的调用是一样的，唯一新颖的是接收函数 HAL_UART_Receive。

对于例程 ComPolling，需要更多学习的是 C 语言的编程技巧。例如，如何用一套代码实现两个开发板（发送、接收）的设计，如何比较两个数组的数据是否一样，如何用仅有的硬件资源（1 个 LED）来提示不同的工作状态等。

我们做过例程 ComPolling 的实验，也简单分析、学习了其代码实现过程，接下来就要动动脑筋，通过开发工具 STM32CubeMX 重现代码，并在一个开发板 Nucleo-F103RB 上实现两个串口的收发通信。

开发板 Nucleo-F103RB 的板载芯片 STM32F103RBT6 有 3 个串口，STM32CubeMX 默认配置的是 UART2（用于连接 ST-LINK），而我们在 MyPrintf 实验中使用的是 UART1，那么能否修改一下例程 ComPolling，将两个开发板上的工作放在一个开发板上实现呢？比如通过 UART1 发送数据，通过 UART3 接收数据，而后比较 UART3 接收到的数据是否与 UART1 发送的数据一致。

7.2.3 重建例程

可以参考重建例程 UART_Printf 的过程，使用 STM32CubeMX 重建例程 ComPolling。

1. 使用 STM32CubeMX 重建工程

（1）新建 STM32CubeMX 工程，选择"Start My project from STBoard"。

（2）选择 Nucleo-F103RB 开发板。

（3）配置 MCU 引脚：根据前面的思路，我们要使用 STM32F103RBT6 的 UART1 和 UART3 两个串口进行内部通信，这里就要在左侧 Peripherals 列表中设置 USART1 和 USART3 的工作模式（Mode）为异步模式（Asynchronous），硬件控制流［Hardware Flow Control（RS232）］默认为 Disable。设置完成后，观察右侧微控制器 STM32F103RBTx 引脚 PA9、PA10、PB10、PB11 的变化，如图 7-18 所示。

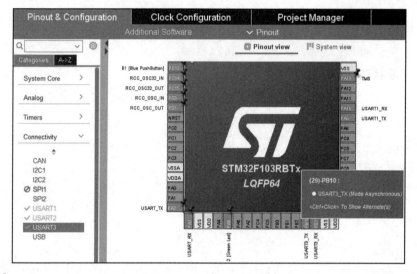

图 7-18　配置 UART 引脚

（4）保存 STM32CubeMX 工程，将其命名为 MyComPolling。

（5）生成报告。

（6）配置 MCU 时钟树（默认配置）。

（7）配置 MCU 外设：有两处需要配置，一是 UART1 和 UART3 两个串口的工作参数（波特率、通信字长、校验位、停止位等），二是按键 User push-button 的中断优先级（即 NVIC）。

两个串口的参数配置如图 7-19 所示。我们可以参考例程修改通信的波特率，当然也可以都使用默认的波特率 115200bit/s。关键是两个串口的工作参数要一致，否则通信会失败。

有关 NVIC 的配置，重点是配置使能按键对应的外部中断 EXTI line［15：10］，并设置其抢占优先级（Pre-emption priority）和子优先级（Sub priority），如图 7-20 所示。

（8）生成 C 代码工程：选择"Project Manager"标签页，选择开发工具 MDK-ARM、软件版本 V5.27 等，具体设置如图 7-21 所示。

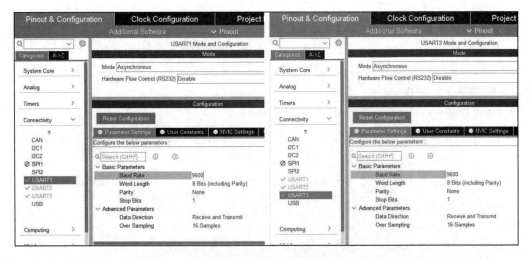

图 7-19 USART 参数配置

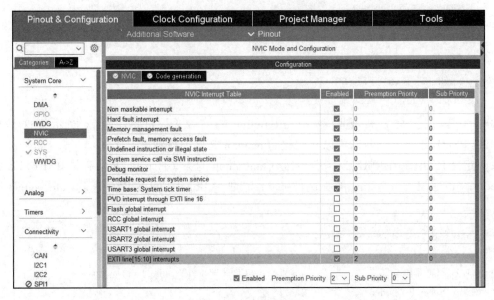

图 7-20 NVIC 配置

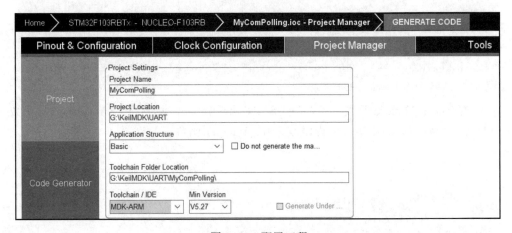

图 7-21 配置工程

完成配置后，单击"GENERATE CODE"按钮，生成 C 代码工程，并在 MDK-ARM 中打开该工程。

（9）编译工程：这里之所以要编译一次工程，是为了方便后面完善代码时通过 MDK-ARM 右键菜单查看函数。

2. 完善代码

使用 STM32CubeMX 生成 MyComPolling 工程后，即可参考例程 ComPolling 来修改工程，最终实现 Nucleo-F103RB 开发板上两个串口之间的通信。

1）补充变量、数组的定义　在 main.c 文件中补充变量、发送数组、接收数组的定义：

```
/* USER CODE BEGIN PV */
/* Private variables--------------------------------------------------------*/
__IO uint32_t UserButtonStatus=0;   /* set to 1 after User Button interrupt */

/* Buffer used for transmission */
uint8_t aTxBuffer[]=" ****UART_TwoBoards_ComPolling**** ";

/* Buffer used for reception */
uint8_t aRxBuffer[RXBUFFERSIZE];
/* USER CODE END PV */
```

补充代码后，会发现接收数组 aRxBuffer 的定义行号前有错误提示，这是因为 RXBUFFERSIZE 未定义，我们可以在例程的 main.h 文件中找到该定义。

2）定义 RXBUFFERSIZE　参考例程 ComPolling 的头文件 main.h 中有关 RXBUFFERSIZE 的定义，在工程 MyComPolling 的头文件 main.h 的 /* USER CODE BEGIN Private defines */ 处定义：

```
/* USER CODE BEGIN Private defines */
/* Size of transmission buffer */
#define TXBUFFERSIZE              (COUNTOF(aTxBuffer)-1)
/* Size of Reception buffer */
#define RXBUFFERSIZE              TXBUFFERSIZE

/* Exported macro-----------------------------------------------------------*/
#define COUNTOF(__BUFFER__)  (sizeof(__BUFFER__)/sizeof(*(__BUFFER__)))
/* Exported functions-------------------------------------------------------*/
/* USER CODE END Private defines */
```

3）修改 Error_Handle 函数　若配置 USART 出现异常，我们要用 Error_Handler 函数实现闪烁 LED 提示异常，因而要参考例程修改 Error_Handler 函数：

```
void Error_Handler(void)
{
    /* USER CODE BEGIN Error_Handler */
    /* Turn LED2 on */
    HAL_GPIO_WritePin(LD2_GPIO_Port,LD2_Pin,GPIO_PIN_SET);
```

```
    while(1)
    {
        /* Error if LED2 is slowly blinking(1 sec. period) */
        HAL_GPIO_TogglePin(LD2_GPIO_Port, LD2_Pin);
        HAL_Delay(1000);
    }
    /* USER CODE END Error_Handler */
}
```

【注意】这次不是直接复制例程的代码,而是参考 MyComPolling 的 MX_GPIO_Init 函数来编写 LED 的控制函数 HAL_GPIO_WritePin 和 HAL_GPIO_TogglePin。

4) 补充等待操作函数 参考例程 ComPolling 的 main.c 文件,实现等待用户操作按键的代码:

```
/* USER CODE BEGIN 2 */
/* Wait for User push-button press before starting the Communication.
    In the meantime, LED2 is blinking */
while(UserButtonStatus==0)
{
    /* Toggle LED2 */
    HAL_GPIO_TogglePin(LD2_GPIO_Port, LD2_Pin);
    HAL_Delay(100);
}

HAL_GPIO_WritePin(LD2_GPIO_Port, LD2_Pin, GPIO_PIN_RESET);
```

这段代码有两点要注意:一是不再使用宏定义 TRANSMITTER_BOARD,因为我们不再区分发送开发板和接收开发板;二是翻转 LED 状态的函数 HAL_GPIO_TogglePin 和熄灭 LED 的函数 HAL_GPIO_WritePin 要根据开发板的实际情况来修改。

另外,这里的 while 循环判断全局变量 UserButtonStatus 在 main.c 文件的开始处已定义,但还未在按键的中断回调函数中修改。

5) 补充中断回调函数 参考例程,在 main.c 文件的/* USER CODE BEGIN 4 */处补充 EXTI 回调函数 HAL_GPIO_EXTI_Callback:

```
/* USER CODE BEGIN 4 */
/**
    * @brief EXTI line detection callbacks
    * @param GPIO_Pin:Specifies the pins connected EXTI line
    * @retval None
    */
void HAL_GPIO_EXTI_Callback(uint16_t GPIO_Pin)
{
    if(GPIO_Pin==B1_Pin)
    {
```

```
                UserButtonStatus = 1;
            }
    }
/ * USER CODE END 4 * /
```

【注意】 修改判断参数为 B1_Pin（可以参考 MX_GPIO_Init 函数中的设置过程）。

6）实现两个串口之间的发送和接收 在 main 函数的/ * USER CODE END 2 * /前补充代码，实现两个串口之间的通信：

```
/ * ##-2-Start the transmission process ################################### * /
/ * While the UART in reception process, user can transmit data through
    "aTxBuffer" buffer * /
pSend = aTxBuffer;
pRecv = aRxBuffer;
while( i++< TXBUFFERSIZE)
{
    if( HAL_UART_Transmit( &huart1,( uint8_t * )( pSend++) ,1,5000)! = HAL_OK)
    {
        Error_Handler( );
    }

    / * ##-3-Put UART peripheral in reception process ##################### * /
    if( HAL_UART_Receive( &huart3,( uint8_t * )( pRecv++) ,1,5000)! = HAL_OK)
    {
        Error_Handler( );
    }
}
/ * USER CODE END 2 * /
```

【注意】 修改发送函数 HAL_UART_Transmit 的第一个参数为 &huart1、接收函数 HAL_UART_Receive 的第一个参数为 &huart3，这是因为在 MyComPolling 工程 main.c 文件的开始处对两个串口结构体是这样定义的。

另外，例程中原本是一次将所有字符串发送到缓冲再接收数据的，此处修改为每次发送 1 字节数据，而后接收 1 字节数据。

这里用到了 3 个局部变量：i、pSend、pRecv，我们将这 3 个变量定义在 main 函数的 / * USER CODE BEGIN 1 * /与/ * USER CODE END 1 * /之间：

```
/ * USER CODE BEGIN 1 * /
uint8_t * pSend, * pRecv;
uint16_t i = 0;
/ * USER CODE END 1 * /
```

7）补充验证接收数据 在 main 函数的/ * USER CODE END 2 * /前补充比较接收数组和

发送数组的验证过程，以及验证结束后点亮 LED 的语句：

```
/* ##-4-Compare the sent and received buffers ############################### */
if(Buffercmp((uint8_t *)aTxBuffer,(uint8_t *)aRxBuffer,RXBUFFERSIZE))
{
    Error_Handler();
}


/* Turn on LED2 if test passes then enter infinite loop */
HAL_GPIO_WritePin(LD2_GPIO_Port,LD2_Pin,GPIO_PIN_SET);
/* USER CODE END 2 */
```

【注意】此时对 Buffercmp 函数还未定义，我们要在 main. c 文件中定义该函数。

8) 定义数组比较函数　参考例程的 Buffercmp 函数，在 main. c 文件的 /* USER CODE END 4 */ 之前补充 Buffercmp 函数：

```
/**
  * @brief   Compares two buffers.
  * @param    pBuffer1,pBuffer2:buffers to be compared.
  * @param    BufferLength:buffer's length
  * @retval 0   :pBuffer1 identical to pBuffer2
  *            >0:pBuffer1 differs from pBuffer2
  */
static uint16_t Buffercmp(uint8_t * pBuffer1,uint8_t * pBuffer2,uint16_t BufferLength)
{
    while(BufferLength--)
    {
      if((* pBuffer1)! =* pBuffer2)
      {
          return BufferLength;
      }
      pBuffer1++;
      pBuffer2++;
    }

    return 0;
}
/* USER CODE END 4 */
```

由于函数 Buffercmp 定义在 main 函数之后，因而在 main 函数调用 Buffercmp 函数之前，我们还要先声明该函数。

9) 声明数组比较函数　在 main. c 文件的 /* USER CODE BEGIN 0 */ 处声明 Buffercmp 函数：

```
/ * USER CODE BEGIN 0 */
static uint16_t Buffercmp( uint8_t * pBuffer1, uint8_t * pBuffer2, uint16_t BufferLength);
/ * USER CODE END 0 */
```

10） 编译工程　完成以上修改后，即可编译程序，然后将其下载到 Nucleo-F103RB 开发板。

最终完成修改后的 main 函数如下：

```
int main( void)
{
    / * USER CODE BEGIN 1 */
    uint8_t * pSend, * pRecv;
    uint16_t i=0;
    / * USER CODE END 1 */

    / * MCU Configuration------------------------------------------------------ */

    / * Reset of all peripherals, Initializes the Flash interface and the Systick. */
    HAL_Init();

    / * Configure the system clock */
    SystemClock_Config();

    / * Initialize all configured peripherals */
    MX_GPIO_Init();
    MX_USART1_UART_Init();
    MX_USART3_UART_Init();

    / * USER CODE BEGIN 2 */
    / * Wait for User push-button press before starting the Communication.
        In the meantime, LED2 is blinking */
    while( UserButtonStatus == 0)
    {
        / * Toggle LED2 */
        HAL_GPIO_TogglePin(LD2_GPIO_Port, LD2_Pin);
        HAL_Delay(100);
    }

    HAL_GPIO_WritePin(LD2_GPIO_Port, LD2_Pin, GPIO_PIN_RESET);

    / * ##-2-Start the transmission process ################################### */
    / * While the UART in reception process, user can transmit data through
        "aTxBuffer" buffer */
    pSend = aTxBuffer;
```

```
pRecv = aRxBuffer;
while( i++< TXBUFFERSIZE)
{
        if( HAL_UART_Transmit( &huart1,( uint8_t * )( pSend++),1,5000)! = HAL_OK)
        {
            Error_Handler( );
        }

        / * ##-3-Put UART peripheral in reception process ######################### */
        if( HAL_UART_Receive( &huart3,( uint8_t * )( pRecv++),1,5000)! = HAL_OK)
        {
            Error_Handler( );
        }
}

    / * ##-4-Compare the sent and received buffers ############################ */
    if( Buffercmp( ( uint8_t * ) aTxBuffer,( uint8_t * ) aRxBuffer,RXBUFFERSIZE))
    {
        Error_Handler( );
    }

    / * Turn on LED2 if test passes then enter infinite loop */
    HAL_GPIO_WritePin( LD2_GPIO_Port,LD2_Pin,GPIO_PIN_SET);
    / * USER CODE END 2 */

    / * Infinite loop */
    / * USER CODE BEGIN WHILE */
    while( 1)
    {
    / * USER CODE END WHILE */

    / * USER CODE BEGIN 3 */

    }
    / * USER CODE END 3 */

}
```

3. 测试例程

之前测试例程时，都是利用 USB 转串口 TTL 模块（PL2303HX）将开发板连接到 PC，用串口调试助手进行验证的。但这次我们修改了例程，改为通过开发板的 UART1 发送数据，用 UART3 接收数据，这样就须要将串口 UART1 的 TX 引脚与 UART3 的 RX 引脚连接起来。我们通过开发板 Nucleo-F103RB 的用户手册 UM1724 来学习其接口，如图 7-22 所示。

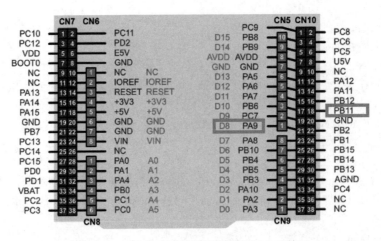

图 7-22　Nucleo-F103RB 开发板的 USART 接口

另外，通过 STM32F10×××参考手册 RM0008 的 9.3.8 节 USART alternate function remapping（USART 复用功能重映射）可以知道，USART1 的 TX 引脚默认对应于 PA9，USART1 的 RX 引脚默认对应于 PA10，USART3 的 TX 引脚对应于 PB10，USART3 的 RX 引脚对应于 PB11。例程中，我们编写的代码是 USART1 作为发送端、USART3 作为接收端，因而仅将 PA9（CN5 的第 1 插孔）和 PB11（CN10 的第 18 插针）用杜邦线连起来就可以实现两个串口之间的通信。

下载程序后，按黑色按键（复位键），LED2（绿色 LED）快速闪烁，此时操作蓝色按键（User push-button），LED2 瞬间变为常亮状态（两个串口通信完成，且收发成功）。

在本例程移植、验证完成后，留给读者如下 4 个问题：

（1）是否可以使用 USART1 一个串口实现本例程的收发过程？如何实现代码编程、如何连接硬件？

（2）若还用 USART1 和 USART3 两个串口实现通信，在操作按键后添加一个短暂的停顿，让用户感觉到通信的过程，如何实现呢？

（3）当下例程实现的是 USART1 发送、USART3 接收，能否实现 USART3 接收后，再将收到的数据重新发送给 USART1？

（4）如果在一个串口 USART1 上实现自身数据的收发过程，如问题（1）所描述，能否利用另一个串口 USART3 将比较的结果通过 USB 转串口模块打印出来？如何修改例程？

7.3　例程 UART_TwoBoards_ComIT

前面两个例程其实都是以轮询标志位的方式实现的，接下来我们学习 USART 通信中的另一种实现方式：中断模式。在 STM32CubeF1 软件包的例程中，例程 UART_TwoBoards_ComIT 提供的就是使用串口中断的模式实现两个开发板之间的串口通信。

7.3.1　例程介绍

我们可以利用 MDK-ARM 的菜单命令 "Project" → "Open project"，打开该工程（STM32Cube_FW_F1_V1.8.0\Projects\STM32F103RB-Nucleo\Examples\UART\UART_TwoBoards_ComIT\MDK-ARM 目录下）。我们仍从工程的说明文档 readme.txt 入手：

@ par Example Description

This example describes a UART transmission(transmit/receive)in interrupt mode between two boards.

Board:STM32F103RB-Nucleo(embeds a STM32F103RBT6 device)
Tx Pin:PA. 09(Pin 21 in CN10)
Rx Pin:PA. 10(Pin 33 in CN10)

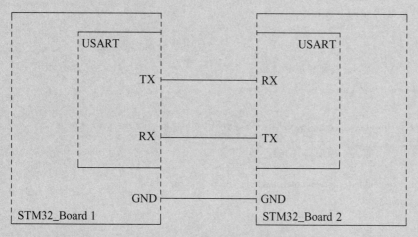

Two identical boards are connected as shown on the picture above.
Board 1:transmitting then receiving board
Board 2:receiving then transmitting board

The user presses the User push-button on board 1.
Then,board 1 sends in interrupt mode a message to board 2 that sends it back to board 1 in interrupt mode as well.
Finally,board 1 and 2 compare the received message to that sent.
If the messages are the same,the test passes.

WARNING:as both boards do not behave the same way,"TRANSMITTER_BOARD" compilation switch is defined in/Src/main. c and must be enabled
at compilation time before loading the executable in the board that first transmits then receives.
The receiving then transmitting board needs to be loaded with an executable software obtained with TRANSMITTER_BOARD disabled.

STM32F103RB-Nucleo board LED is used to monitor the transfer status:
-While board 1 is waiting for the user to press the User push-button,its LED2 is
 blinking rapidly(100 ms period).
-While board 2 is waiting for the message from board 1,its LED2 is emitting
 a couple of flashes every half-second.
-When the test passes,LED2 on both boards is turned on,otherwise the test has failed.
-If there is an initialization or transfer error,LED2 is slowly blinking(1 sec. period).

At the beginning of the main program the HAL_Init( ) function is called to reset
all the peripherals, initialize the Flash interface and the systick.
Then the SystemClock_Config( ) function is used to configure the system
clock(SYSCLK) to run at 64 MHz.

The UART is configured as follows:
- BaudRate = 9600 baud
- Word Length = 8 bits(8 data bits, no parity bit)
- One Stop Bit
- No parity
- Hardware flow control disabled(RTS and CTS signals)
- Reception and transmission are enabled in the time

@ note USARTx/UARTx instance used and associated resources can be updated in "main. h"
file depending hardware configuration used.

@ note When the parity is enabled, the computed parity is inserted at the MSB
position of the transmitted data.

@ note Care must be taken when using HAL_Delay( ), this function provides accurate delay(in milliseconds)
based on variable incremented in SysTick ISR. This implies that if HAL_Delay( ) is called from
a peripheral ISR process, then the SysTick interrupt must have higher priority(numerically lower)
than the peripheral interrupt. Otherwise the caller ISR process will be blocked.
To change the SysTick interrupt priority you have to use HAL_NVIC_SetPriority( ) function.

@ note The application need to ensure that the SysTick time base is always set to 1 millisecond
to have correct HAL operation.

@ par Directory contents
- UART/UART_TwoBoards_ComIT/Inc/stm32f1xx_hal_conf. h   HAL configuration file
- UART/UART_TwoBoards_ComIT/Inc/stm32f1xx_it. h   IT interrupt handlers header file
- UART/UART_TwoBoards_ComIT/Inc/main. h   Header for main. c module
- UART/UART_TwoBoards_ComIT/Src/stm32f1xx_it. c   IT interrupt handlers
- UART/UART_TwoBoards_ComIT/Src/main. c   Main program
- UART/UART_TwoBoards_ComIT/Src/stm32f1xx_hal_msp. c   HAL MSP module
- UART/UART_TwoBoards_ComIT/Src/system_stm32f1xx. c   STM32F1xx system source file

@ par Hardware and Software environment
- This example runs on STM32F103xB devices.
- This example has been tested with two STM32F103RB-Nucleo boards embedding
a STM32F103RBT6 device and can be easily tailored to any other supported device
and development board.

-STM32F103RB-Nucleo set-up

    -Connect a wire between 1st board PA. 09(Pin 21 in CN10)pin(Uart Tx)and 2nd board
PA. 10(Pin 33 in CN10)pin(Uart Rx)

    -Connect a wire between 1st board PA. 10(Pin 33 in CN10)pin(Uart Rx)and 2nd board
PA. 09(Pin 21 in CN10)pin(Uart Tx)

    -Connect 1st board GND to 2nd Board GND

@ par How to use it ?

In order to make the program work,you must do the following:

-Open your preferred toolchain

-Rebuild all files and load your image into target memory

-Run the example

通过阅读 readme. txt 文档可以知道,该例程实现的功能与例程 UART_TwoBoards_
ComPolling 几乎是一样的,只是两个例程中串口收发模式不同,例程 ComPolling 使用的是查询
模式,而本例程使用的是中断模式。

readme. txt 文档中也是按两个 Nucleo-F103RB 开发板介绍的,其中一个作为发送端
(Transmitter),另一个作为接收端(Receiver)。与7.3 节学习例程 ComPolling 一样,我们也可
以通过 USB 转串口 TTL 模块将开发板连接到 PC,在 PC 端用串口调试助手作为接收端,接收
到开发板发送的数据后,再发送回开发板。

7.3.2 分析例程

接下来我们通过 main 函数学习串口通信中断模式的实现。

1. 系统初始化

```
/ * STM32F103xB HAL library initialization:
    -Configure the Flash prefetch
    -Systick timer is configured by default as source of time base,but user
     can eventually implement his proper time base source(a general purpose
     timer for example or other time source),keeping in mind that Time base
     duration should be kept 1ms since PPP_TIMEOUT_VALUEs are defined and
     handled in milliseconds basis.
    -Set NVIC Group Priority to 4
    -Low Level Initialization
  * /
HAL_Init( );

/ * Configure the system clock to 64MHz * /
SystemClock_Config( );

/ * Configure LED2 * /
BSP_LED_Init( LED2);
```

调用 HAL_Init 函数、SystemClock_Config 函数、BSP_LED_Init 函数初始化系统,配置系统

时钟、初始化 LED，这些过程和例程 ComPolling 是一样的，不多解释。

2. 串口初始化

```
/* ##-1-Configure the UART peripheral ########################### */
/* Put the USART peripheral in the Asynchronous mode(UART Mode) */
/* UART configured as follows:
    -Word Length = 8 Bits
    -Stop Bit = One Stop bit
    -Parity = None
    -BaudRate = 9600 baud
    -Hardware flow control disabled(RTS and CTS signals) */
UartHandle. Instance           = USARTx;

UartHandle. Init. BaudRate     = 9600;
UartHandle. Init. WordLength   = UART_WORDLENGTH_8B;
UartHandle. Init. StopBits     = UART_STOPBITS_1;
UartHandle. Init. Parity       = UART_PARITY_NONE;
UartHandle. Init. HwFlowCtl    = UART_HWCONTROL_NONE;
UartHandle. Init. Mode         = UART_MODE_TX_RX;
if( HAL_UART_DeInit(&UartHandle)! = HAL_OK)
{
    Error_Handler();
}
if( HAL_UART_Init(&UartHandle)! = HAL_OK)
{
    Error_Handler();
}
```

有关串口初始化的过程，重点是看结构体 UartHandle（UART_HandleTypeDef 类型）成员变量的赋值，因为两个例程最终都是通过调用 HAL_UART_Init 函数实现 UART 配置的。与例程 ComPolling 比较会发现，这里的变量参数赋值也是一样的，由此可见配置 UART 为中断收发模式并不是在这里进行的。

3. 串口收发数据

```
#ifdef TRANSMITTER_BOARD

    /* Configure User push-button in Interrupt mode */
    BSP_PB_Init(BUTTON_USER,BUTTON_MODE_EXTI);

    /* Wait for User push-button press before starting the Communication.
       In the meantime,LED2 is blinking */
    while( UserButtonStatus == 0)
    {
        /* Toggle LED2 */
```

```
        BSP_LED_Toggle(LED2);
        HAL_Delay(100);
    }

    BSP_LED_Off(LED2);

    /* The board sends the message and expects to receive it back */

    /* ##-2-Start the transmission process ##################################### */
    /* While the UART in reception process,user can transmit data through
       "aTxBuffer" buffer */
    if(HAL_UART_Transmit_IT(&UartHandle,(uint8_t *)aTxBuffer,TXBUFFERSIZE)!=HAL_OK)
    {
        Error_Handler();
    }

    /* ##-3-Wait for the end of the transfer ################################### */
    while(UartReady !=SET)
    {

    }

    /* Reset transmission flag */
    UartReady=RESET;

    /* ##-4-Put UART peripheral in reception process ########################## */
    if(HAL_UART_Receive_IT(&UartHandle,(uint8_t *)aRxBuffer,RXBUFFERSIZE)!=HAL_OK)
    {
        Error_Handler();
    }

#else

    /* The board receives the message and sends it back */

    /* ##-2-Put UART peripheral in reception process ########################## */
    if(HAL_UART_Receive_IT(&UartHandle,(uint8_t *)aRxBuffer,RXBUFFERSIZE)!=HAL_OK)
    {
        Error_Handler();
    }

    /* ##-3-Wait for the end of the transfer ################################### */
    /* While waiting for message to come from the other board,LED2 is
       blinking according to the following pattern:a double flash every half-second */
```

```
    while( UartReady ! = SET)
    {
        BSP_LED_On( LED2) ;
        HAL_Delay( 100) ;
        BSP_LED_Off( LED2) ;
        HAL_Delay( 100) ;
        BSP_LED_On( LED2) ;
        HAL_Delay( 100) ;
        BSP_LED_Off( LED2) ;
        HAL_Delay( 500) ;
    }

    / * Reset transmission flag * /
    UartReady = RESET;
    BSP_LED_Off( LED2) ;

    / * ##-4-Start the transmission process ################################### * /
    / * While the UART in reception process, user can transmit data through
      " aTxBuffer" buffer * /
    if( HAL_UART_Transmit_IT( &UartHandle,( uint8_t * ) aTxBuffer,TXBUFFERSIZE) ! = HAL_OK)
    {
        Error_Handler( ) ;
    }

#endif/ * TRANSMITTER_BOARD * /

    / * ##-5-Wait for the end of the transfer ################################## * /
    while( UartReady ! = SET)
    {
    }

    / * Reset transmission flag * /
    UartReady = RESET;
```

　　这段代码的实现与例程 ComPolling 一样，也是分为发送开发板（Transmitter board）和接收开发板（Receiver board）两部分，通过宏定义 TRANSMITTER_BOARD 分开。关于发送开发板部分的代码，开始时是初始化按键、让 LED 闪烁，并等待用户操作按键等代码。

　　这里重点要看的是串口发送函数 HAL_UART_Transmit_IT 和接收函数 HAL_UART_Receive_IT，它们和例程 ComPolling 中使用的发送函数 HAL_UART_Transmit 和接收函数 HAL_UART_Receive 最大的区别是中断发送（接收）函数比查询发送（接收）函数少了第 4 个参数 Timeout。在例程 ComPolling 中，使用发送函数 HAL_UART_Transmit 和接收函数 HAL_UART_Receive 实现串口通信时，如果出现通信异常，则要等到超时（Timeout）才能返回，因而在例程实验时可以看到 LED 等待接收数据的过程；而我们自己生成、修改的工程 MyComPolling 实验时是两个串口间自动通信，操作按键后瞬间就通信成功，看不到等待超时的过程。

本例程中调用发送函数 HAL_UART_Transmit_IT 和接收函数 HAL_UART_Receive_IT 实现中断模式的串口发送和接收，这两个函数没有超时参数（Timeout），即这两个函数是直接返回的，不需要等待超时，也不等待数据发送完成或接收完成，两个函数内部只是配置 USART 实用中断模式发送、接收数据。阅读 HAL_UART_Transmit_IT 函数和 HAL_UART_Receive_IT 函数的代码会发现，其内部主要是调用函数 __HAL_UART_ENABLE_IT 实现中断模式的配置：

```
#define __HAL_UART_ENABLE_IT(__HANDLE__,__INTERRUPT__)
            (((__INTERRUPT__)>>28)==UART_CR1_REG_INDEX)? \
            ((__HANDLE__)->Instance->CR1 |=((__INTERRUPT__)& UART_IT_MASK)):\
            (((__INTERRUPT__)>>28)==UART_CR2_REG_INDEX)? \
            ((__HANDLE__)->Instance->CR2 |= ((__INTERRUPT__)& UART_IT_MASK)):\
            ((__HANDLE__)->Instance->CR3 |=((__INTERRUPT__)& UART_IT_MASK))
```

也就是说，__HAL_UART_ENABLE_IT 函数是通过设置控制寄存器 USART_CR1、USART_CR2、USART_CR3 实现串口中断模式的发送和接收。关于 3 个控制寄存器，读者可以阅读 STM32F10×××参考手册 RM0008 的 27.6 节 USART registers 进行了解。

既然发送函数 HAL_UART_Transmit_IT 和接收函数 HAL_UART_Receive_IT 只是配置 USART 实现中断模式发送和中断模式接收，并没有等待发送完成和接收完成，那 main 函数如何知道发送结束或接收完成了呢？阅读代码可以发现，在调用发送函数 HAL_UART_Transmit_IT 和接收函数 HAL_UART_Receive_IT 后，都有一个 while 循环判断全局变量 UartReady 等待的过程：

```
/* ##-3-Wait for the end of the transfer ################################ */
while(UartReady !=SET)
{

}

/* Reset transmission flag */
UartReady=RESET;
```

那么，UartReady 又是什么时候被赋值为 SET 的呢？这就要看在 main.c 文件中重新定义的中断回调函数：

```
/**
    * @brief   Tx Transfer completed callback
    * @param    UartHandle:UART handle.
    * @note    This example shows a simple way to report end of IT Tx transfer,and
    *               you can add your own implementation.
    * @retval None
    */
void HAL_UART_TxCpltCallback(UART_HandleTypeDef * UartHandle)
{
    /* Set transmission flag:transfer complete */
```

```
        UartReady = SET;
    }


/ * *
    * @ brief    Rx Transfer completed callback
    * @ param    UartHandle：UART handle
    * @ note     This example shows a simple way to report end of DMA Rx transfer，and
    *            you can add your own implementation.
    * @ retval None
    * /
void HAL_UART_RxCpltCallback( UART_HandleTypeDef * UartHandle)
{
    / * Set transmission flag：transfer complete * /
    UartReady = SET;
}
```

想了解发送中断回调函数 HAL_UART_TxCpltCallback 和接收中断回调函数 HAL_UART_RxCpltCallback 是什么时间被调用的，读者可以通过 stm32f1xx_it. c 文件的 USART 中断函数 USARTx_IRQHandler 跟踪查看，通过 MDK-ARM 的右键菜单一路跟踪阅读源代码，就会发现这个回调函数分别在中断发送完成函数 UART_EndTransmit_IT 和中断接收函数 UART_Receive_IT 中被调用。

我们重新整理一下串口中断通信模式的过程，以发送模式为例进行介绍。

首先是调用发送函数 HAL_UART_Transmit_IT 配置 USART 为中断模式发送，直接返回调用函数（main 函数）。之后在 main 函数运行过程中，每次发送数据都会触发一次串口中断，调用 HAL_UART_IRQHandler 函数，在该函数内部判断发生的是发送中断还是接收中断：若是接收中断，则调用接收中断处理函数 UART_Receive_IT；若是发送中断，则判断是否发送完成；若未发送完成，则调用发送中断处理函数 UART_Transmit_IT；若已经发送完成，则调用中断发送完成处理函数 UART_EndTransmit_IT。最终在该函数内部调用回调函数 HAL_UART_TxCpltCallback 来设置发送完成标志 UartReady。

其中的关键部分是使用中断模式实现串口的发送或接收，在调用 HAL_UART_Transmit_IT 函数或接收函数 HAL_UART_Receive_IT 后，主程序（main 函数）无须等待，可以接着做自己的事情，具体的发送和接收过程都是由中断处理函数完成的。只有理解这些，才能更好地理解如何使用 USART 的中断模式。

4. 比较发送和接收的数据

重新回到 main 函数，接下来是比较接收的数据和发送的数据是否一致：

```
/ * ##-6-Compare the sent and received buffers ############################# * /
if( Buffercmp( ( uint8_t * ) aTxBuffer,( uint8_t * ) aRxBuffer,RXBUFFERSIZE) )
{
    Error_Handler( );
}

/ * Turn on LED2 if test passes then enter infinite loop * /
```

```
BSP_LED_On(LED2);
/* Infinite loop */
while(1)
{
}
```

该实现过程直接调用 Buffercmp 函数比较两个数组，与例程 ComPolling 中的实现是一样的，这里不多解释。

7.3.3 重建例程

和前面使用 STM32CubeMX 生成 C 语言工程不同，这次我们直接选择微控制器，而不再直接选择开发板。下面简单描述操作步骤。

（1）新建 STM32CubeMX 工程，选择"Start My Project from MCU"。

（2）选择微控制器：如图 7-23 所示，在该步骤我们选择微控制器，而不再直接选择开发板。

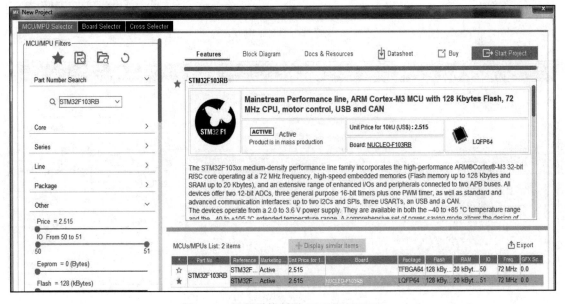

图 7-23　选择微控制器 STM32F103RBTx

（3）配置 MCU 引脚：若要使用 Nucleo-F103RB 开发板的 UART1 与 PC 通信，就要在左侧列表中选择 USART1，设置 Mode 为 Asynchronous（异步通信模式）。另外，要使用按键（PC13）、LED（PA5），因此要设置 PC13 的 GPIO_EXTI13 模式、PA5 的 GPIO_Output 模式，如图 7-24 所示。

（4）保存 STM32CubeMX 工程：将工程保存在练习文件夹 KeilMDK/UART 目录下，将其命名为 MyComTI。

（5）生成报告。

（6）配置时钟树：由于 Nucleo-F103RB 开发板默认未焊接高速外部时钟（HSE），因此要配置 System Clock 的时钟源为 PLLCLK、HCLK 时钟为 64MHz，如图 7-25 所示。

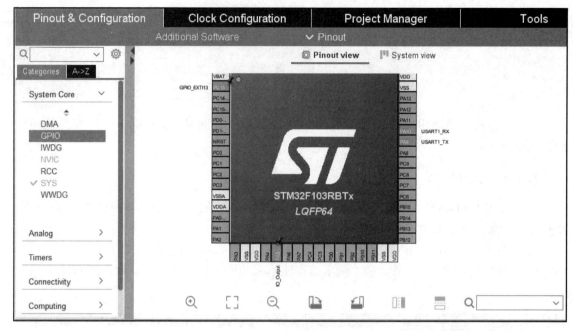

图 7-24　设置 MCU

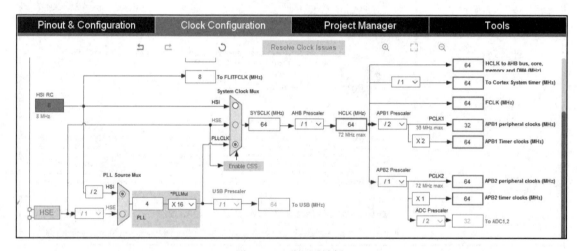

图 7-25　配置时钟树

（7）配置 MCU 外设：因为要使用的外设 USART1、外部中断（按键）、GPIO 口（LED），在此有 3 种外设需要配置：USART1、NVIC、GPIO。

☺ 配置 USART1：对于 USART1，可以保持其默认配置，不做修改（波特率使用默认的 115200bit/s），如图 7-26 所示。

☺ GPIO 配置：对于 GPIO 的配置，为了与例程保持一致，可以将 PA5 引脚命名为 LED2（User Lebel），将 PC13 命名为 BUTTON_USER，如图 7-27 所示。

☺ NVIC 配置：对于 NVIC 的配置，我们重点要配置 SysTick、USART1、EXTI line[15：10] 的抢占优先级（Preemption priority），如图 7-28 所示。

（8）生成 C 代码：选择"Project Manager"标签页，选择开发工具 MDK-ARM、软件版本 V5.27 等，如图 7-29 所示。

图 7-26 USART1 配置

单击"GENERATE CODE"按钮，生成 C 代码工程，并在 MDK-ARM 中打开该工程。

（9）编译工程，以方便后续使用 MDK-ARM 的右键菜单。

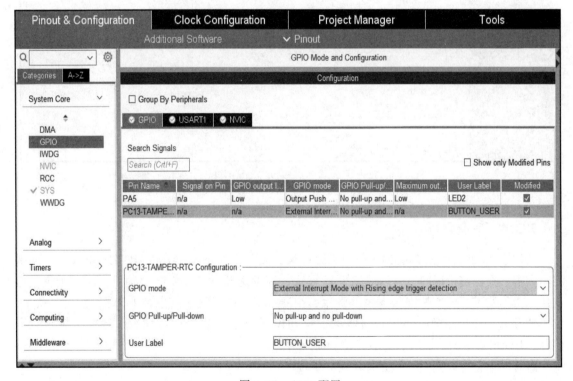

图 7-27 GPIO 配置

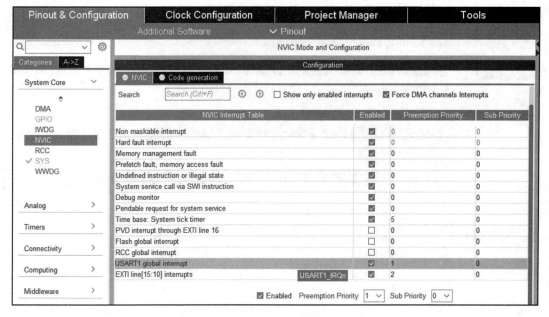

图 7-28　NVIC 设置

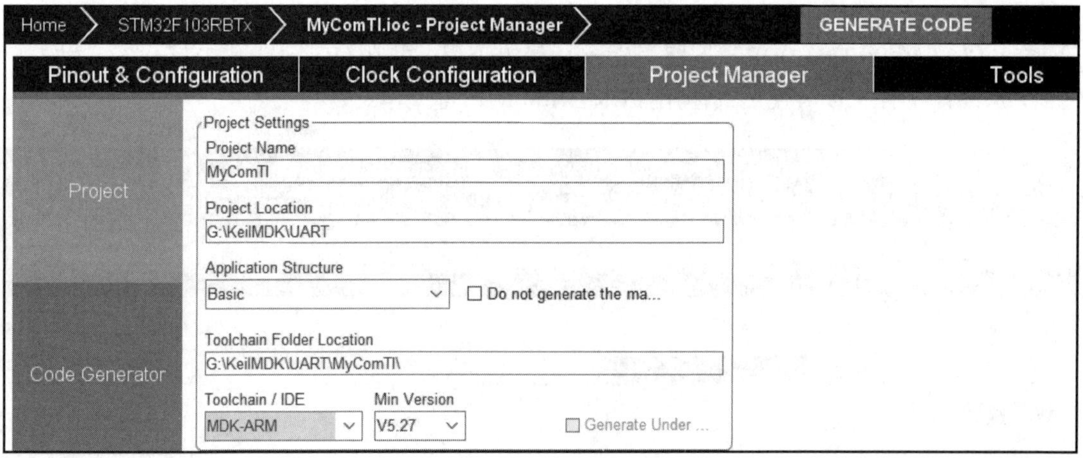

图 7-29　配置工程

7.3.4　完善例程

使用 STM32CubeMX 新建的工程只算是框架，接下来要参考例程 UART_TwoBoards_ComTI 将其完善。在补充代码时，目标是将开发板设计为发送开发板：系统启动后，LED 闪烁，等待用户操作按键；若有按键按下事件发生，则通过 USART1 发送信息到 PC 端，然后等待 PC 发回的数据；接收到数据后，将接收的数据与发送出去的数据进行比较，比较正确则点亮 LED，中间出现任何问题时，LED 闪烁以提示异常。

沿着以上思路，我们开始完善新建的工程。

1. 定义全局变量、数组

参考例程 ComTI 在 main.c 文件的 /＊USER CODE BEGIN PV＊/ 处定义全局变量：

```
/ * USER CODE BEGIN PV * /
/ * Private variables-------------------------------------------------- * /
__IO ITStatus UartReady=RESET;
__IO uint32_t UserButtonStatus=0;   / * set to 1 after User Button interrupt    * /


/ * Buffer used for transmission * /
uint8_t aTxBuffer[ ]=" * * * * UART_TwoBoards_ComIT * * * *    * * * * UART_TwoBoards_ComIT * * * * ";


/ * Buffer used for reception * /
uint8_t aRxBuffer[RXBUFFERSIZE];
/ * USER CODE END PV * /
```

2. 宏定义 RXBUFFERSIZE

参考例程在头文件 main. h 的/ * USER CODE BEGIN Private defines * /处定义宏定义
RXBUFFERSIZE：

```
/ * USER CODE BEGIN Private defines * /
/ * Size of transmission buffer * /
#define TXBUFFERSIZE                    ( COUNTOF( aTxBuffer)-1)
/ * Size of Reception buffer * /
#define RXBUFFERSIZE                    TXBUFFERSIZE

/ * Exported macro----------------------------------------------------- * /
#define COUNTOF( __BUFFER__)  ( sizeof( __BUFFER__)/sizeof( * ( __BUFFER__)))
/ * Exported functions------------------------------------------------- * /
/ * USER CODE END Private defines * /
```

3. 补充串口收发过程代码

参考例程的发送、接收过程，在 main 函数的/ * USER CODE BEGIN 2 * /与/ * USER
CODE END 2 * /之间补充代码：

```
/ * USER CODE BEGIN 2 * /
/ * Wait for User push-button press before starting the Communication.
    In the meantime,LED2 is blinking * /
while( UserButtonStatus= =0)
{
    / * Toggle LED2 * /
HAL_GPIO_TogglePin( LED2_GPIO_Port,LED2_Pin);
    HAL_Delay(100);
}

HAL_GPIO_WritePin( LED2_GPIO_Port,LED2_Pin,GPIO_PIN_RESET);

/ * The board sends the message and expects to receive it back * /

/ * ##-2-Start the transmission process ################################ * /
```

```
    /* While the UART in reception process,user can transmit data through
       "aTxBuffer" buffer */
    if( HAL_UART_Transmit_IT( &huart1,( uint8_t * )aTxBuffer,TXBUFFERSIZE )!=HAL_OK )
    {
        Error_Handler( );
    }


    /* ##-3-Wait for the end of the transfer ################################## */
    while( UartReady !=SET )
    {
    }


    /* Reset transmission flag */
    UartReady=RESET;


    /* ##-4-Put UART peripheral in reception process ######################### */
    if( HAL_UART_Receive_IT( &huart1,( uint8_t * )aRxBuffer,RXBUFFERSIZE )!=HAL_OK )
    {
        Error_Handler( );
    }


    /* ##-5-Wait for the end of the transfer ################################## */
    while( UartReady !=SET )
    {
    }


    /* Reset transmission flag */
    UartReady=RESET;
    /* ##-6-Compare the sent and received buffers ############################# */
    if( Buffercmp( ( uint8_t * )aTxBuffer,( uint8_t * )aRxBuffer,RXBUFFERSIZE ) )
    {
        Error_Handler( );
    }


    /* Turn on LED2 if test passes then enter infinite loop */
    HAL_GPIO_WritePin( LED2_GPIO_Port,LED2_Pin,GPIO_PIN_SET );
    /* USER CODE END 2 */
```

【注意】代码中用到的 LED 操作函数要修改为 HAL 库操作函数 HAL_GPIO_TogglePin、HAL_GPIO_WritePin，其参数可以参考 MX_GPIO_Init 函数中有关 GPIO 初始化的过程。另外，中断发送函数 HAL_UART_Transmit_IT 和中断接收函数 HAL_UART_Receive_IT 的参数 UartHandle 应修改为 huart1，因为两个工程 main.c 开始定义的变量名称不同。

4. 完善异常函数 Error_Handler

在异常处理函数 Error_Handler 中补充 LED 操作代码：

```
void Error_Handler(void)
{
  /* USER CODE BEGIN Error_Handler */
  /* Turn LED2 on */
  HAL_GPIO_WritePin(LED2_GPIO_Port,LED2_Pin,GPIO_PIN_SET);
  while(1)
  {
    /* Error if LED2 is slowly blinking(1 sec. period) */
    HAL_GPIO_TogglePin(LED2_GPIO_Port,LED2_Pin);
    HAL_Delay(1000);
  }
  /* USER CODE END Error_Handler */
}
```

5. 补充数组比较函数 Buffercmp

在 main.c 文件的/* USER CODE BEGIN 4 */与/* USER CODE END 4 */之间补充 Buffercmp 函数：

```
/* USER CODE BEGIN 4 */
/**
  * @brief   Compares two buffers.
  * @param   pBuffer1,pBuffer2:buffers to be compared.
  * @param   BufferLength:buffer s length
  * @retval 0  :pBuffer1 identical to pBuffer2
  *         >0:pBuffer1 differs from pBuffer2
  */
static uint16_t Buffercmp(uint8_t * pBuffer1,uint8_t * pBuffer2,uint16_t BufferLength)
{
  while(BufferLength--)
  {
    if((* pBuffer1)!= * pBuffer2)
    {
      return BufferLength;
    }
    pBuffer1++;
    pBuffer2++;
  }

  return 0;
}
/* USER CODE END 4 */
```

6. 声明 Buffercmp 函数

在 main.c 文件的/ * USER CODE BEGIN PFP * /与/ * USER CODE END PFP * /之间声明 Buffercmp 函数：

```
/ * USER CODE BEGIN PFP * /
/ * Private function prototypes---------------------------------------------- * /
static uint16_t Buffercmp(uint8_t * pBuffer1,uint8_t * pBuffer2,uint16_t BufferLength);
/ * USER CODE END PFP * /
```

7. 补充 EXTI、UART 中断回调函数

在 main.c 文件的/ * USER CODE BEGIN 4 * /与/ * USER CODE END 4 * /之间补充 EXIT、UART 中断回调函数：

```
/ * *
 * @ brief    Tx Transfer completed callback
 * @ param    UartHandle:UART handle.
 * @ note    This example shows a simple way to report end of IT Tx transfer,and
 *            you can add your own implementation.
 * @ retval None
 * /
void HAL_UART_TxCpltCallback(UART_HandleTypeDef * UartHandle)
{
  / * Set transmission flag:transfer complete * /
  UartReady = SET;
}

/ * *
 * @ brief    Rx Transfer completed callback
 * @ param    UartHandle:UART handle
 * @ note    This example shows a simple way to report end of DMA Rx transfer,and
 *            you can add your own implementation.
 * @ retval None
 * /
void HAL_UART_RxCpltCallback(UART_HandleTypeDef * UartHandle)
{
  / * Set transmission flag:transfer complete * /
  UartReady = SET;
}

/ * *
 * @ brief    UART error callbacks
 * @ param    UartHandle:UART handle
 * @ note    This example shows a simple way to report transfer error,and you can
 *            add your own implementation.
```

```
    * @ retval None
    */
void HAL_UART_ErrorCallback( UART_HandleTypeDef * UartHandle)
{
    Error_Handler( );
}


/ * *
    * @ brief EXTI line detection callbacks
    * @ param GPIO_Pin：Specifies the pins connected EXTI line
    * @ retval None
    */
void HAL_GPIO_EXTI_Callback( uint16_t GPIO_Pin)
{
  if( GPIO_Pin = = BUTTON_USER_Pin)
  {
    UserButtonStatus = 1；
  }
}
/ * USER CODE END 4 * /
```

【注意】修改外部中断回调函数 HAL_GPIO_EXTI_Callback 中的判断条件 USER_BUTTON_PIN 为 BUTTON_USER_Pin。

8. 编译、下载工程

完成以上修改、补充后，即可编译工程，并将其下载 Nucleo-F103RB 开发板。

9. 验证工程

首先，将 USB 转串口 TTL 模块（PL2303HX）连接到 Nucleo-F103RB 开发板，黑色线 GND 插到开发板 CN10 接口的第 9 针，白色线 RXD 插到开发板 CN10 接口的第 21 针（TXD），绿色线（TXD）插到开发板 CN10 接口的第 33 针（RXD）。

然后，在 PC 上打开串口调试助手，选择 PL2303HX 模块映射的串口，同时根据 STM32CubeMX 中对串口的设置配置串口：波特率为 115200bit/s、数据位为 8 位、1 位停止位、无校验位、无硬件流控制，如图 7-30 所示。

完成串口调试助手的设置后，按 Nucleo-F103RB 开发板上的复位键复位系统，观察 LED（绿色）的闪烁情况，而后操作蓝色按键（User push-button），注意串口调试助手是否接收到数据，同时观察 LED2 的指示状态（熄灭），思考此时程序运行到哪里。然后，将串口调试助手接收到的内容复制到 "字符串输入框"，单击 "发送" 按钮，将接收的信息发送回开发板，观察开发板上 LED2 的指示状态的变化（点亮），思考此时程序运行到哪里。

经过多次练习、思考，重新读源代码（重点是 main 函数），读者会发现本例程与例程 ComPolling 之间的最大区别是本例程不会出现接收超时，只要有信息发送回开发板，它就能接收。

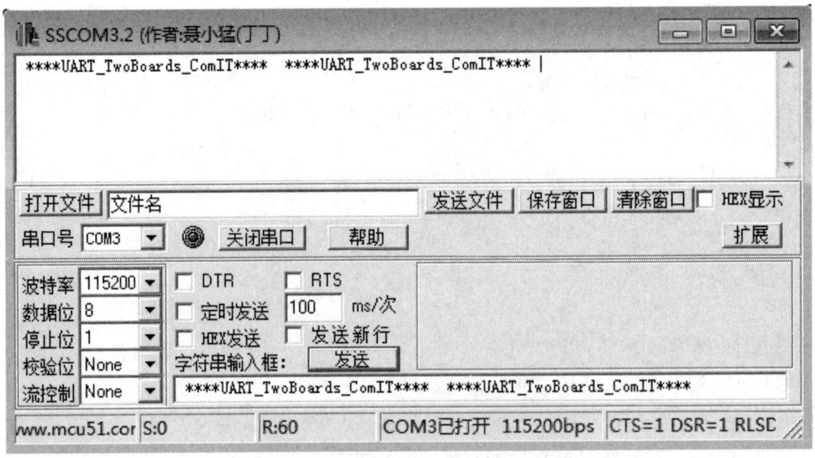

图 7-30 例程 MyComTI 串口的配置

【注意】STM32CubeF1 软件包提供的例程 UART_TwoBoards_ComIT 的接收板（Receiver board）在等待接收代码中有一段让 LED 闪烁提示等待接收信息的代码：

```
/* ##-3-Wait for the end of the transfer ################################## */
/* While waiting for message to come from the other board, LED2 is
    blinking according to the following pattern: a double flash every half-second */
while( UartReady != SET)
{
    BSP_LED_On( LED2 );
    HAL_Delay( 100 );
    BSP_LED_Off( LED2 );
    HAL_Delay( 100 );
    BSP_LED_On( LED2 );
    HAL_Delay( 100 );
    BSP_LED_Off( LED2 );
    HAL_Delay( 500 );
}

/* Reset transmission flag */
UartReady = RESET;
BSP_LED_Off( LED2 );
```

思考一下：若想在例程 MyComIT 中也实现等待接收时 LED 闪烁的提示，则应将这段代码添加在 main 函数的哪个地方？如何修改这段代码？

思考与练习

（1）通过 STM32CubeF1 用户手册 UM1850 复习 USART 相关的驱动函数。

（2）复习 STM32F10×××参考手册 RM0008 的第 7 章和第 9 章中与 USART 相关的内容。

（3）阅读 STM32F10×××参考手册 RM0008 的第 27 章"通用同步异步收发器（USART）"的内容。

（4）复习《ARM Cortex-M3 权威指南》第 7～9 章与 Cortex-M3 异常（中断）相关的内容。

（5）了解并行通信、串行通信、同步通信、异步通信、全双工、半双工、UART、USART、RS-232、RS-485、RS-422、NRZ 标准、DB9 接口、SPI、I^2C 等概念。

（6）通过例程学习 USART 的同步模式、硬件流模式、多处理器模式、LIN 模式、IrDA 模式、智能卡模拟等通信模式。

（7）在例程中加入串口调试输出、LED 提示、KEY 响应等功能。

第8章 DMA 控制器

8.1 认识 DMA 控制器

直接存储器存取（DMA）用来提供在外设与存储器之间或者存储器与存储器之间的高速数据传输。无须 CPU 干预，数据可以通过 DMA 快速移动。STM32 的两个 DMA 控制器有 12 个通道，每个通道专门用来管理来自一个或多个外设对存储器访问的请求。还有一个仲裁器用来协调各个 DMA 请求的优先权。

DMA 的主要特性如下所述。

☺12 个独立的可配置的通道（请求）：DMA1 有 7 个通道，DMA2 有 5 个通道。每个通道都有直接连接专用的硬件 DMA 请求，每个通道均支持软件配置和软件触发。

☺在同一个 DMA 模块上，多个请求间的优先权可以通过软件编程设置（共有四级：最高级、高级、中级和低级），优先级设置相等时由硬件决定（请求 0 优先于请求 1，依次类推）。

☺独立数据源和目标数据区的传输宽度（字节、半字、全字），模拟打包和拆包的过程。源地址和目标地址必须按数据传输宽度对齐。

☺支持循环的缓冲器管理。

☺每个通道都有 3 个事件标志（DMA 半传输、DMA 传输完成和 DMA 传输出错），这 3 个事件标志逻辑或成为一个单独的中断请求。

☺闪存、SRAM、外设的 SRAM、APB1、APB2 和 AHB 外设均可作为访问的源和目标。

☺可编程的数据传输数目最大值为 65535。

STM32F103RBT6 的 DMA 结构框图如图 8-1 所示。

有关 DMA 的基本信息就先介绍这么多，要想更详细地了解 DMA，须要阅读 STM32F10×××参考手册 RM0008 的第 13 章，特别是 13.3 节关于 DMA 功能的详细描述。下面我们通过 STM32CubeF1 软件包提供的实例来学习 DMA 的应用。

8.2 例程 UART_HyperTerminal_DMA

使用 MDK-ARM 的菜单命令"Project"→"Open Project"，打开 STM32Cube_FW_F1_V1.8.0\Projects\STM32F103RB-Nucleo\Examples\UART\UART_HyperTerminal_DMA\MDK-ARM 目录下的 Project. uvprojx 文件，在左侧的工程列表中打开 readme. txt 文档。

8.2.1 例程介绍

首先从例程的说明文档 readme. txt 入手：

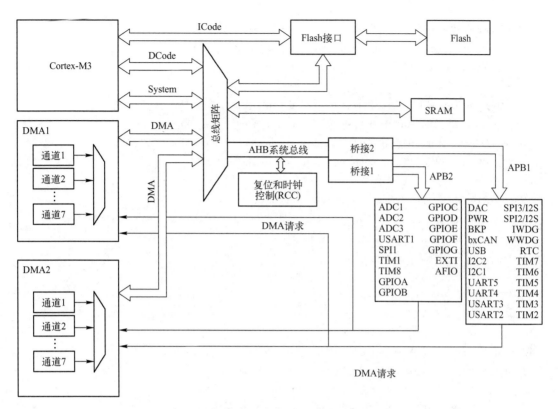

图 8-1　STM32F103RBT6 的 DMA 结构框图

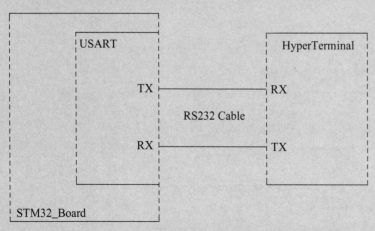

@ par Example Description

This example describes an UART transmission(transmit/receive) in DMA mode between a board and an Hyperterminal PC application.

Board:STM32F103RB-Nucleo
Tx Pin:PA. 09(Pin 21 in CN10)
Rx Pin:PA. 10(Pin 33 in CN10)

At the beginning of the main program the HAL_Init( ) function is called to reset all the peripherals, initialize the Flash interface and the systick.

Then the SystemClock_Config( ) function is used to configure the system

clock(SYSCLK) to run at 64MHz for STM32F1xx Devices.

The UART peripheral configuration is ensured by the HAL_UART_Init( ) function.

This later is calling the HAL_UART_MspInit( ) function which core is implementing

the configuration of the needed UART resources according to the used hardware(CLOCK,

GPIO, DMA and NVIC). You may update this function to change UART configuration.

The UART/Hyperterminal communication is then initiated.

The HAL_UART_Receive_DMA( ) and the HAL_UART_Transmit_DMA( ) functions allow respectively

the reception of Data from Hyperterminal and the transmission of a predefined data

buffer.

The Asynchronous communication aspect of the UART is clearly highlighted as the

data buffers transmission/reception to/from Hyperterminal are done simultaneously.

For this example the TxBuffer is predefined and the RxBuffer size is limited to

10 data by the mean of the RXBUFFERSIZE define in the main. c file.

In a first step the received data will be stored in the RxBuffer buffer and the

TxBuffer buffer content will be displayed in the Hyperterminal interface.

In a second step the received data in the RxBuffer buffer will be sent back to

Hyperterminal and displayed.

The end of this two steps are monitored through the HAL_UART_GetState( ) function

result.

STM32 board's LEDs can be used to monitor the transfer status:

−LED2 turns ON if transmission/reception is complete and OK.

−LED2 turns OFF when there is an error in transmission/reception process(HAL_UART_ErrorCallback is called).

−LED2 toggles when there another error is detected.

The UART is configured as follows:

    −BaudRate = 9600 baud

    −Word Length = 8 Bits(7 data bit+1 parity bit)

    −One Stop Bit

    −Odd parity

    −Hardware flow control disabled(RTS and CTS signals)

    −Reception and transmission are enabled in the time

@note USARTx/UARTx instance used and associated resources can be updated in "main. h"

file depending hardware configuration used.

@note When the parity is enabled, the computed parity is inserted at the MSB

position of the transmitted data.

@ par Directory contents
  -UART/UART_HyperTerminal_DMA/Inc/stm32f1xx_hal_conf. h   HAL configuration file
  -UART/UART_HyperTerminal_DMA/Inc/stm32f1xx_it. h   DMA interrupt handlers header file
  -UART/UART_HyperTerminal_DMA/Inc/main. h   Header for main. c module
  -UART/UART_HyperTerminal_DMA/Src/stm32f1xx_it. c   DMA interrupt handlers
  -UART/UART_HyperTerminal_DMA/Src/main. c   Main program
  -UART/UART_HyperTerminal_DMA/Src/stm32f1xx_hal_msp. c   HAL MSP module
  -UART/UART_HyperTerminal_DMA/Src/system_stm32f1xx. c   STM32F1xx system source file

@ par Hardware and Software environment
  -This example runs on STM32F103xB devices.
  -This example has been tested with STM32F103RB-Nucleo board and can be
    easily tailored to any other supported device and development board.

  -SSTM32F103RB_Nucleo Set-up
  -Connect USART1 TX(PA9-D8 on CN5)to RX pin of PC serial port(or USB to UART
adapter)and USART1 RX(PA10-D2 on CN9)to TX pin of PC serial port.

  -Hyperterminal configuration：
  -Word Length=7 Bits
  -One Stop Bit
  -Odd parity
  -BaudRate=9600 baud
  -flow control：None
@ par How to use it ?
In order to make the program work，you must do the following：
-Open your preferred toolchain
-Rebuild all files and load your image into target memory
-Run the example

　　由例程的 readme. txt 文档可知，例程的功能是演示如何使用 DMA 模式实现开发板与 PC 超级终端（Hyperterminal）之间的串口通信（transmit/receive）。另外，readme. txt 文档也具体描述了开发板与 PC 之间的连接方式，以及例程的实现过程：在 main 函数中调用 HAL_Init 函数初始化系统，配置闪存预取指缓存和系统嘀嗒时钟（Systick）；调用 SystemClock_Config 函数配置系统时钟（SYSCLK），使其工作在 64MHz；调用 HAL_UART_Init 函数配置 UART，其实质是在 HAL_UART_Init 函数内部调用 HAL_UART_MspInit 函数，配置 UART 用到的底层硬件资源（GPIO、CLOCK、DMA 和 NVIC）。

　　完成以上配置后，通过调用函数 HAL_UART_Receive_DMA 和函数 HAL_UART_Transmit_DMA 实现开发板与 PC 超级终端之间的通信；每次设置完发送/接收模式，通过调用函数 HAL_UART_GetState 函数来检测是否完成通信。在通信过程中，用 LED 的不同状态来提示用户程序运行的结果：LED2 亮表示通信成功；LED2 灭表示通信失败；出现其他错误时，LED2 闪烁提示。

另外，readme.txt 文档中也详细描述了例程配置串口的参数、所用 GPIO 口在开发板上的位置，以及打开例程、编译例程的操作步骤。

对例程有初步认识之后，可以将例程下载到开发板上，通过 PC 端的串口调试助手进行一个小实验。在 MDK-ARM 中打开例程、编译例程、将例程下载到开发板（须用 USB 线连接开发板到 PC），连接 USB 转串口 TTL 模块到开发板：PL2303 模块的黑色地线连接开发板 CN10 接口的第 9 插针（GND），PL2303 模块的白色线（RXD）连接开发板 CN10 接口的第 21 插针（TXD）、PL2303 模块的绿色线（TXD）连接开发板 CN10 接口的第 33 插针（RXD）。开发板上 USART 接口的位置如图 8-2 所示。

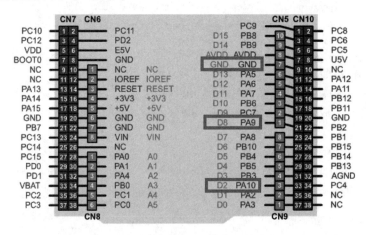

图 8-2　开发板上 USART 接口的位置

【注意】我们对连接方式的描述与 readme.txt 中的描述稍有不同：readme.txt 中是按照 CN5、CN9 接口描述的；而我们选择的 USB 转串口模块 PL2303 所带的线是插孔，因而是按照 CN10 接口描述的。

完成硬件连接后，在 PC 上运行串口调试助手，选择 USB 转串口模块 PL2303 映射的串口，并根据 readme.txt 文件的描述配置其参数：波特率为 9600bit/s、数据位为 7 位、停止位 1 位、校验位为 Odd、硬件流控制为 None，如图 8-3 所示。

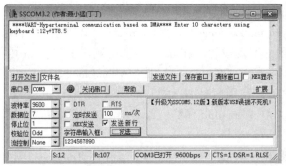 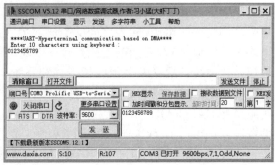

图 8-3　串口调试助手

设置完成后，打开串口，接收数据正常；单击"发送"按钮，若发送后接收的是乱码，这是 SSCOM 版本的问题；单击"升级为 SSCOM5.12 版"，下载最新版本的串口调试助手。关闭当前版本，打开新版本软件，配置串口并打开串口，测试通信正常。

> **【注意】**发送数据应为 10 个字符（这里测试的是"0123456789"），如果不够 10 个字符，则要再次单击"发送"按钮，发送数据到开发板。

通过实验读者会发现，按开发板复位键运行程序后，开发板会发送字符串提示发送 10 个字符到开发板，开发板处于等待接收状态；在 PC 端发送 10 个字符后，开发板会自动将接收到的数据回传给 PC。

8.2.2　分析例程

本例的 main 函数代码如下：

```c
int main( void)
{
    /* STM32F103xB HAL library initialization */
    HAL_Init( );

    /* Configure the system clock to 64MHz */
    SystemClock_Config( );

    /* Configure LED2 */
    BSP_LED_Init( LED2);

    /* ##-1-Configure the UART peripheral ##################################### */
    /* Put the USART peripheral in the Asynchronous mode( UART Mode) */
    /* UART configured as follows:
        -Word Length = 8 Bits( 7 data bit+1 parity bit)
        -Stop Bit      = One Stop bit
        -Parity        = ODD parity
        -BaudRate      = 9600 baud
        -Hardware flow control disabled( RTS and CTS signals) */
    UartHandle. Instance           = USARTx;

    UartHandle. Init. BaudRate     = 9600;
    UartHandle. Init. WordLength   = UART_WORDLENGTH_8B;
    UartHandle. Init. StopBits     = UART_STOPBITS_1;
    UartHandle. Init. Parity       = UART_PARITY_ODD;
    UartHandle. Init. HwFlowCtl    = UART_HWCONTROL_NONE;
    UartHandle. Init. Mode         = UART_MODE_TX_RX;

    if( HAL_UART_Init( &UartHandle)! = HAL_OK)
    {
        /* Initialization Error */
        Error_Handler( );
```

```
}
/* ##-2-Start the transmission process ################################## */
/* User start transmission data through "TxBuffer" buffer */
if(HAL_UART_Transmit_DMA(&UartHandle,(uint8_t *)aTxBuffer,TXBUFFERSIZE)!=HAL_OK)
{
  /* Transfer error in transmission process */
  Error_Handler();
}


/* ##-3-Put UART peripheral in reception process ######################### */
/* Any data received will be stored in "RxBuffer" buffer:the number max of
    data received is 10 */
if(HAL_UART_Receive_DMA(&UartHandle,(uint8_t *)aRxBuffer,RXBUFFERSIZE)!=HAL_OK)
{
  /* Transfer error in reception process */
  Error_Handler();
}


/* ##-4-Wait for the end of the transfer ################################# */
/*   Before starting a new communication transfer,you need to check the current
     state of the peripheral;if it's busy you need to wait for the end of current
     transfer before starting a new one.
     For simplicity reasons,this example is just waiting till the end of the
     transfer,but application may perform other tasks while transfer operation
     is ongoing. */
while(HAL_UART_GetState(&UartHandle)!=HAL_UART_STATE_READY)
{
}


/* ##-5-Send the received Buffer ######################################### */
if(HAL_UART_Transmit_DMA(&UartHandle,(uint8_t *)aRxBuffer,RXBUFFERSIZE)!=HAL_OK)
{
  /* Transfer error in transmission process */
  Error_Handler();
}

/* ##-6-Wait for the end of the transfer ################################# */
/*   Before starting a new communication transfer,you need to check the current
     state of the peripheral;if it's busy you need to wait for the end of current
     transfer before starting a new one.
     For simplicity reasons,this example is just waiting till the end of the
     transfer,but application may perform other tasks while transfer operation
     is ongoing. */
```

```
while( HAL_UART_GetState( &UartHandle) ! = HAL_UART_STATE_READY)
{
}

/ * Infinite loop * /
while( 1)
{
}
}
```

阅读 main 函数源代码可以发现，本例程的实现过程和第 7 章介绍的例程 UART_TwoBoards_ComIT 的实现过程很相似：调用 HAL_Init 函数初始化系统、调用 SystemClock_Config 函数配置系统时钟、调用 BSP_LED_Init 函数初始化 LED2、调用 HAL_UART_Init 函数配置 UART。由 readme. txt 文档的提示可知，在函数 HAL_UART_Init 内部调用的函数 HAL_UART_MspInit 实现了 USART 所需硬件资源（CLOCK、GPIO、DMA 和 NVIC）的配置。而且该函数有两个定义，我们可以在 stm32f1xx_hal_msp. c 文件中找到该文件的重定义。DMA 配置相关的代码如下：

```
/ * ##-3-Configure the DMA ############################################## * /
/ * Configure the DMA handler for Transmission process * /
hdma_tx. Instance                  = USARTx_TX_DMA_CHANNEL;
hdma_tx. Init. Direction           = DMA_MEMORY_TO_PERIPH;
hdma_tx. Init. PeriphInc           = DMA_PINC_DISABLE;
hdma_tx. Init. MemInc              = DMA_MINC_ENABLE;
hdma_tx. Init. PeriphDataAlignment = DMA_PDATAALIGN_BYTE;
hdma_tx. Init. MemDataAlignment   = DMA_MDATAALIGN_BYTE;
hdma_tx. Init. Mode               = DMA_NORMAL;
hdma_tx. Init. Priority           = DMA_PRIORITY_LOW;

HAL_DMA_Init( &hdma_tx) ;

/ * Associate the initialized DMA handle to the UART handle * /
__HAL_LINKDMA( huart, hdmatx, hdma_tx) ;

/ * Configure the DMA handler for reception process * /
hdma_rx. Instance                  = USARTx_RX_DMA_CHANNEL;
hdma_rx. Init. Direction           = DMA_PERIPH_TO_MEMORY;
hdma_rx. Init. PeriphInc           = DMA_PINC_DISABLE;
hdma_rx. Init. MemInc              = DMA_MINC_ENABLE;
hdma_rx. Init. PeriphDataAlignment = DMA_PDATAALIGN_BYTE;
hdma_rx. Init. MemDataAlignment   = DMA_MDATAALIGN_BYTE;
hdma_rx. Init. Mode               = DMA_NORMAL;
hdma_rx. Init. Priority           = DMA_PRIORITY_HIGH;

HAL_DMA_Init( &hdma_rx) ;
```

阅读代码可知，最终两个 DMA 通道 hdam_tx、hdam_rx 都是通过函数 HAL_DMA_Init 实现的。进一步阅读 HAL_DMA_Init 函数可以发现，它主要是对 DMA_CCR 寄存器进行设置，我们可以借助 STM32F10×××参考手册 RM0008 的第 13.4.3 节 DMA channel x configuration register（DMA_CCRx）来了解 DMA 通道 x 配置寄存器，如图 8-4 所示。

31	30	29	28	27	26	25	24	23	22	21	20	19	18	17	16
							保 留								

15	14	13	12	11	10	9	8	7	6	5	4	3	2	1	0
--	MEM2MEM	PL[1:0]		MSIZE[1:0]		PSIZE[1:0]		MINC	PINC	CORC	DIR	TEIE	HTIE	TCIE	EN
	rw	rw	rw	rw	rw	rw	rw	rw	rw	rw	rw	rw	rw	rw	rw

数 据 位	描 述	操 作
31：15	保留，始终读为 0	
14	MEM2MEM：存储器到存储器模式（Memory to memory mode）	0：非存储器到存储模式； 1：启动存储器到存储器模式
13：12	PL [1：0]：通道优先级（Channel priority level）	00：低； 10：高； 01：中； 11：最高
11：10	MSIZE [1：0]：存储器数据宽度（Memory size）	00：8 位； 10：32 位； 01：16 位； 11：保留
9：8	PSIZE [1：0]：外设数据宽度（Peripheral size）这些位由软件设置和清除	00：8 位； 10：32 位； 01：16 位； 11：保留
7	MINC：存储器地址增量模式（Memory increment mode）	0：不执行存储器地址增量操作； 1：执行存储器地址增量操作
6	PINC：外设地址增量模式（Peripheral increment mode）	0：不执行外设地址增量操作； 1：执行外设地址增量操作
5	CIRC：循环模式（Circular mode），该位由软件设置和清零	0：不执行循环操作； 1：执行循环操作
4	DIR：数据传输方向（Data transfer direction）	0：从外设读 1：从存储器读
3	TEIE：允许传输错误中断（Transfer error interrupt enable）	0：禁止 TE 中断； 1：允许 TE 中断
2	HTIE：允许半传输中断（Half transfer interrupt enable）	0：禁止 HT 中断； 1：允许 HT 中断
1	TCIE：允许传输完成中断（Transfer complete interrupt enable）	0：禁止 TC 中断； 1：允许 TC 中断
0	EN：通道开启（Channel enable），该位由软件设置和清零	0：通道不工作； 1：通道开启

图 8-4　DMA_ CCRx 寄存器

这里主要配置 DMA 通道 x 配置寄存器 DMA_CCRx 的数据传输方向位 DIR、外设地址增量模式位 PINC（DMA_PINC_DISABLE 不执行外设地址增量操作）、存储器地址增量模式位 MINC（DMA_MINC_ENABLE 执行存储器地址增量操作）、外设数据宽度 PSIZE（DMA_PDATAALIGN_BYTE，8 位）、存储器数据宽度 MSIZE（DMA_MDATAALIGN_BYTE，8 位）、循环模式 CIRC（DMA_NORMAL 不执行循环操作）、通道优先级 PL，通过函数 HAL_UART_MspInit 中参数的赋值可以比较 USART 发送通道 USARTx_TX_DMA_CHANNEL 和 USART 接收通道 USARTx_RX_DMA_CHANNEL 的数据传输方向（DIR 位）和通道优先级位（PL）的设置的不同。

另外，两个例程最大的不同是串口收发数据的过程不同，本例程通过调用 HAL_UART_Transmit_DMA 函数实现串口发送、调用 HAL_UART_Receive_DMA 函数实现串口接收，另外调用 HAL_UART_GetStatc 函数判断通信是否结束。

有兴趣的读者可以研读 HAL_UART_Transmit_DMA 函数的实现过程：通过 MDK-ARM 的右键菜单跳转到其定义处，有两个调用函数值得分析，即 HAL_DMA_Start_IT、SET_BIT(huart→Instance→CR3,USART_CR3_DMAT)。其中，HAL_DAM_Start_IT 函数实现的是 DMA 通道的配置，而 SET_BIT 函数实现的是通过配置 USART_CR3 寄存器的 DMAT 位使能 DMA 发送。

进一步分析 HAL_DAM_Start_IT 的实现代码可以发现，DMA 通道传输数量、DMA 通道外设地址、DMA 通道存储器地址的配置是通过调用 DMA_SetConfig 函数实现的。另外，配置 DMA 通道 x 的配置寄存器 DMA_CCRx 的 HTIE 位（传输一半中断使能）、TCIE 位（传输完成中断使能）、TEIE 位（传输错误中断使能）和 EN 位（通道开启），可以实现相关中断的开启和 DMA 通道使能。注意，DMA_SetConfig 函数完成的仅仅是 DMA 通道的配置，实际的传输过程是从 HAL_UART_Transmit_DMA 函数中调用 SET_BIT 函数配置 USART_CR3 寄存器的 DMA 发送使能位（DMAT 位）开始的。

另外，在 HAL_UART_Transmit_DMA 函数中，有关传输完成回调函数的设置过程是 huart→hdmatx→XferCpltCallback = UART_DMATransmitCplt。注意，我们可以通过 MDK-ARM 的右键菜单找到 UART_DMATransmitCplt 函数的定义，其中的 "__HAL_UART_ENABLE_IT(huart,UART_IT_TC);" 语句通过配置 USART_CR1 寄存器的 TCIE（发送完成中断使能位）实现了串口发送完成中断使能的设置。正因有此设置，才有 DMA 通道数据传输完成后，触发串口发送完成中断，在中断相应函数 HAL_UART_IRQHandler 中调用 UART_EndTransmit_IT 函数。而在该函数中，通过语句 "huart->State = HAL_UART_STATE_READY;" 实现了 USART 通信状态的设置，这也正是 main 函数中调用另外一个函数 HAL_UART_GetState 对 USART 通信状态判断的依据。

以上只是通过研读 HAL_UART_Transmit_DMA 函数的实现代码，简单了解 USART 的 DMA 通信过程。若要具体学习 USART 的 DMA 通信过程，还应详细阅读 STM32F10×××参考手册 RM0008。例如，我们可以通过 13.3.7 节的 DMA request mapping（DMA 请求映像）了解 USART1_TX 使用的 DMA1 的通道 4，USART1_RX 使用的 DMA1 的通道 5 等，见表 8-1。

表 8-1 DMA1 各个通道请求一览表（部分）

外设	通道 1	通道 2	通道 3	通道 4	通道 5	通道 6	通道 7
ADC1	ADC1						
SPI/I²S		SPI1_RX	SPI1_TX	SPI/I²S2_RX	SPI/I²S2_TX		
USART		USART3_TX	USART3_RX	USART1_TX	USART1_RX	USART2_RX	USART2_TX

通过参考手册 RM0008 的 13.3.3 节 DMA channels 中的 Channel configuration procedure（通道配置过程）可以对函数 HAL_UART_Transmit_DMA 的实现过程有更清晰的认识：

☺ 在 DMA_CPARx 寄存器中设置外设寄存器的地址。当发生外设数据传输请求时，这个地址将是数据传输的源地址或目标地址。

☺ 在 DMA_CMARx 寄存器中设置数据存储器的地址。当发生外设数据传输请求时，传输的数据将从这个地址读出或写入这个地址。

☺ 在 DMA_CNDTRx 寄存器中设置要传输的数据量。在每个数据传输后，这个数值递减。

☺ 在 DMA_CCRx 寄存器的 PL[1:0]位中设置通道的优先级。
☺ 在 DMA_CCRx 寄存器中设置数据传输的方向、循环模式、外设和存储器的增量模式、外设和存储器的数据宽度、传输一半产生中断或传输完成产生中断。
☺ 设置 DMA_CCRx 寄存器的 ENABLE 位，启动该通道。

另外，还可以阅读 STM32F10××× 参考手册 RM0008 第 27.3.13 节 Continuous communication using DMA（利用 DMA 连续通信）中 Trasmission using DMA（利用 DMA 发送）的相关部分学习有关 USART 的 DMA 模式通信过程。

有关使用 DMA 实现 USART 连续发送，这里就介绍这么多，更多的内容读者可以阅读 STM32F10××× 参考手册学习。有关使用 DMA 实现 USART 连续接收的过程，读者可以参考我们对 main 函数中 HAL_UART_Transmit_DMA 函数的分析过程，分析 HAL_UART_Receive_DMA 函数，当然也要借助 STM32F10××× 参考手册的相关章节。

有关例程的源代码就暂时分析到这里，读者可以结合例程说明文档 readme.txt 和 STM32F10××× 参考手册的第 13 章 Direct memory access controller 和第 27 章 Universal synchronous asynchronous receiver transmitter（USART）进行学习。

8.2.3 重建例程

我们已通过例程说明文档 readme.txt 和 main 函数的源代码对例程的实现过程有所了解，接下来就使用 STM32CubeMX 生成一个工程。

（1）新建文件夹：在 E:\KeilMDK 文件夹下新建 DMA 文件夹。

（2）新建 STM32CubeMX 工程，选择"Start My Project from MCU"。

（3）选择微控制器：如图 8-5 所示，选择 Series 为 STM32F1、Line 为 STM32F103、Package 为 LQFP64，最后在 MCUs List 列表中选择微控制器 STM32F103RBTx。

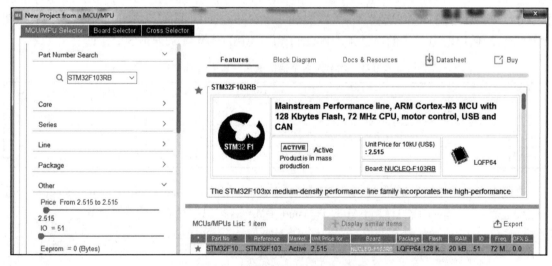

图 8-5　选择微控制器 STM32F103RBTx

（4）配置 MCU 引脚：配置工程的微控制器引脚，首先应知道工程中要用到哪些外设。通过前面的学习可知，在本工程中 LED2 连接 GPIO 的 PA05 引脚，USART1 与 PC 通信。因而这里要配置 PA5 的工作模式为 GPIO_Output，如图 8-6 所示；在左侧的 Connectivity 列表中选择

USART1, 配置其工作模式 Mode 为 Asynchronous、硬件控制流 Hardware Flow Control（RS232）
为 Disable。

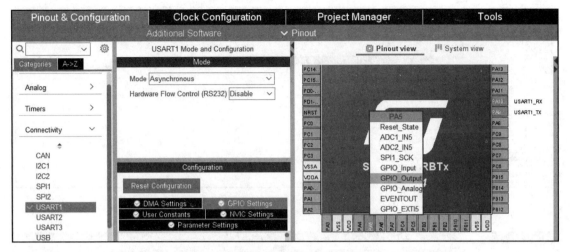

图 8-6　配置 MCU 引脚

（5）保存 STM32CubeMX 工程：将工程保存在 DMA 文件夹中，将其命名为 MyUART_DMA。

（6）生成报告。

（7）配置 MCU 时钟树：结合例程说明文档 readme.txt 的描述，配置系统时钟 System Clock
的时钟源为 PLLCLK，配置 PLLMul 为 x16，最终配置 HCLK 为 64MHz；设置 APB1 Prescaler 为
/2，PCLK1 为 32，如图 8-7 所示。

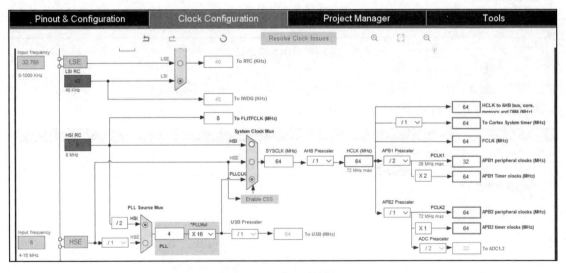

图 8-7　配置时钟树

（8）配置 MCU 外设：在 STM32CubeMX 主窗口的"Pinout & Configuration"标签页，有 4 个
外设需要设置：USART1、DMA、GPIO 和 NVIC。外设 USART1 的配置如图 8-8 所示（采用默认
配置）。

有关 DMA 的配置，我们在"DMA Settings"标签页中单击"Add"按钮，添加两个 DMA
通道：USART1_RX、USART1_TX，其设置如图 8-9 所示。

图 8-8　配置 USART1

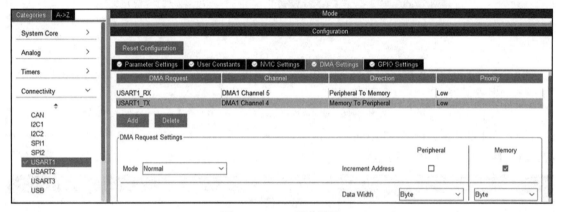

图 8-9　DMA 通道设置

有关 GPIO 的配置，我们可以在 Gategories 列表中选择 System Core 的子菜单 GPIO，将 PA5 命名为 LED2，具体设置如图 8-10 所示。

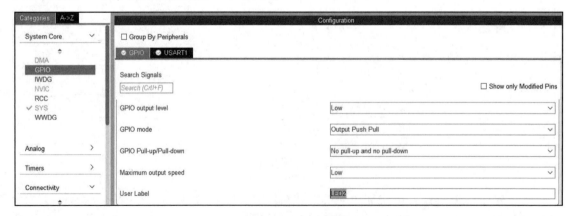

图 8-10　GPIO 配置

有关 NVIC 的配置，重点是配置 System Tick Timer、DMA1 channel4、DMA1 channel5、USART1 等中断的抢占优先级（Preemption priority），具体设置如图 8-11 所示。

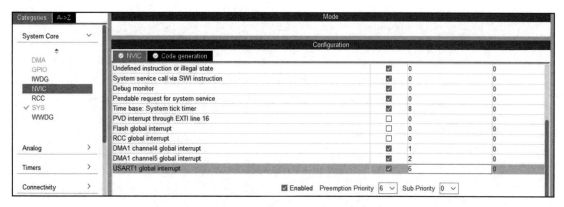

图 8-11　NVIC 配置

（9）生成 C 代码工程：如图 8-12 所示，选择 "Project Manager" 标签页，选择开发工具 MDK-ARM、软件版本：V5.27 等。

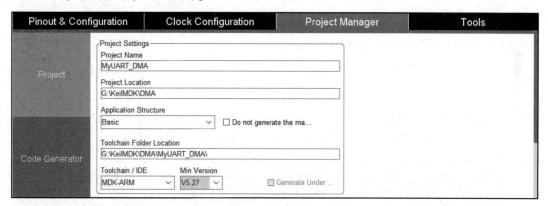

图 8-12　配置工程

配置工程后，执行菜单命令 "Project" → "Generate source code based on user settings"，生成 C 代码工程，并在 MDK-ARM 中打开该工程。

（10）编译工程。

（11）补充完善代码：参考例程，将新建工程的 main. c 文件丰富起来，以实现例程具备的功能。

☺ 定义全集变量：在 main. c 文件的/ * USER CODE BEGIN PV * /与/ * USER CODE END PV * /之间定义发送数组和接收数组。

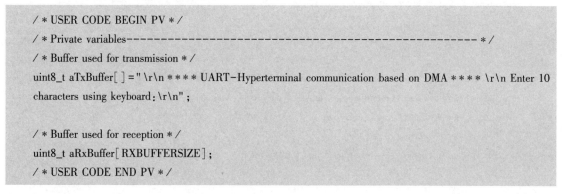

```
/ * USER CODE BEGIN PV * /
/ * Private variables------------------------------------------------------------- * /
/ * Buffer used for transmission * /
uint8_t aTxBuffer[ ] = " \r\n * * * * UART-Hyperterminal communication based on DMA * * * * \r\n Enter 10
characters using keyboard：\r\n" ;

/ * Buffer used for reception * /
uint8_t aRxBuffer[ RXBUFFERSIZE ] ;
/ * USER CODE END PV * /
```

> **【注意】** 修改发送数组中的 "\n\r" 为 "\r\n"。另外，定义接收数组时，宏定义 RXBUFFERSIZE 提示未定义，须要参考例程，在 main.h 头文件中定义。

☺ 定义宏定义 RXBUFFERSIZE：在头文件 main.h 的 /* USER CODE BEGIN Private defines */ 处定义发送、接收数组大小的宏定义 TXBUFFERSIZE、RXBUFFERSIZE。

```
/* USER CODE BEGIN Private defines */
/* Size of Trasmission buffer */
#define TXBUFFERSIZE                        (COUNTOF(aTxBuffer)-1)

/* Size of Reception buffer */
#define RXBUFFERSIZE                10

/* Exported macro------------------------------------------------------------ */
#define COUNTOF(__BUFFER__)  (sizeof(__BUFFER__)/sizeof(*(__BUFFER__)))
/* Exported functions-------------------------------------------------------- */

/* USER CODE END Private defines */
```

☺ 补充 DMA 收发过程代码：在 main.c 的 main 函数的 /* USER CODE BEGIN 2 */ 与 /* USER CODE END 2 */ 之间补充实现 DMA 串口通信的代码：

```
/* USER CODE BEGIN 2 */
/* ##-2-Start the transmission process ################################### */
/* User start transmission data through "TxBuffer" buffer */
if(HAL_UART_Transmit_DMA(&huart1,(uint8_t *)aTxBuffer,TXBUFFERSIZE)!=HAL_OK)
{
    /* Transfer error in transmission process */
    Error_Handler();
}

/* ##-3-Put UART peripheral in reception process ######################### */
/* Any data received will be stored in "RxBuffer" buffer:the number max of
   data received is 10 */
if(HAL_UART_Receive_DMA(&huart1,(uint8_t *)aRxBuffer,RXBUFFERSIZE)!=HAL_OK)
{
    /* Transfer error in reception process */
    Error_Handler();
}

/* ##-4-Wait for the end of the transfer ################################# */
/*  Before starting a new communication transfer,you need to check the current
    state of the peripheral;if it's busy you need to wait for the end of current
    transfer before starting a new one.
    For simplicity reasons,this example is just waiting till the end of the
```

```
      transfer,but application may perform other tasks while transfer operation
      is ongoing. */
while(HAL_UART_GetState(&huart1)! = HAL_UART_STATE_READY)
{
}

/* ##-5-Send the received Buffer ########################################## */
if(HAL_UART_Transmit_DMA(&huart1,(uint8_t *)aRxBuffer,RXBUFFERSIZE)! = HAL_OK)
{
  /* Transfer error in transmission process */
  Error_Handler();
}

/* ##-6-Wait for the end of the transfer ################################# */
/*    Before starting a new communication transfer,you need to check the current
      state of the peripheral;if it's busy you need to wait for the end of current
      transfer before starting a new one.
      For simplicity reasons,this example is just waiting till the end of the
      transfer,but application may perform other tasks while transfer operation
      is ongoing. */
while(HAL_UART_GetState(&huart1)! = HAL_UART_STATE_READY)
{
}
/* USER CODE END 2 */
```

【注意】修改 HAL_UART_Transmit_DMA、HAL_UART_Receive_DMA、HAL_UART_
GetState 等函数的参数 UartHandle 为 huart1，与 main 函数开始处全局变量的定义保持一致。

☺修改 Error_Handler 函数：修改 main. c 文件中的 Error_Handler 函数，补充 LED 闪烁部
　　分代码。

```
void Error_Handler(void)
{
  /* USER CODE BEGIN Error_Handler */
  /* User can add his own implementation to report the HAL error return state */
  /* Toogle LED2 for error */
  while(1)
  {
    HAL_GPIO_TogglePin(LED2_GPIO_Port,LED2_Pin);
    HAL_Delay(1000);
  }
  /* USER CODE END Error_Handler */
}
```

【注意】修改 BSP_LED_Toggle 函数为 HAL_GPIO_TogglePin 函数。

☺补充回调函数：在 main. c 文件的/＊USER CODE BEGIN 4＊/与/＊USER CODE END 4＊/之间补充中断回调函数。

```
/* USER CODE BEGIN 4 */
/**
  * @brief   Tx Transfer completed callback
  * @param   huart:UART handle.
  * @note    This example shows a simple way to report end of DMA Tx transfer,and
  *             you can add your own implementation.
  * @retval None
  */
void HAL_UART_TxCpltCallback(UART_HandleTypeDef * huart)
{
  /* Toogle LED2:Transfer in transmission process is correct */
  HAL_GPIO_WritePin(LED2_GPIO_Port,LED2_Pin,GPIO_PIN_SET);
}


/**
  * @brief   Rx Transfer completed callback
  * @param   huart:UART handle
  * @note    This example shows a simple way to report end of DMA Rx transfer,and
  *             you can add your own implementation.
  * @retval None
  */
void HAL_UART_RxCpltCallback(UART_HandleTypeDef * huart)
{
  /* Turn LED2 on:Transfer in reception process is correct */
  HAL_GPIO_WritePin(LED2_GPIO_Port,LED2_Pin,GPIO_PIN_SET);
}


/**
  * @brief   UART error callbacks
  * @param   huart:UART handle
  * @note    This example shows a simple way to report transfer error,and you can
  *             add your own implementation.
  * @retval None
  */
void HAL_UART_ErrorCallback(UART_HandleTypeDef * huart)
{
  /* Turn LED2 off:Transfer error in reception/transmission process */
  HAL_GPIO_WritePin(LED2_GPIO_Port,LED2_Pin,GPIO_PIN_RESET);
}

/* USER CODE END 4 */
```

【注意】修改例程中的 BSP_LED_On 函数和 BSP_LED_Off 函数为 HAL_GPIO_WritePin 函数。

（12）重新编译工程：完成新建工程代码的补充后，重新编译工程，下载工程到开发板。参考 8.2.1 节中例程 UART_HyperTerminal_DMA 的实验过程，通过 USB 转串口模块连接开发板和 PC，通过串口调试助手测试程序。

【注意】我们在新建工程中设置的串口波特率为 115200bit/s，这是和例程不同的地方，测试过程中要在串口调试助手中设置对应的参数。

除了例程 UART_HyperTerminal_DMA，STM32CubeF1 软件包针对 USART 还提供了另一个有关 DMA 通信的例程 UART_TwoBoards_ComDMA，读者可以仿照我们学习例程 UART_HyperTerminal_DMA 的过程进行学习。最后，读者可以结合 STM32F10×××参考手册的第 13 章和第 27 章，系统了解有关 DMA 控制器和 USART 利用 DMA 实现连续通信的内容。

思考与练习

（1）通过 STM32CubeF1 用户手册 UM1850 复习 DMA 相关的驱动函数。

（2）复习 STM32F10×××参考手册 RM0008 的第 13、27 章中与 DMA、USART 相关内容。

（3）尝试分析 STM32CubeF1 软件包提供的例程 UART_TwoBoards_ComDMA。

第 9 章　完美定时器

STM32F1 系列单片机提供了大量的定时器：2 个基本定时器（TIM6 和 TIM7）、4 个通用定时器（TIM2 ～ TIM5）、2 个高级控制定时器（TIM1 和 TIM8）、4 个特定功能定时器（SysTick、IWDG、WWDG、RTC），累计有 12 个之多。另外，在超大容量系列产品（STM32F103×F、STM32F103×G）中又增加了 5 个通用定时器（TIM9 ～ TIM14）。

定时器、通用 I/O、外部中断、UART 这 4 种功能是单片机最初所具备的功能，在 51 单片机（AT89C51）的时代，这几种功能就具备了。其中，通用 I/O 是最基本、最易操作的功能；而 UART 是与外界通信的基础；定时器、外部中断是单片机实现多任务的核心，也是嵌入式程序设计的精华所在，不过难度也是最大的。仅基本定时器、通用定时器、高级控制定时器，在 STM32F10×××参考手册中就用了 3 章上百页的篇幅来介绍。另外，在 STM32CubeF1 软件包的例程中，也用了 5 个例程来讲解如何应用定时器。由此可见，定时器在 STM32 中具有的重要作用。

3 种定时器功能项的比较见表 9-1。

表 9-1　3 种定时器功能项比较

定时器功能项		基本定时器	通用定时器	高级控制定时器
		TIM6、TIM7	TIM2 ～ TIM5	TIM1、TIM8
16 位向上、向下、向上/向下自动装载计数器		☆	★	★
16 位可编程预分频器		★	★	★
4 个独立通道（输入捕获、输出比较、PWM 生成、单脉冲模式输出）			★	★
使用外部信号控制定时器与定时器互连的同步电路		☆	★	★
如下事件发生时产生中断/DMA	更新：计数器向上/向下溢出，计数器初始化	☆	★	★
	触发事件、输入捕获、输出比较		★	★
	刹车信号输入			★
支持针对定位的增量（正交）编码器和霍尔传感器电路			★	★
触发输入作为外部时钟或按周期的电流管理			★	★
死区时间可编程的互补输出				★
允许在指定数目的计数器周期之后更新定时器寄存器的重复计数				★
刹车输入信号可以将定时器输出信号置于复位状态或一个已知状态				★

注：★表示具备该功能项；☆表示具备该功能项的部分功能。

通过表 9-1 可以发现，其实通用定时器和高级控制定时器的功能项很接近，只是高级控制定时器针对电动机控制增加了一些功能（刹车信号输入、死区时间可编程的互补输出等）；基本定时器又是 3 种定时器中功能最简单的定时器。阅读 STM32F10×××参考手册时，应从最简单的基本定时器去理解其工作原理，而在使用时，只要掌握了一个定时器的使用方法，其他定时器就可以类推了。因此，在 STM32CubeF1 软件包的例程中也主要是以通用定时器为例来介绍的。

下面，我们先通过基本定时器框图（如图 9-1 所示）来学习定时器的工作原理。

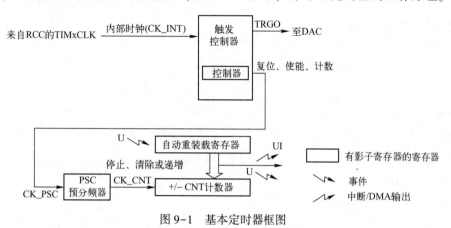

图 9-1　基本定时器框图

通过图 9-1 可以发现，定时器的工作原理是：通过控制寄存器实现定时器使能后，时钟源通过预分频器分频后驱动计数器，计数器具有重装载寄存器。另外，基本定时器还可以为数/模转换器（DAC）提供时钟，在溢出事件时产生 DMA 请求等。

9.1　例程 TIM_TimeBase

接下来我们就通过 STM32CubeF1 软件包中的例程 TIM_TimeBase 来学习 STM32 的通用定时器是如何实现精确到 1s 的定时并产生相应中断的。该例程的保存路径是 STM32Cube_FW_F1_V1. 8. 0\Projects\STM32F103RB-Nucleo\Examples\TIM\TIM_TimeBase。

9.1.1　例程介绍

在开发环境 MDK-ARM 中通过菜单命令 "Project" → "Open project" 打开工程所在目录下 MDK-ARM 文件夹中的工程文件 Project. uvprojx，然后在工程列表中打开 Doc 文件夹下的说明文档 readme. txt：

@ par Example Description

This example shows how to configure the TIM peripheral to generate a time base of one second with the corresponding Interrupt request.

In this example TIM3 input clock(TIM3CLK)　is set to APB1 clock(PCLK1)x2,
since APB1 prescaler is set to 4(0x100).
　　TIM3CLK=PCLK1 * 2
　　PCLK1　　=HCLK/2

=>TIM3CLK = PCLK1 * 2 = (HCLK/2) * 2 = HCLK = SystemCoreClock

To get TIM3 counter clock at 10 KHz, the Prescaler is computed as following:

Prescaler = (TIM3CLK/TIM3 counter clock) - 1

Prescaler = (SystemCoreClock /10KHz) - 1

SystemCoreClock is set to 64MHz for STM32F1xx Devices.

The TIM3 ARR register value is equal to 10000-1,

Update rate = TIM3 counter clock/(Period+1) = 1Hz,

So the TIM3 generates an interrupt each 1 s

When the counter value reaches the auto-reload register value, the TIM update
interrupt is generated and, in the handler routine, pin PA.05 pin(pin 11 in CN10 connector)
(connected to LED2 on board STM32F103RB-Nucleo) is toggled at the following frequency:0.5Hz.

@ note Care must be taken when using HAL_Delay(), this function provides accurate delay
(in milliseconds) based on variable incremented in SysTick ISR. This implies that if
HAL_Delay() is called from a peripheral ISR process, then the SysTick interrupt must have
higher priority(numerically lower) than the peripheral interrupt. Otherwise the caller ISR
process will be blocked.
To change the SysTick interrupt priority you have to use HAL_NVIC_SetPriority() function.

@ note The application need to ensure that the SysTick time base is always set to 1 millisecond
        to have correct HAL operation.

@ par Directory contents
  -TIM/TIM_TimeBase/Inc/stm32f1xx_hal_conf. h   HAL configuration file
  -TIM/TIM_TimeBase/Inc/stm32f1xx_it. h   Interrupt handlers header file
  -TIM/TIM_TimeBase/Inc/main. h   Header for main. c module
  -TIM/TIM_TimeBase/Src/stm32f1xx_it. c   Interrupt handlers
  -TIM/TIM_TimeBase/Src/main. c   Main program
  -TIM/TIM_TimeBase/Src/stm32f1xx_hal_msp. c   HAL MSP file
  -TIM/TIM_TimeBase/Src/system_stm32f1xx. c   STM32F1xx system source file

@ par Hardware and Software environment
  -This example runs on STM32F103RB devices.
  -In this example, the clock is set to 64MHz.

  -This example has been tested with STMicroelectronics STM32F103RB-Nucleo
    board and can be easily tailored to any other supported device
    and development board.

  -STM32F103RB-Nucleo Set-up
    -Use LED2 connected to PA.05 pin(pin 11 in CN10 connector)pin and connect them
      on an oscilloscope to show the Time Base signal.

@ par How to use it ?

In order to make the program work，you must do the following：

-Open your preferred toolchain

-Rebuild all files and load your image into target memory

-Run the example

　　readme. txt 文档描述了例程的功能：演示如何配置定时器（TIM3）产生精确到 1s 的时基，并产生相应的中断。该文档还详细描述了定时器配置的原理及实现过程：在函数 SystemClock_Config 中，配置 APB1 预分频器为 4（即 100b），从而实现 APB1 时钟的预分频系数为 1/2。该设置也导致了 TIM3 的输入时钟 TIM3CLK 为 APB1 时钟（PCLK1）的 2 倍，从而推导出 TIM3CLK＝PCLK1×2＝（HCLK/2）×2＝HCLK＝SystemCoreClock。要理解这一过程，还应参考 STM32 微控制器的时钟树。TIM3 的时钟源如图 9-2 所示。

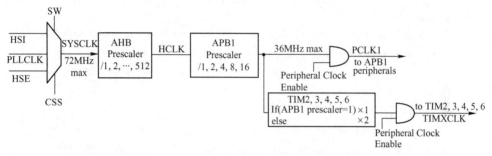

图 9-2　TIM3 时钟源

　　接下来，readme. txt 介绍了要实现 TIM3 的 10kHz 时钟频率，其预分频器 Prescaler 的设置理论基础 Prescaler＝（TIM3CLK/TIM3 counter clock）-1，也就是（SystemCoreClock/10kHz）-1；然后，文档讲解了 TIM3 自动重装载寄存器 TIM3_ARR 的配置原理。另外，readme. txt 文档也描述了例程在 Nucleo-F103RB 开发板上实现的运行现象，即 LED2 以 0.5Hz 的频率闪烁。

　　根据 readme. txt 文档对例程的描述，我们可以在 MDK-ARM 开发环境中编译例程、下载例程到开发板，按开发板上的复位键（黑色按键）运行例程，观察其运行状态是否与 readme. txt 文档的描述一致。

9.1.2　分析例程

1. main 函数

首先整体看一下 main 函数的实现过程：

```
int main( void)
{
  / * STM32F103xB HAL library initialization   * /
  HAL_Init( );

  / * Configure the system clock to 64MHz * /
  SystemClock_Config( );

  / * Configure LED2 * /
```

```
BSP_LED_Init( LED2) ;

/ * ##-1-Configurethe TIM peripheral ################################### * /
/ * -------------------------------------------------------
  In this example TIM3 input clock( TIM3CLK)    is set to APB1 clock( PCLK1) x2,
  since APB1 prescaler is set to 4( 0x100) .
     TIM3CLK = PCLK1 * 2
     PCLK1    = HCLK/2
   => TIM3CLK = PCLK1 * 2 = ( HCLK/2) * 2 = HCLK = SystemCoreClock
  To get TIM3 counter clock at 10KHz, the Prescaler is computed as following:
  Prescaler = ( TIM3CLK/TIM3 counter clock) -1
  Prescaler = ( SystemCoreClock /10KHz) -1

  Note:
  SystemCoreClock variable holds HCLK frequency and is defined in system_stm32f1xx. c file.
  Each time the core clock( HCLK) changes, user had to update SystemCoreClock
  variable value. Otherwise, any configuration based on this variable will be incorrect.
  This variable is updated in three ways:
     1) by calling CMSIS function SystemCoreClockUpdate( )
     2) by calling HAL API function HAL_RCC_GetSysClockFreq( )
     3) each time HAL_RCC_ClockConfig( ) is called to configure the system clock frequency
  ------------------------------------------------------------- * /

/ * Compute the prescaler value to have TIMx counter clock equal to 10000 Hz * /
uwPrescalerValue = ( uint32_t) ( SystemCoreClock/10000) -1;

/ * Set TIMx instance * /
TimHandle. Instance = TIMx;

/ * Initialize TIMx peripheral as follows:
     +Period = 10000-1
     +Prescaler = ( SystemCoreClock/10000) -1
     +ClockDivision = 0
     +Counter direction = Up
 * /
TimHandle. Init. Period              = 10000-1;
TimHandle. Init. Prescaler           = uwPrescalerValue;
TimHandle. Init. ClockDivision       = 0;
TimHandle. Init. CounterMode         = TIM_COUNTERMODE_UP;
TimHandle. Init. RepetitionCounter   = 0;

if( HAL_TIM_Base_Init( &TimHandle) ! = HAL_OK)
{
  / * Initialization Error * /
```

```
        Error_Handler( );
    }

    / * ##-2-Start the TIM Base generation in interrupt mode ################### * /
    / * Start Channel1 * /
    if( HAL_TIM_Base_Start_IT(&TimHandle)!=HAL_OK)
    {
        / * Starting Error * /
        Error_Handler( );
    }

    while(1)
    {
    }
}
```

例程中系统初始化的过程与前面介绍的几个例程是一样的，即调用 HAL_Init 函数初始化系统，调用 SystemClock_Config 配置系统时钟，调用 BSP_LED_Init 函数配置 LED。定时器在 main 函数中主要用到两个函数：HAL_TIM_Base_Init、HAL_TIM_Base_Start_IT，下面我们就重点分析这两个函数。

2. 配置定时器 HAL_TIM_Base_Init

有关定时器 TIM3 的配置参数的计算方法，在 main 函数和 readme. txt 文档中都给出了详细的注释：

```
/ * ##-1-Configure the TIM peripheral ################################### * /
/ * -----------------------------------------------------
    In this example TIM3 input clock(TIM3CLK)   is set to APB1 clock(PCLK1)x2,
    since APB1 prescaler is set to 4(0x100).
        TIM3CLK=PCLK1 * 2
        PCLK1   =HCLK/2
    =>TIM3CLK=PCLK1 * 2=(HCLK/2) * 2=HCLK=SystemCoreClock
    To get TIM3 counter clock at 10KHz, the Prescaler is computed as following:
    Prescaler=(TIM3CLK/TIM3 counter clock)-1
    Prescaler=(SystemCoreClock /10 KHz)-1
```

这是定时器 TIM3 预分频器 Prescaler 的设置理论基础，其前提是 APB1 的预分频系数是 1/2，最终 TIM3CLK=SystemCoreClock。这样配置，我们可以得到频率为 10kHz 的 TIM3 计数器时钟（TIM3 counter clock），因而 main 函数是通过以下两条语句实现的：

```
/ * Compute the prescaler value to have TIMx counter clock equal to 10000Hz * /
uwPrescalerValue=(uint32_t)(SystemCoreClock/10000)-1;
TimHandle. Init. Prescaler        =uwPrescalerValue;
```

接下来是 TIM3 溢出周期（Period）的配置。由于 TIM3 的计数器时钟是 10kHz 的，要得到周期为 1s 的定时器计数溢出，就要设定 Period 的值为 10000-1。这是因为 TIM3 的计数方式是向上计数模式（TIM_COUNTERMODE_UP），计数器从 0 向上计数，每个计数器时钟到来，计数器的值加 1，当达到设定的 Period 值时产生溢出事件。因为计数器是从 0 开始计数的，所以要设定的值是 10000-1，而不是 10000。

　　以上是结构体 TimHandle. Init 的 3 个参数 Prescaler（预分频系数）、Period（溢出周期）、CounterMode（计数模式）的简单介绍。接下来我们通过 MDK-ARM 的右键菜单查看 HAL_TIM_Base_Init 函数的实现过程。在该函数内部，主要通过函数 HAL_TIM_Base_MspInit、TIM_Base_SetConfig 实现定时器的配置。HAL_TIM_Base_MspInit 函数主要实现的是 TIM3 外设时钟使能，以及 TIM3 溢出中断优先级的配置（该函数在 stm32f1xx_hal_msp. c 文件中有其重定义）。TIM_Base_SetConfig 函数才是真正配置 TIM3 寄存器的过程，我们可以通过 MDK-ARM 右键菜单查看该函数。

3. TIM_Base_SetConfig 函数

　　函数 TIM_Base_SetConfig 定义在 stm32f1xx_hal_tim. c 文件中：

```
/**
  * @ brief   Time Base configuration
  * @ param   TIMx:TIM periheral
  * @ param   Structure:TIM Base configuration structure
  * @ retval None
  */
void TIM_Base_SetConfig(TIM_TypeDef * TIMx, TIM_Base_InitTypeDef * Structure)
{
  uint32_t tmpcr1 = 0;
  tmpcr1 = TIMx->CR1;

  /* Set TIM Time Base Unit parameters --------------------------------- */
  if(IS_TIM_COUNTER_MODE_SELECT_INSTANCE(TIMx))
  {
    /* Select the Counter Mode */
    tmpcr1 & = ~(TIM_CR1_DIR  |  TIM_CR1_CMS);
    tmpcr1  | = Structure->CounterMode;
  }

  if(IS_TIM_CLOCK_DIVISION_INSTANCE(TIMx))
  {
    /* Set the clock division */
    tmpcr1 & = ~ TIM_CR1_CKD;
    tmpcr1  | = (uint32_t)Structure->ClockDivision;
  }

  TIMx->CR1 = tmpcr1;

  /* Set the Autoreload value */
  TIMx->ARR = (uint32_t)Structure->Period;
```

```
/ * Set the Prescaler value * /
TIMx->PSC = (uint32_t)Structure->Prescaler;

if(IS_TIM_REPETITION_COUNTER_INSTANCE(TIMx))
{
    / * Set the Repetition Counter value * /
    TIMx->RCR = Structure->RepetitionCounter;
}

/ * Generate an update event to reload the Prescaler
    and the repetition counter(only for TIM1 and TIM8)value immediatly * /
TIMx->EGR = TIM_EGR_UG;
}
```

阅读代码可以发现，这里主要涉及定时器 TIM3 的 5 个寄存器：TIM3_CR1（控制寄存器1）、TIM3_ARR（自动重装载寄存器）、TIM3_PSC（预分频器）、TIM3_RCR（重复计数寄存器）、TIM3_EGR（事件产生寄存器）。TIM3_ARR 设置的就是 main 函数中设定的参数 Period（即1000-1）；TIM3_PSE 就是预分频系数 Prescaler，即（SystemCoreClock/10000）-1；TIM3_RCR 是高级定时器（TIM1）的特有寄存器；设置 TIM3_EGR 是为了重新初始化计数器。相关的几个寄存器我们可以通过 STM32F10××× 参考手册 RM0008 的 15.4 节 TIM2 to TIM5 registers 来学习，这里重点介绍一下控制寄存器 1（TIM3_CR1），如图 9-3 所示。

15	14	13	12	11	10	9	8	7	6	5	4	3	2	1	0
保		留				CKD[1:0]		ARPE	CMS[1:0]		DIR	OPM	URS	UDSI	CEN
rw	rw	rw	rw	rw	rw	rw	rw	rw	rw	rw	r w	rw	rw	rw	rw

数 据 位	描 述
9:8	CKD[1:0]：时钟分频因子（Clock Division） 00：$t_{DTS}=t_{CK\_INT}$；　　01：$t_{DTS}=2t_{CK\_INT}$； 10：$t_{DTS}=4t_{CK\_INT}$；　　11：保留
7	ARPE：自动重装载预装载允许位（Auto-Reload Preload Enable） 0：TIMx_ARR 寄存器没有缓冲； 1：TIMx_ARR 寄存器被装入缓冲器
6:5	CMS[1:0]：选择中央对齐模式（Center-aligned Mode Selection） 00：边沿对齐模式；　　01：中央对齐模式1； 10：中央对齐模式2；　　11：中央对齐模式3
4	DIR：方向（Direction） 0：计数器向上计数；　　1：计数器向下计数
3	OPM：单脉冲模式（One Pulse Mode） 0：在发生更新事件时，计数器不停止； 1：在发生下一次更新事件（清除 CEN 位）时，计数器停止
2	URS：更新请求源（Update Request Source）
1	UDIS：禁止更新（Update Disable）
0	CEN：使能计数器 0：禁止计数器；　　1：使能计数器。 注：在软件设置了 CEN 位后，外部时钟、门控模式和编码器模式才能工作。触发模式可以自动通过硬件设置 CEN 位。在单脉冲模式下，当发生更新事件时，CEN 被自动清除

图 9-3　TIM3_CR1

这里设置的时钟分频因子 CKD 为 00，即不分频；计数方向 DIR 为向上计数，选择中央对齐模式为边沿对齐模式。具体传入参数还要看 main 函数中相关结构体变量的赋值过程。

以上是对 HAL_TIM_Base_Init 具体配置过程的简单介绍，具体到 TIM3 计数器模式的工作原理，我们可以借助 STM32F10××× 参考手册 RM0008 的 15.3.1 节 Time-base unit（时基单元）、15.3.2 节 Counter modes（计数器模式）、15.3.3 节 Clock selection（时钟选择）来理解。

4. HAL_TIM_Base_Start_IT 函数

通过 MDK-ARM 的右键菜单可以查看 HAL_TIM_Base_Start_IT 的定义。

```
/ * *
  * @ brief   Starts the TIM Base generation in interrupt mode.
  * @ param   htim:TIM handle
  * @ retval HAL status
*/
HAL_StatusTypeDef HAL_TIM_Base_Start_IT( TIM_HandleTypeDef * htim)
{
  / * Check the parameters */
  assert_param( IS_TIM_INSTANCE( htim->Instance) );

  / * Enable the TIM Update interrupt */
  __HAL_TIM_ENABLE_IT( htim, TIM_IT_UPDATE);

  / * Enable the Peripheral */
  __HAL_TIM_ENABLE( htim);

  / * Return function status */
  return HAL_OK;
}
```

HAL_TIM_Base_Start_IT 函数的实现过程比较简单，主要是调用 __HAL_TIM_ENABLE_IT 函数，通过设置中断使能寄存器 TIM3_DIER 的更新中断使能位 UIE（Update interrupt enable）实现定时器更新中断使能；然后调用 __HAL_TIM_ENABLE，通过配置控制寄存器 1（TIM3_CR1）的计数器使能位（CEN）开始计数器计数。

5. 中断回调函数 HAL_TIM_PeriodElapsedCallback

定时器 TIM3 计数溢出参数中断，触发 stm32f1xx_it.c 文件中的 TIMx_IRQHandler 函数，在该函数内部调用 HAL_TIM_IRQHandler 函数，在函数 HAL_TIM_IRQHandler 内部调用 HAL_TIM_PeriodElapsedCallback 函数。其实，在 stm32f1xx_hal_tim.c 文件中有 HAL_TIM_PeriodElapsedCallback 的定义（使用 __weak 关键字模式），在 main.c 文件中该函数的重定义为：

```
/ * *
  * @ brief   Period elapsed callback in non blocking mode
  * @ param   htim:TIM handle
  * @ retval None
```

```
            */
void HAL_TIM_PeriodElapsedCallback( TIM_HandleTypeDef * htim )
{
    BSP_LED_Toggle( LED2 );
}
```

由代码可知，这里主要实现 LED 的状态翻转，即每 1s 实现一次定时器中断，在中断函数中翻转连接 LED 的 PA.05 引脚的状态，从而实现 LED 以 0.5Hz 的频率闪烁。

9.1.3　重建例程

1. 新建工程

（1）新建文件夹：在 E:\KeilMDK 文件夹下新建 TIM 文件夹。

（2）新建 STM32CubeMX 工程，选择"Start My project from MCU"。

（3）选择微控制器：如图 9-4 所示，选择 Series 为 STM32F1、Lines 为 STM32F103、Package 为 LQFP64，最后在 MCUs List 列表中选择微控制器 STM32F103RBTx。

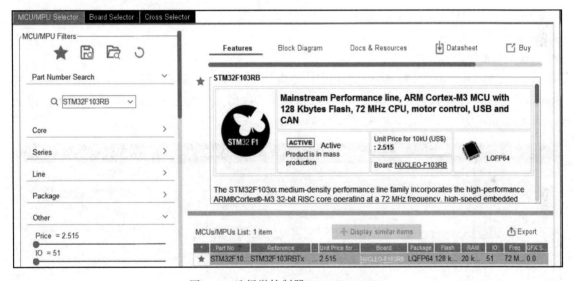

图 9-4　选择微控制器 STM32F103RBTx

（4）配置 MCU 引脚：在本工程中将要用 LED2 连接 GPIO 的 PA05 引脚，用到 TIM3 的计数器模式。如图 9-5 所示，配置 PA5 的工作模式为 GPIO_Output，在左侧的 Categories/Timers 列表中选择 TIM3，配置其 Clock Source（时钟源）为 Internal Clock（内部时钟），其他项按默认配置。

有关定时器的配置项比较多，这里我们仅配置了 Clock Source 这一个选项，若要了解其他选项的功能，还要借助 STM32F10×××参考手册 RM0008 的第 15.3 节 TIMx functional description（TIMx 功能描述）深入学习。例如，有关 Slave Mode（从模式）的设置选项可以参考第 15.3.14 节 Timers and external trigger synchronization（定时器和外部触发的同步）的 External Clock Mode（外部时钟模式）、Reset Mode（复位模式）、Gated Mode（门控模式）、Trigger Mode（触发模式）。

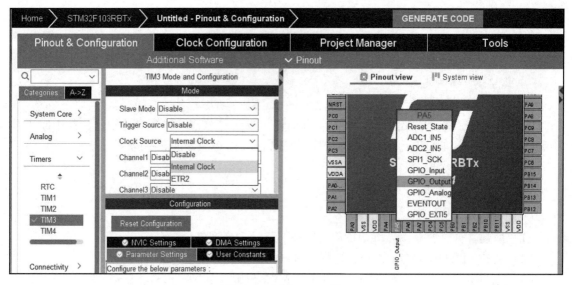

图 9-5　配置 MCU 引脚

（5）保存 STM32CubeMX 工程：可以将工程保存在 TIM 文件夹中，将其命名为 MyTimeBase。

（6）生成报告。

（7）配置 MCU 时钟树：结合例程说明文档 readme.txt 的描述，我们可以配置系统时钟 System Clock 的时钟源为 PLLCLK，配置 PLLMul 为 x16，最终配置 HCLK 为 64MHz；设置 APB1 Prescaler 为/2，PCLK1 为 32，如图 9-6 所示。

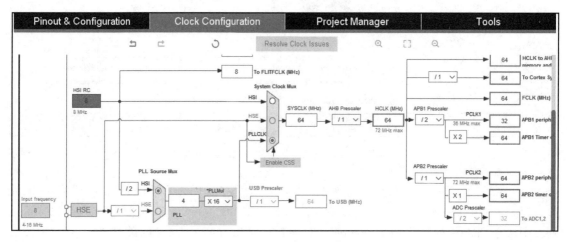

图 9-6　配置时钟树

（8）配置 MCU 外设：在 STM32CubeMX 主窗口的 "Pinout & Configuration" 标签页，有 3 个外设需要设置：GPIO、NVIC 和 TIM3。接下来我们就一一设置。有关 GPIO 的配置，我们可以在 Gategories 列表中选择 System Core 的子菜单项 GPIO，将 PA5 命名为 LED2，如图 9-7 所示。

有关 NVIC 的配置，重点是配置 System Tick Timer、TIM3 等中断的抢占优先级（Preemption Priority），具体设置如图 9-8 所示。

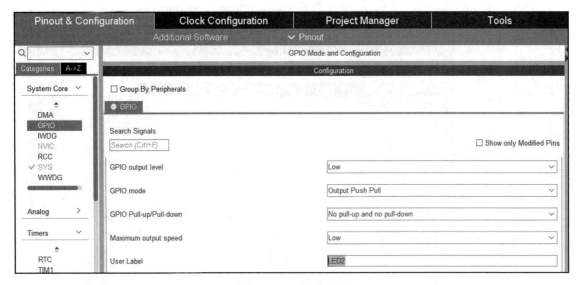

图 9-7 GPIO 的配置

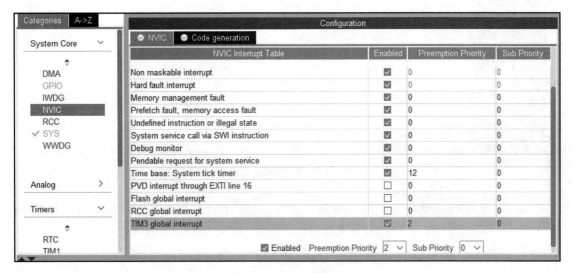

图 9-8 NVIC 的配置

有关 TIM3 的配置，我们可以在 "TIM3 Configuration" 窗口的 "Parameter Settings" 标签页，配置 TIM3 的预分频器 Prescaler 为 64000000/10000-1，即例程中的（SystemCoreClock/10000）-1，或写为 6400-1；配置计数周期 Counter Period 为 10000-1。参考例程中参数 Period 的设定，具体设置如图 9-9 所示。

（9）生成 C 代码工程：如图 9-10 所示，选择 "Project Manager" 标签页，选择开发工具 MDK-ARM、软件版本 5.27 等。然后，单击 "GENERATE CODE" 按钮生成 C 代码工程，并在 MDK-ARM 中打开该工程。

（10）编译工程。

2. 完善代码

通过 STM32CubeMX 重新生成工程后，我们仿照例程将 main.c 文件补充完善，实现例程功能的重现。

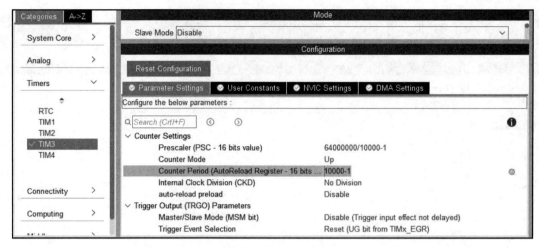

图 9-9　TIM3 的配置

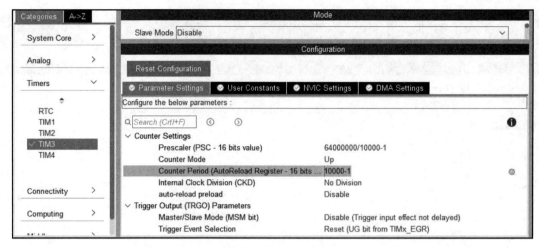

图 9-10　配置工程

（1）使能 TIM3 更新中断：在 main 函数的/＊USER CODE BEGIN 2＊/与/＊USER CODE END 2＊/之间补充代码，使能 TIM3 更新中断，开启 TIM3 计数器计数功能：

```
/ * USER CODE BEGIN 2 * /
/ * ##-2-Start the TIM Base generation in interrupt mode ##################### * /
/ * Start Channel1 * /
if( HAL_TIM_Base_Start_IT( &htim3)! = HAL_OK)/ * 修改参数 TimHandle 为 htim3 * /
{
  / * Starting Error * /
  Error_Handler( );
}
/ * USER CODE END 2 * /
```

【注意】修改 HAL_TIM_Base_Start_IT 的参数 TimHandle 为 htim3，与 main. c 文件中的定义保持一致。

（2）补充回调函数：在 main. c 文件的/＊USER CODE BEGIN 4＊/与/＊USER CODE END 4＊/之间补充回调函数 HAL_TIM_PeriodElapsedCallback：

```
/ * USER CODE BEGIN 4 * /
/ * *
    * @ brief   Period elapsed callback in non blocking mode
    * @ param   htim:TIM handle
    * @ retval None
    * /
void HAL_TIM_PeriodElapsedCallback( TIM_HandleTypeDef * htim)
{
    HAL_GPIO_TogglePin( LED2_GPIO_Port, LED2_Pin);
}
/ * USER CODE END 4 * /
```

【注意】修改调用函数 BSP_LED_Toggle 为 HAL_GPIO_TogglePin，参数设置可参照函数 MX_GPIO_Init 的定义。

（3）完成以上修改、补充后，我们可以在开发环境 MDK-ARM 中编译、下载新建工程到开发板，然后操作开发板的复位键（黑色按键），观察 LED2（绿色 LED）的闪烁情况，与例程 TIM_TimeBase 做比较，看实现的功能是否一致。

3. 用仿真器查看运行结果

前面都是直接将程序下载到开发板上，运行程序来观察结果，但定时器最大的特点是计时精确，因此若有条件，可以用示波器测量 LED 闪烁的波形周期。若没有示波器，我们可以借助 MDK-ARM 的软件仿真环境来验证例程。下面介绍一下 MDK-ARM 的仿真系统 Simulator 的使用。

首先通过 MDK-ARM 的菜单命令"Project"→"Options for Target'MyTimeBase'..."或单击工具栏中的"Options for Targect"按钮 打开工程配置对话框，如图 9-11 所示。在其"Debug"标签页选择"Use Simulator"（开发工具 STM32CubeMX 生成的工程默认选择的是 ST-

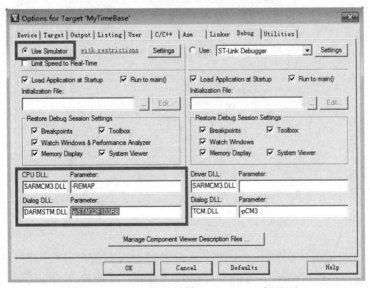

图 9-11　工程配置对话框（"Debug"标签页）

Link Debugger）；然后配置 SARMCM3. DLL 后面的 Parameter 参数为-REMAP，将 Dialog DLL 项设置为 DARMSTM. DLL，后面的参数 Parameter 设置为-pSTM32F103RB。配置完成后，单击"OK"按钮，保存设置。

通过 MDK-ARM 的菜单命令"Debug"→"Start/Stop Debug Session"或工具栏的"Start/Stop Debug Session"按钮 进入调试模式，通过菜单命令"View"→"Analysis Windows"→"Logic Analyzer"或工具栏的 "Analysis Windows"→"Logic Analyzer"，打开逻辑分析仪（Logic Analyzer）窗口，如图 9-12 所示。

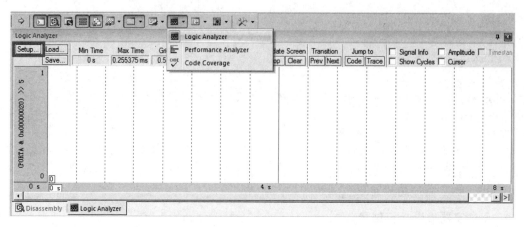

图 9-12　逻辑分析仪（Logic Analyzer）窗口

在逻辑分析仪窗口，单击左上角的"Setup…"按钮，弹出"Setup Logic Analyzer"对话框，如图 9-13 所示。单击"New(Insert)"按钮 添加测量信号量 PORTA.5，将 Display Type 设置为 Bit，然后，单击"Close"按钮关闭该对话框。

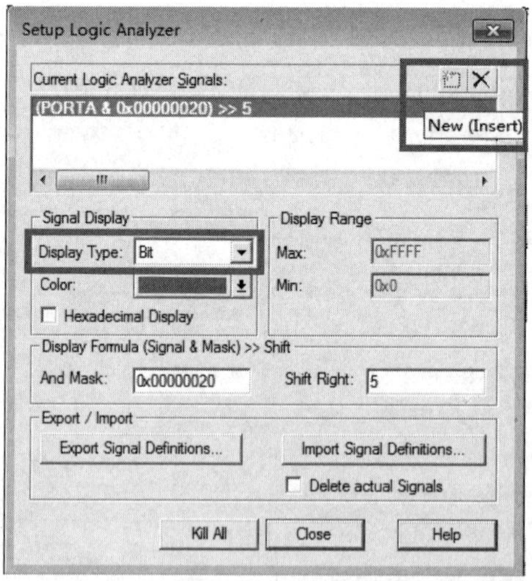

图 9-13　"Setup Logic Analyzer"对话框

按"F5"键直接运行仿真程序，在程序运行过程中观察逻辑分析仪窗口中添加的仿真信号的电平变化。运行一段时间后，通过工具栏的"Stop"按钮 停止程序的运行。观察逻辑分析仪窗口中仿真信号的输出结果，如图 9-14 所示。

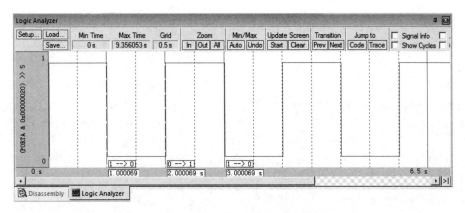

图 9-14 MyTimeBase 例程仿真结果

在逻辑分析仪窗口观察仿真信号时，可以分别通过 "In" "Out" "All" 等按钮放大、缩小输出信号图，以方便观察；通过 "Prev" "Next" 按钮可以观察仿真信号电平变化的时间点。从图 9-14 可以看出，PA. 05 引脚电平的变化周期刚好是 2s，每间隔 1s 电平变化一次，这与例程 readme. txt 文档描述的功能是一致的。

有关开发工具 MDK-ARM 的 Logic Analyzer 更多的使用技巧，我们可以通过 MDK-ARM 的帮助手册 μVision user's guide→Debugging→Debug windows and dialogs→Logic analyzer 来学习。

9.2 例程 TIM_DMA

接下来我们通过 STM32CubeF1 软件包提供的另一个定时器例程来学习如何借助 DMA 控制器使用定时器。

9.2.1 例程介绍

通过开发工具 MDK-ARM 打开 STM32Cube_FW_F1_V1. 8. 0 \ Projects \ STM32F103RB-Nucleo\Examples\TIM\TIM_DMA\MDK-ARM 目录下的工程文件 Project. uvprojx，然后在 MDK-ARM 的工程列表中找到 Doc 文件夹下的 readme. txt 文档，通过它来了解这个例程的基本功能：

@ par Example Description

This example provides a description of how to use DMA with TIM1 Update request
to transfer Data from memory to TIM1 Capture Compare Register 3(CCR3).

The following configuration values are used in this example：
   -TIM1CLK = SystemCoreClock
   -Counter repetition = 3
   -Prescaler = 0
   -TIM1 counter clock = SystemCoreClock
   -SystemCoreClock is set to 64MHz for STM32F1xx

The objective is to configure TIM1 channel 3 to generate complementary PWM

（Pulse Width Modulation）signal with a frequency equal to 17.57KHz, and a variable duty cycle that is changed by the DMA after a specific number of Update DMA request.

The number of this repetitive requests is defined by the TIM1 Repetition counter, each 4 Update Requests, the TIM1 Channel 3 Duty Cycle changes to the next new value defined by the aCCValue_Buffer.

The PWM waveform can be displayed using an oscilloscope.

@ note Care must be taken when using HAL_Delay(), this function provides accurate delay(in milliseconds)based on variable incremented in SysTick ISR. This implies that if HAL_Delay() is called from a peripheral ISR process, then the SysTick interrupt must have higher priority(numerically lower)

@ note The application need to ensure that the SysTick time base is always set to 1 millisecond to have correct HAL operation.

@ par Directory contents
- -TIM/TIM_DMA/Inc/stm32f1xx_hal_conf.h   HAL configuration file
- -TIM/TIM_DMA/Inc/stm32f1xx_it.h   Interrupt handlers header file
- -TIM/TIM_DMA/Inc/main.h   Header for main.c module
- -TIM/TIM_DMA/Src/stm32f1xx_it.c   Interrupt handlers
- -TIM/TIM_DMA/Src/main.c   Main program
- -TIM/TIM_DMA/Src/stm32f1xx_hal_msp.c   HAL MSP file
- -TIM/TIM_DMA/Src/system_stm32f1xx.c   STM32F1xx system source file

@ par Hardware and Software environment
- -This example runs on STM32F103RB devices.
- -In this example, the clock is set to 64MHz.

- -This example has been tested with STMicroelectronics STM32F103RB-Nucleo board and can be easily tailored to any other supported device and development board.

- -STM32F103RB-Nucleo Set-up
  - -Connect the TIM1 pin to an oscilloscope to monitor the different waveforms:
    - -TIM1 CH3(PA.10)

@ par How to use it ?
In order to make the program work, you must do the following :
- -Open your preferred toolchain
- -Rebuild all files and load your image into target memory
- -Run the example

通过 rcadme. txt 文档的介绍，我们可以了解到本例程的功能是：演示如何实现在 TIM1 更新请求时，DMA 控制器将数据从存储器传输到 TIM1 捕捉比较寄存器 3（TIM1_CCR3）。同时，文档也给出了例程中的一些配置参数：系统时钟 SystemCoreClock 配置为 64MHz，TIM1 计数器时钟（TIM1 counter clock）等于系统时钟（SystemCoreClock），TIM1 的预分频器参数（Prescaler）设置为 0，TIM1 重复计数器（Counter repetition）的值设定为 3。另外，该文档中也介绍了例程功能实现的大致过程：配置 TIM1 的通道 3 生成频率为 17.57kHz 的互补 PWM（Pulse Width Modulation 脉冲宽度调制）信号，该 PWM 信号在特定数量的 DMA 更新请求后，由 DMA 控制器改变其占空比；每有 4 个更新请求，TIM1 通道 3 的占空比将更改为定义在 aCCValue_Buffer 数组中的下一个值，该重复请求的数量由前面设定的 TIM1 重复计数器（Counter repetition）定义的值决定。

由于 TIM1 通道 3 的 PWM 信号是经过 PA. 10 输出的，因此要观察实验结果，只能通过示波器监测（该例程不能通过 MDK-ARM 的仿真系统 Simulator 仿真观察结果，仿真信号与实际信号不一致）。使用示波器连接 TIM1_OC3 输出引脚 PA10（CN9 的第 3 插孔）和开发板的地信号（CN5 的第 7 插孔），观察例程 TIM_DMA 的运行结果，如图 9-15 所示。

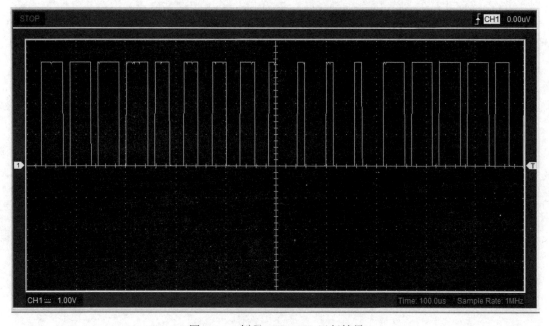

图 9-15　例程 TIM_DMA 运行结果

注意观察例程的仿真结果：输出 PWM 波的周期不变（17.57kHz），而其占空比在不断变化。TIM1 通道 3 输出的 PWM 信号每 4 个为一组，该重复数量由 TIM1 的重复计数器的参数决定。

9.2.2　分析例程

前面通过阅读 readme. txt 文档和实验，我们已经了解了例程的基本情况：在 TIM1 更新请求时，DMA 控制器将数据从存储器传输到 TIM1 捕捉比较寄存器 3（TIM1_CCR3），实现 TIM1 CH3（PA10 引脚）输出占空比可变的 17.57kHz 的 PWM 信号。接下来，我们结合源代码看该功能是如何实现的：

```
int main( void)
{
/ * This sample code shows how to use DMA with TIM1 Update request to transfer
  Data from memory to TIM1 Capture Compare Register 3( CCR3) , through the
  STM32F1xx HAL API. To proceed, 3 steps are required * /

  / * STM32F103xB HAL library initialization * /
  HAL_Init( );

  / * Configure the system clock to 64MHz * /
  SystemClock_Config( );

  / * Configure LED2 * /
  BSP_LED_Init( LED2);

  / * Compute the value of ARR regiter to generate signal frequency at 17. 57Khz * /
  uwTimerPeriod = ( uint32_t) ( ( SystemCoreClock/17570) -1);
  / * Compute CCR1 value to generate a duty cycle at 75% * /
  aCCValue_Buffer[ 0] = ( uint32_t) ( ( ( uint32_t) 75 * ( uwTimerPeriod-1) )/100);
  / * Compute CCR2 value to generate a duty cycle at 50% * /
  aCCValue_Buffer[ 1] = ( uint32_t) ( ( ( uint32_t) 50 * ( uwTimerPeriod-1) )/100);
  / * Compute CCR3 value to generate a duty cycle at 25% * /
  aCCValue_Buffer[ 2] = ( uint32_t) ( ( ( uint32_t) 25 * ( uwTimerPeriod-1) )/100);

  / * ##-1-Configure the TIM peripheral #################################### * /
  / * Initialize TIM1 peripheral as follows:
      +Period = TimerPeriod( To have an output frequency equal to 17. 570KHz)
      +Repetition Counter = 3
      +Prescaler = 0
      +ClockDivision = 0
      +Counter direction = Up
  * /
  TimHandle. Instance = TIMx;

  TimHandle. Init. Period              = uwTimerPeriod;
  TimHandle. Init. RepetitionCounter   = 3;
  TimHandle. Init. Prescaler           = 0;
  TimHandle. Init. ClockDivision       = 0;
  TimHandle. Init. CounterMode         = TIM_COUNTERMODE_UP;
  if( HAL_TIM_PWM_Init( &TimHandle) ! = HAL_OK)
  {
    / * Initialization Error * /
    Error_Handler( );
```

```
    }

    / * ##-2-Configure the PWM channel 3 ##################################### * /
    sConfig. OCMode        = TIM_OCMODE_PWM1;
    sConfig. OCPolarity    = TIM_OCPOLARITY_HIGH;
    sConfig. Pulse         = aCCValue_Buffer[0];
    sConfig. OCNPolarity   = TIM_OCNPOLARITY_HIGH;
    sConfig. OCFastMode    = TIM_OCFAST_DISABLE;
    sConfig. OCIdleState   = TIM_OCIDLESTATE_RESET;
    sConfig. OCNIdleState  = TIM_OCNIDLESTATE_RESET;
    if( HAL_TIM_PWM_ConfigChannel( &TimHandle, &sConfig, TIM_CHANNEL_3)! =HAL_OK)
    {
        / * Configuration Error * /
        Error_Handler( );
    }


    / * ##-3-Start PWM signal generation in DMA mode ######################### * /
    if( HAL_TIM_PWM_Start_DMA( &TimHandle, TIM_CHANNEL_3, aCCValue_Buffer, 3)! =HAL_OK)
    {
        / * Starting Error * /
        Error_Handler( );
    }


    while(1)
    {
    }
}
```

阅读 main 函数源代码会发现，它与例程 TIM_TimeBase 的实现过程有些类似（如初始化过程），又有些不同（如配置 TIM 的过程）。下面我们重点分析例程中用到的 3 个 PWM 相关的函数：HAL_TIM_PWM_Init、HAL_TIM_PWM_ConfigChannel、HAL_TIM_PWM_Start_DMA。

1. 函数 HAL_TIM_PWM_Init

在分析函数 HAL_TIM_PWM_Init 的代码前，我们先看看有关结构体 TimHandle. Init 参数赋值的过程，并与例程 TIM_TimeBase 的赋值过程做比较，见表 9-2。

表 9-2 两个例程的赋值过程比较

例程 TIM_TimeBase	例程 TIM_DMA
TimHandle. Init. Period = 10000-1;	TimHandle. Init. Period = uwTimerPeriod;
TimHandle. Init. Prescaler = uwPrescalerValue;	TimHandle. Init. Prescaler = 0;
TimHandle. Init. ClockDivision = 0;	TimHandle. Init. ClockDivision = 0;
TimHandle. Init. CounterMode = TIM_COUNTERMODE_UP;	TimHandle. Init. CounterMode = TIM_COUNTERMODE_UP;
TimHandle. Init. RepetitionCounter = 0;	TimHandle. Init. RepetitionCounter = 3;

通过比较可以发现，两个例程有 3 个参数设置的值不同：TIM1 溢出周期（Period）、TIM1 预分频系数（Prescaler）、重复计数器（RepetitionCounter）。

（1）TIM1 预分频系数 Prescaler：这里设置 TIM1 预分频系数（Prescaler）为 0，即 TIM1 输入时钟不分频；因在 SystemClock_Config 函数中配置 APB2 预分频系数（PAB2 Prescaler）为 1（不分频），从图 9-16 可知，TIM1 的时钟源为 HCLK，即系统时钟 SystemCoreClock；又因这里设置 TIM1 Prescaler 为 0，所以 TIM1 计数器时钟（TIM1 Counter clock）等于 TIM1CLK，即系统时钟 SystemCoreClock。

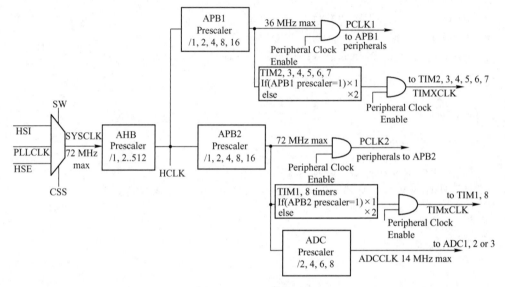

图 9-16　TIM1 时钟系统

以上分析的就是 main 函数中的注释：

```
TIM1 input clock(TIM1CLK) is set to APB2 clock(PCLK2), since APB2 prescaler is 1.
   TIM1CLK = PCLK2
   PCLK2 = HCLK
   => TIM1CLK = HCLK = SystemCoreClock


TIM1CLK = SystemCoreClock, Prescaler = 0, TIM1 counter clock = SystemCoreClock
SystemCoreClock is set to 64MHz for STM32F1xx devices.
```

（2）TIM1 溢出周期 Period：理解了通过 TIM1 预分频系数（Prescaler）的设置设定 TIM1 计数器时钟（TIM1 Counter clock）等于系统时钟 SystemCoreClock，再来理解 TIM1 溢出周期 Period 设定为 uwTimerPeriod，即（SystemCoreClock/17570）-1，得到频率为 17.57kHz 的信号就比较容易了。

（3）TIM1 重复计数器 RepetitionCounter：这里设置的重复计数器（RepetitionCounter）的值用来控制计数器向上溢出更新事件（Update Even，UEV）产生的时间，这里设定 RepetitionCounter 的值是 3，即 TIM1 计数器每 4 次（3+1）向上计数溢出时，数据从预装载寄存器传输到影子寄存器（比较寄存器 TIM1_CCR3 存在影子寄存器），从而改变 TIM1 通道 3 输出信号的占空比。

这也是 main 函数中在赋值 Period 和 RepetitionCounter 参数前的一段注释描述：

```
The objective is to configure TIM1 channel 3 to generate a PWM
    signal with a frequency equal to 17.57KHz：
        -TIM1_Period=(SystemCoreClock/17570)-1
and a variable duty cycle that is changed by the DMA after a specific number of
Update DMA request.


The number of this repetitive requests is defined by the TIM1 Repetion counter,
each 4 Update Requests, the TIM1 Channel 3 Duty Cycle changes to the next new
value defined by the aCCValue_Buffer.
```

（4）HAL_TIM_PWM_Init 函数：以上是对结构体赋值的过程，最终的设置过程是在 HAL_TIM_PWM_Init 函数中实现的。在 HAL_TIM_PWM_Init 函数中调用了两个函数：HAL_TIM_PWM_MspInit 和 TIM_Base_SetConfig。

函数 HAL_TIM_PWM_MspInit 有两个定义，在 stm32f1xx_hal_tim.c 文件中是由 __weak 声明的弱定义函数，在 stm32f1xx_hal_msp.c 文件中有其重新定义。HAL_TIM_PWM_MspInit 函数主要实现了 GPIO 端口 PA10 复用为 TIM1 的通道 3 的配置、DMA1 通道 6（TIM1_CH3）的配置以及 DMA 通道传输完成中断优先级的设置。

函数 TIM_Base_SetConfig 主要完成的是将 TIM1 预分频系数 Prescaler、TIM1 溢出周期 Period、TIM1 重复计数器 RepetitionCounter 等设置到相应的 TIM1 寄存器：包括 TIM1_PSC（预分频器）、TIM1_ARR（自动重装载寄存器）、TIM1_RCR（重复计数寄存器）、TIM1_CR1（控制寄存器 1）、TIM1_EGR（事件产生寄存器）等。具体代码实现可以通过开发工具 MDK-ARM 的右键菜单找到函数的定义来学习，理解代码可以参考 STM32F10×××参考手册 RM0008 第 14 章 Advanced-control timers(TIM1 & TIM8)的相关部分。

2. HAL_TIM_PWM_ConfigChannel 函数

看过 HAL_TIM_PWM_Init 有关定时器 TIM1 基本参数的配置，接下来看 main 函数中有关 TIM1 的 PWM 模式的配置：

```
/ * ##-2-Configure the PWM channel 3 #################################### */
sConfig.OCMode       =TIM_OCMODE_PWM1;            / * PWM 模式:PWM 模式 1 */
sConfig.OCPolarity   =TIM_OCPOLARITY_HIGH;        / * OC 输出极性:高电平有效 */
sConfig.Pulse        =aCCValue_Buffer[0];         / * 指定比较寄存器的值 */
sConfig.OCNPolarity  =TIM_OCNPOLARITY_HIGH;       / * OC 互补输出极性:高电平有效 */
sConfig.OCFastMode   =TIM_OCFAST_DISABLE;         / * 输出比较快速使能:禁止 */
sConfig.OCIdleState  =TIM_OCIDLESTATE_RESET;      / * 输出空闲状态:OCx=0 */
sConfig.OCNIdleState =TIM_OCNIDLESTATE_RESET;     / * 输出空闲状态(OCxN 输出):OCxN=0 */
if(HAL_TIM_PWM_ConfigChannel(&TimHandle, &sConfig, TIM_CHANNEL_3)!=HAL_OK)
{
  / * Configuration Error */
  Error_Handler();
}
```

这里配置的 PWM 工作模式为 PWM 模式 1（TIM_OCMODE_PWM1），OC 输出有效极性为高电平（TIM_OCPOLARITY_HIGH）。也就是说，在 TIM1 的计数器向上计数，其计数值 TIM1_CNT 小于比较寄存器 TIM1_CCR3 的值时，TIM1_OC3 输出有效电平（即高电平）；而当计数器的值等于或大于比较寄存器的值时，TIM1_OC3 输出低电平。其他几个参数的设置我们并不关心。接下来可以通过 HAL_TIM_PWM_ConfigChannel 函数的定义，看看这些参数是如何设置到相应寄存器的。

HAL_TIM_PWM_ConfigChannel 函数内部主要调用了 TIM_OC3_SetConfig 函数，并且设置了 TIM1 比较模式寄存器 2（TIM1_CCMR2）的输出比较 3 预装载使能位 OC3PE（即 Output compare 3 preload enable）使能、输出比较 3 快速使能位（OC3FE 即 Output compare 3 fast enable）禁止（TIM_OCFAST_DISABLE）；函数 TIM_OC3_SetConfig 内部主要设置 TIM1 比较使能寄存器（TIM1_CCER）的输入/捕获 3 输出极性（CC3P）为高电平（TIM_OCPOLARITY_HIGH），输入/捕获 3 互补输出极性（CC3NP）为高电平（TIM_OCNPOLARITY_HIGH），输入/捕获 3 互补输出极性使能（CC3NE）为禁止（即 OC3N 禁止输出）；设置 TIM1 控制寄存器 2（TIM1_CR2）的输出空闲状态时 OC3 输出位（OIS3）为 TIM_OCIDLESTATE_RESET，即空闲模式 TIM1_OC3 输出低电平，输出空闲状态时 OC3N 输出位（OIS3N）为 TIM_OCNIDLESTATE_RESET，即空闲模式 TIM1_OC3N 输出低电平；设置 TIM1 比较模式寄存器 2（TIM1_CCMR2）的捕获/比较 3 选择位（CC3S[1:0]）为 00，即 CC3 通道配置为输出，输出比较 3 工作模式位（OC3M[2:0]）为 PWM 模式 1（TIM_OCMODE_PWM1）；设置 TIM1 比较寄存器 3（TIM1_CCR3）为 aCCValue_Buffer[0]。

想要进一步了解 TIM1 比较模式寄存器 2（TIM1_CCMR2）、TIM1 比较使能寄存器（TIM1_CCER）、TIM1 控制寄存器 2（TIM1_CR2）及 TIM1 比较寄存器 3（TIM1_CCR3）各个设置位，还应借助 STM32F10××× 参考手册中的相关寄存器介绍。

3. HAL_TIM_PWM_Start_DMA 函数

通过 main 函数调用 HAL_TIM_PWM_Start_DMA 实现了 DMA1 通道 6（TIM1_CH3）的配置，我们可以通过 MDK-ARM 的右键菜单查看 HAL_TIM_PWM_Start_DMA 函数的实现。

在函数 HAL_TIM_PWM_Start_DMA 内部，主要通过调用 HAL_DMA_Start_IT 函数实现 DMA 通道（TIM_CHANNEL_3）数据源地址（aCCValue_Buffer）、数据目标地址（TIM1_CCR3）、数据长度等参数的设置；调用 __HAL_TIM_ENABLE_DMA 函数配置 TIM1 中断使能寄存器 TIM1_DIER 的允许比较 3 通道的 DMA 请求位（CC3DE），使能比较 3 通道的 DMA 请求；调用 TIM_CCxChannelCmd 函数配置 TIM1 比较使能寄存器（TIM1_CCER）的输入/捕获 3 输出使能位（CC3E），使能 OC3 信号输出到相应的输出引脚（PA10）；最后，调用 __HAL_TIM_ENABLE 函数设置 TIM1 控制寄存器 1（TIM1_CR1）的计数器使能位（CEN）使能计数器开始计数。

完成以上设置后，计数器 TIM1 开始计数，当计数器向上计数溢出次数到 4（重复计数达到 0）时参数溢出更新事件（UEV），触发 DMA 请求，DMA 控制器将数组 aCCValue_Buffer 中的下一个数据传输到目标地址 TIM1_CCR3，更新影子寄存器，从而实现 PWM 信号占空比的改变。

9.2.3 重建例程

1. 使用 STM32CubeMX 重建例程

（1）新建 STM32CubeMX 工程，选择 "Start My project from MCU"。

（2）选择微控制器：如图 9-17 所示，选择 Series 为 STM32F1、Lines 为 STM32F103、Package 为 LQFP64，最后在 MCUs List 列表中选择微控制器 STM32F103RBTx。

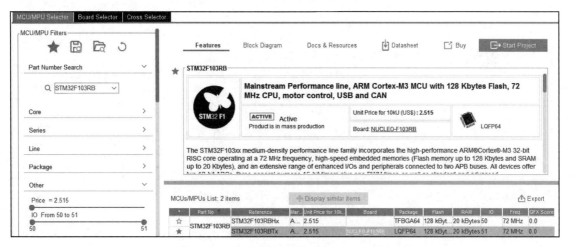

图 9-17　选择微控制器 STM32F103RBTx

（3）配置 MCU 引脚：由于本例程用到的外设有 TIM1 和 LED，因此我们在 STM32CubeMX 的 "Pinout & Configration" 标签页的 Categories/Times 列表中选择 TIM1，设置 Clock Source 为 Internal Clock、Channel3 为 PWM Generation CH3，同时设置 GPIO 端口 PA5 为 GPIO_Output 模式，如图 9-18 所示。

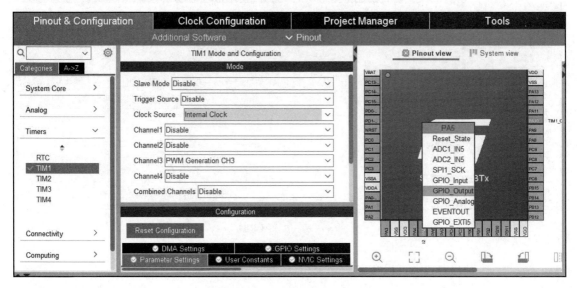

图 9-18　配置 MCU 引脚

（4）将 STM32CubeMX 工程保存到文件夹 TIM 中，并将其命名为 MyTIM_DMA。

（5）生成报告。

（6）配置 MCU 时钟树：结合例程说明文档 readme.txt 的描述，配置系统时钟 System Clock 的时钟源为 PLLCLK，配置 PLLMul 为 x16，最终配置 HCLK 为 64MHz；设置 APB1 Prescaler 为/2，PCLK1 为 32，如图 9-19 所示。

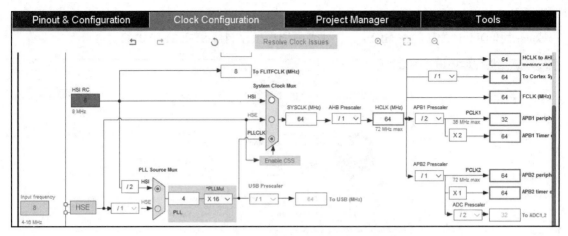

图 9-19　配置时钟树

（7）配置 MCU 外设：在 STM32CubeMX 的"Pinout & Configuration"标签页，有 4 个外设须要设置：GPIO、TIM1、DMA 和 NVIC。有关 GPIO 的配置，可以在"Pin Mode and Configuration"窗口的"GPIO"标签页将 PA5 命名为 LED2，如图 9-20 所示。

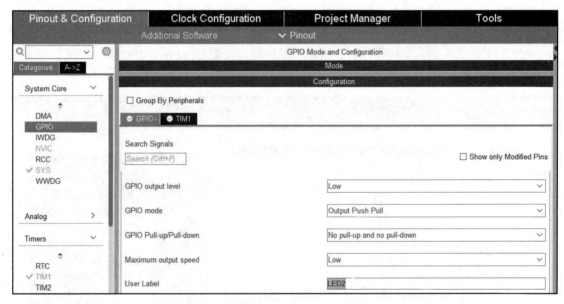

图 9-20　配置 GPIO

有关 TIM1 的设置我们可以参考例程 main 函数中对结构体 TimHandle. Init 和 sConfig 赋值的参数设置 Counter Settings 和 PWM Generaton Channel 3 的各个选项，具体设置如图 9-21 所示。配置计数周期 Counter Period 为（64000000/17570）-1；配置重复计数次数为 3；其他选择默认配置。

有关 DMA 的配置，我们在"TIMI Mode and Confirgation"窗口的"DMA Settings"标签页单击"Add"按钮，添加 DMA 通道 TIM1_CH3，参考 stm32f1xx_hal_msp. c 文件中 HAL_TIM_PWM_MspInit 函数有关 DMA 控制器的设置配置参数，设置数据传输方向为 Memory To Peripheral、优先级 Priority 为 High，DMA 请求设置（DMA Request Settings）中循环模式 Mode

为循环模式（Circular），数据宽度为 Word，如图 9-22 所示。

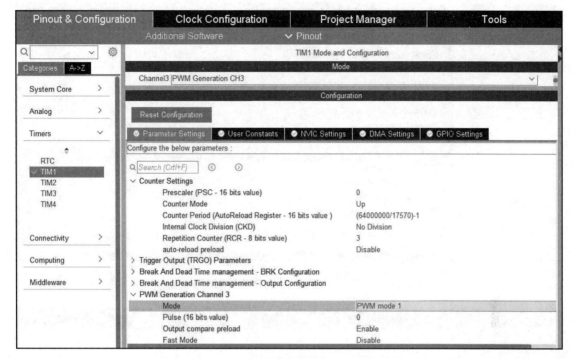

图 9-21　TIM1 配置

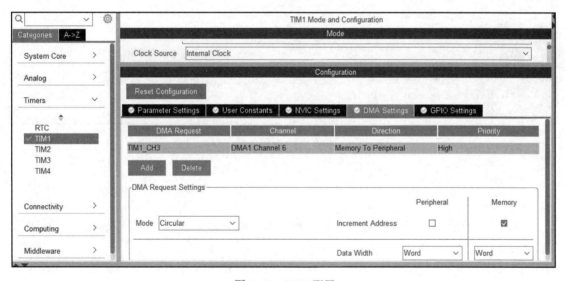

图 9-22　DMA 配置

有关 NVIC 的配置，重点是配置 System Tick Timer、DMA1 channel6 等中断的抢占优先级（Preemption Priority），具体设置如图 9-23 所示。

（8）生成 C 代码工程：如图 9-24 所示，选择 "Project Manager" 标签页，在此选择开发工具 MDK-ARM、软件版本：V5.27 等。单击 "GENERATE CODE" 按钮生成 C 代码工程，并在 MDK-ARM 中打开该工程。

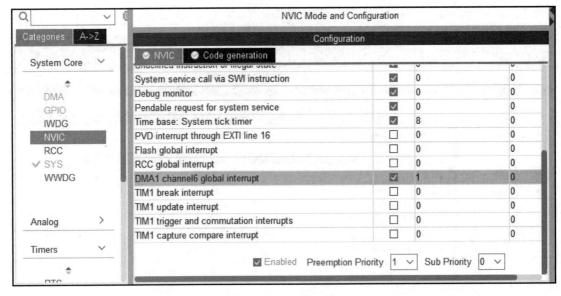

图 9-23 NVIC 配置

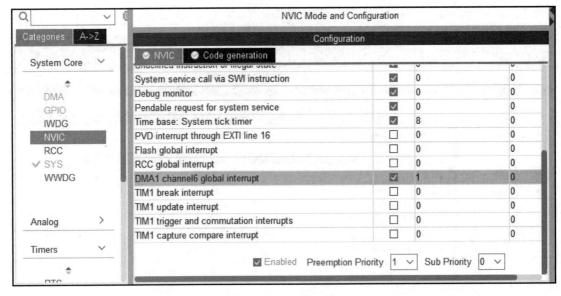

图 9-24 配置工程

（9）编译工程。

2. 完善例程

通过 STM32CubeMX 重新生成工程后，我们仿照例程将 main. c 文件补充完成，实现例程功能的重现。

（1）启动 PWM 信号：在 main 函数的/ * USER CODE BEGIN 2 * /与/ * USER CODE END 2 * /之间补充变量 uwTimerPeriod 的赋值代码、数组 aCCValue_Buffer 的赋值代码和调用 HAL_TIM_PWM_Start_DMA 启动 DMA 模式下的 PWM 信号。

```
/ * USER CODE BEGIN 2 * /
/ * Compute the value of ARR register to generate signal frequency at 17. 57 Khz * /
   uwTimerPeriod = ( uint32_t) ( ( SystemCoreClock/17570) -1) ;

   / * Compute CCR1 value to generate a duty cycle at 75% * /
```

```
aCCValue_Buffer[0] = (uint32_t)(((uint32_t)75 * (uwTimerPeriod-1))/100);
/* Compute CCR2 value to generate a duty cycle at 50% */
aCCValue_Buffer[1] = (uint32_t)(((uint32_t)50 * (uwTimerPeriod-1))/100);
/* Compute CCR3 value to generate a duty cycle at 25% */
aCCValue_Buffer[2] = (uint32_t)(((uint32_t)25 * (uwTimerPeriod-1))/100);

/* ##-3-Start PWM signal generation in DMA mode ######################### */
if(HAL_TIM_PWM_Start_DMA(&htim1, TIM_CHANNEL_3, aCCValue_Buffer, 3) != HAL_OK)
{
  /* Starting Error */
  Error_Handler();
}
/* USER CODE END 2 */
```

【注意】修改函数 HAL_TIM_PWM_Start_DMA 的参数 TimHandle 为 htim1，与 main. c 文件中的定义保持一致。

（2）定义数组 aCCValue_Buffer：在 main. c 文件的/* USER CODE BEGIN PV */与 /* USER CODE END PV */之间补充变量 uwTimerPeriod 的定义和数组 aCCValue_Buffer 的定义。

```
/* USER CODE BEGIN PV */
/* Private variables ------------------------------------------------- */
/* Capture Compare buffer */
uint32_t aCCValue_Buffer[3] = {0, 0, 0};

/* Timer Period */
uint32_t uwTimerPeriod  = 0;
/* USER CODE END PV */
```

（3）完善 Error_Handler 函数：完善 main. c 文件中的 Error_Handler 函数，在该函数中补充点亮 LED2 的操作。

```
void Error_Handler(void)
{
  /* USER CODE BEGIN Error_Handler */
  /* User can add his own implementation to report the HAL error return state */
  HAL_GPIO_WritePin(LED2_GPIO_Port, LED2_Pin, GPIO_PIN_SET);
  while(1)
  {
  }
  /* USER CODE END Error_Handler */
}
```

（4）编译、下载程序：完成以上修改后，就可以编译、下载例程到开发板了。若有条件，可以使用示波器监测 TIM1_OC3 的 PWM 输出信号，观察是否与例程 TIM_DMA 的输出信号一致。

通过例程 TIM_DMA，我们学习了配置高级定时器 TIM1 使用 DMA 控制器生成 PWM 信号的工作模式。其实，STM32F1 系列的高级定时器 TIM1、TIM8 还有很多工作模式，如输入捕获模式、PWM 输入模式、输出比较模式、强制输出模式、单脉冲模式、定时器同步等。另外，通过 STM32CubeF1 软件包的应用手册 AN4724 可知，软件包针对开发板 STM3210E-EVAL 还提供了另外 3 个有关定时器的例程：TIM_InputCapture、TIM_PWMOutput、TIM_ComplementarySignals。例程 TIM_InputCapture 演示了定时器输入捕获模式的应用；例程 TIM_PWMOutput 演示了不使用 DMA 控制器 PWM 模式的应用，这与例程 TIM_DMA 有些类似；例程 TIM_ComplementarySignals 演示了高级定时器 TIM1 互补输出和死区插入功能，该功能在智能小车控制应用中会经常用到。虽然这 3 个例程不是基于开发板 Nucleo-F103RB，但读者可以通过学习，使用 STM32CubeMX 轻松移植到 Nucleo-F103RB 开发板上。

思考与练习

（1）通过 STM32CubeF1 用户手册 UM1850 复习定时器 TIM 相关的驱动函数。

（2）复习 STM32F10××× 参考手册 RM0008 的第 7、9、10 章中与 TIM 相关的时钟、GPIO 端口复用以及外部中断内容。

（3）复习 STM32F10××× 参考手册 RM0008 的第 13 章 DMA 控制器中与定时器 TIM 相关的内容。

（4）阅读 STM32F10××× 参考手册 RM0008 的第 17 章、第 15 章、第 14 章，由浅入深地学习 STM32 的定时器操作。

第 10 章 模/数转换器（ADC）

10.1 了解 ADC

使用过 DS18B20 或 DHT11 温度传感器的读者都知道，这两种传感器传送给 MCU 的是数字信号。但在实际应用中，某些传感器传送给 MCU 的并不是数字信号，而是模拟信号，此时要将模拟信号转换为数字信号，因此要用到模/数转换器（ADC）。

1. STM32 上的 ADC

STM32 上的 ADC 是一种 12 位逐次逼近型 ADC，它有 18 个通道，可测量 16 个外部信号源和 2 个内部信号源。各通道的 A/D 转换可以单次、连续、扫描或间断模式执行。ADC 的结果以左对齐或右对齐方式存储在 16 位数据寄存器中。

ADC 还集成了模拟看门狗的功能，允许应用程序检测输入电压是否超出用户定义的高/低阈值。

ADC 的输入时钟由 PCLK2 经分频产生，最高不得超过 14MHz。由时钟控制器 RCC 提供的 ADC 时钟（ADCCLK）如图 10-1 所示。

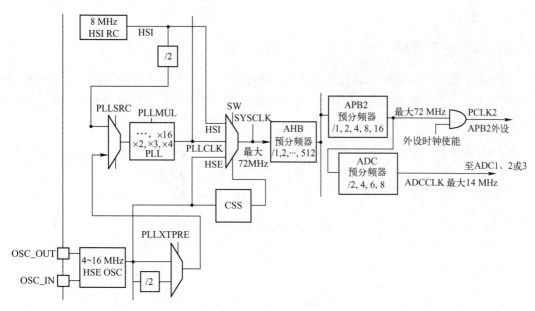

图 10-1 ADC 时钟电路

此外，STM32 内部还集成了一个温度传感器，该传感器在内部与 ADC1_IN16 输入通道相连，此通道可以把传感器输出的电压转换成数字值。有关 ADC 的更多功能，可以通过 STM32F10×××参考手册 RM0008 的 11.3 节 ADC functional description 来了解。

2. STM32 上 ADC 的特性

☺ 12 位分辨率。

☺ 转换结束、注入转换结束和发生模拟看门狗事件时产生中断。

☺ 具有单次和连续两种转换模式。

☺ 具有从通道 0 到通道 n 的自动扫描模式。

☺ 具有自校验功能。

☺ 带内嵌数据一致性的数据对齐。

☺ 采样间隔可以按通道分别编程。

☺ 规则转换和注入转换均有外部触发选项。

☺ 具有间断模式。

☺ 具有双重模式（带 2 个及以上 ADC 产品）。

☺ ADC 转换时间：时钟频率为 56MHz 时，转换时间为 1μs；时钟频率为 72MHz 时，转换时间为 1.17μs。

☺ ADC 供电要求：2.4～3.6V。

☺ ADC 输入范围：$U_{REF-} \leqslant U_{IN} \leqslant U_{REF+}$。

10.2　例程 ADC_Sequencer

STM32CubeF1 软件包中的例程 ADC_Sequencer 的保存路径是 STM32Cube_FW_F1_V1.8.0\Projects\STM3210E_EVAL\Examples\ADC\ADC_Sequencer（注意，这是 STM3210E-EVAL 开发板下的一个例程）。

10.2.1　例程介绍

在开发环境 MDK-ARM 中通过菜单命令"Project"→"Open project"打开工程所在目录下 MDK-ARM 文件夹中的工程文件 Project.uvprojx，然后在工程列表中打开 Doc 文件夹下的说明文档 readme.txt：

```
@ par Example Description

This example provides a short description of how to use the ADC peripheral
with sequencer, to convert several channels.
Channels converted are 1 channel on external pin and 2 internal channels
(VrefInt and temperature sensor).
Moreover, voltage and temperature are then computed.

One compilation switch is available to generate a waveform voltage
for test(located in main.h):
 -"WAVEFORM_VOLTAGE_GENERATION_FOR_TEST" defined:For this example purpose, generates
  a waveform voltage on a spare DAC channel DAC_CHANNEL_1(pin PA.04),
   so user has just to connect a wire between DAC channel output and ADC input to run this example.
 -"WAVEFORM_VOLTAGE_GENERATION_FOR_TEST" not defined:no voltage is generated, user
```

has to connect a voltage source to the selected ADC channel input to run this example.

Other peripherals related to ADC are used:

Mandatory:

–GPIO peripheral is used in analog mode to drive signal from device pin to
   ADC input.

Optionally:

–DMA peripheral is used to transfer ADC conversions data.

ADC settings:

   Sequencer is enabled, and set to convert 3 ranks(3 channels)in discontinuous
   mode, one by one at each conversion trig.

ADC conversion results:

–ADC conversions results are transferred automatically by DMA, into variable
   array "aADCxConvertedValues".

–Each address of this array is containing the conversion data of 1 rank of the
   ADC sequencer.

–When DMA transfer half–buffer and buffer length are reached, callbacks
   HAL_ADC_ConvHalfCpltCallback( )and HAL_ADC_ConvCpltCallback( )are called.

–When the ADC sequence is fully completed(3 ADC conversions), the
   voltage and temperature are computed and placed in variables:
   uhADCChannelToDAC_mVolt, uhVrefInt_mVolt, wTemperature_DegreeCelsius.

Board settings:

–ADC is configured to convert ADC_CHANNEL_4(pin PA.04).

–The voltage input on ADC channel is provided from potentiometer RV2.

   Turning this potentiometer will make the voltage vary into full range:from 0 to Vdda(3.3V).

   ==>Therefore, there is no external connection needed to run this example.

STM3210E–EVAL RevD board's LEDs are be used to monitor the program execution status:

–Normal operation:LED1 is turned–on/off in function of ADC conversion result.

   –Turned–off if sequencer has not yet converted all ranks

   –Turned–on if sequencer has converted all ranks

–Error:In case of error, LED3 is toggling at a frequency of 1Hz.

@ note Care must be taken when using HAL_Delay( ), this function provides accurate delay
(in milliseconds)based on variable incremented in SysTick ISR. This implies that if HAL_Delay( )
is called from a peripheral ISR process, then the SysTick interrupt must have higher priority
(numerically lower)than the peripheral interrupt. Otherwise the caller ISR process will be blocked.

   To change the SysTick interrupt priority you have to use HAL_NVIC_SetPriority( )function.

@ note The application needs to ensure that the SysTick time base is always set to 1 millisecond to have correct HAL operation.

@ par Directory contents

-ADC/ADC_Sequencer/Inc/stm32f1xx_hal_conf. h	HAL configuration file
-ADC/ADC_Sequencer/Inc/stm32f1xx_it. h	DMA interrupt handlers header file
-ADC/ADC_Sequencer/Inc/main. h	Header for main. c module
-ADC/ADC_Sequencer/Src/stm32f1xx_it. c	DMA interrupt handlers
-ADC/ADC_Sequencer/Src/main. c	Main program
-ADC/ADC_Sequencer/Src/stm32f1xx_hal_msp. c	HAL MSP file
-ADC/ADC_Sequencer/Src/system_stm32f1xx. c	STM32F1xx system source file

@ par Hardware and Software environment

 -This example runs on STM32F1xx devices.

 -This example has been tested with STM3210E-EVAL RevD board and can be
  easily tailored to any other supported device and development board.

@ par How to use it ?
In order to make the program work, you must do the following :
 -Open your preferred toolchain
 -Rebuild all files and load your image into target memory
 -Run the example

从例程的 readme. txt 文档可知，例程实现的功能是：使用 ADC 实现 3 个通道——1 个外部通道和 2 个内部通道（内部参照电压 VrefInt 和温度传感器）的转换，转换完成后计算电压和温度值；另外，可以使用一个编译开关（宏定义）使 DAC 的一个通道生成波形电压，为外部 ADC 通道提供测试电压。当然，若不使用该宏定义，也可以将外部电源连接到所选 ADC 通道。我们的开发板的板载芯片是 STM32F103RBT6（中容量 STM32F103××微控制器，没有 DAC 外设，因而在后期仿照例程和实验时可以选择外接测量电源信号）。此外，readme. txt 文档还介绍了例程使用的外设和相关设置情况。

10. 2. 2　分析例程

分析例程，还是要从 main 函数入手。本例的 main 函数代码如下：

```
int main( void)
{
  / * STM32F103xG HAL library initialization * /
  HAL_Init( ) ;

  / * Configure the system clock to 72MHz * /
  SystemClock_Config( ) ;

  / * ## Configure peripherals ############################################## * /
```

```
/* Initialize LEDs on board */
BSP_LED_Init(LED3);
BSP_LED_Init(LED1);

/* Configure Key push-button in Interrupt mode */
BSP_PB_Init(BUTTON_KEY, BUTTON_MODE_EXTI);

/* Configure the ADC peripheral */
ADC_Config();

/* Run the ADC calibration */
if(HAL_ADCEx_Calibration_Start(&AdcHandle) != HAL_OK)
{
    /* Calibration Error */
    Error_Handler();
}
/* ## Enable peripherals ########################################### */

/* ## Start ADC conversions ######################################## */

/* Start ADC conversion on regular group with transfer by DMA */
if(HAL_ADC_Start_DMA(&AdcHandle, (uint32_t *)aADCxConvertedValues,
                     ADCCONVERTEDVALUES_BUFFER_SIZE) != HAL_OK)
{
    /* Start Error */
    Error_Handler();
}

/* Infinite loop */
while(1)
{
    /* Wait for event on push button to perform following actions */
    while(((ubUserButtonClickEvent)==RESET)
    {
    }
    /* Reset variable for next loop iteration */
    ubUserButtonClickEvent=RESET;

    /* Wait for DAC settling time */
    HAL_Delay(1);

    /* Start ADC conversion */
    /* Since sequencer is enabled in discontinuous mode, this will perform */
```

```
/* the conversion of the next rank in sequencer. */
/* Note:For this example, conversion is triggered by software start, */
/*        therefore "HAL_ADC_Start( )" must be called for each conversion. */
/*        Since DMA transfer has been initiated previously by function */
/*        "HAL_ADC_Start_DMA( )", this function will keep DMA transfer */
/*        active. */
HAL_ADC_Start(&AdcHandle);

/* Wait for conversion completion before conditional check hereafter */
HAL_ADC_PollForConversion(&AdcHandle, 1);

/* Turn-on/off LED1 in function of ADC sequencer status */
/* -Turn-off if sequencer has not yet converted all ranks */
/* -Turn-on if sequencer has converted all ranks */
if( ubSequenceCompleted = = RESET)
{
  BSP_LED_Off(LED1);
}
else
{
  BSP_LED_On(LED1);

  /* Computation of ADC conversions raw data to physical values */
  /* Note:ADC results are transferred into array "aADCxConvertedValues" */
  /*         in the order of their rank in ADC sequencer. */
  uhADCChannelToDAC_mVolt = COMPUTATION_DIGITAL_12BITS_TO_VOLTAGE( aADCxConverted-
Values[0]);
  uhVrefInt_mVolt          = COMPUTATION_DIGITAL_12BITS_TO_VOLTAGE( aADCxConverted-
Values[2]);
  wTemperature_DegreeCelsius = COMPUTATION_TEMPERATURE_STD_PARAMS( aADCxConverted-
Values[1]);
  /* Reset variable for next loop iteration */
  ubSequenceCompleted = RESET;
  }
 }
}
```

注意，为了方便分析代码，这里将 main 函数中有关 DAC 的代码删除了。接下来我们可以根据 main 函数的实现过程按模块来逐一分析。

1. 系统初始化

对于系统初始化、时钟树配置、LED 和按键初始化的过程，我们已接触过多次，这里就不详细分析了，但要注意例程中用到的外设有 LED1、LED3、BUTTON，而我们的开发板上只有一个 LED。

2. 配置 ADC

完成系统初始化和其他外设的配置后，main 函数接下来将调用 ADC_Config 函数配置 ADC，以下为 ADC_Config 函数的实现过程：

```
/**
  * @ brief   ADC configuration
  * @ param   None
  * @ retval None
  */
static void ADC_Config(void)
{
    ADC_ChannelConfTypeDef   sConfig;

    /* Configuration of ADCx init structure:ADC parameters and regular group */
    AdcHandle. Instance = ADCx;

    AdcHandle. Init. DataAlign          = ADC_DATAALIGN_RIGHT;
    AdcHandle. Init. ScanConvMode       = ADC _ SCAN _ ENABLE;      /* Sequencer disabled ( ADC
conversion on only 1 channel;channel set on rank 1) */
    AdcHandle. Init. ContinuousConvMode = DISABLE;      /* Continuous mode disabled to have only 1 rank
converted at each conversion trig, and because discontinuous mode is enabled */
    AdcHandle. Init. NbrOfConversion    = 3;      /* Sequencer of regular group will convert the 3 first ranks:
rank1, rank2, rank3 */
    AdcHandle. Init. DiscontinuousConvMode = ENABLE;      /* Sequencer of regular group will convert the
sequence in several sub-divided sequences */
    AdcHandle. Init. NbrOfDiscConversion = 1;      /* Sequencer of regular group will convert ranks one by
one, at each conversion trig */
    AdcHandle. Init. ExternalTrigConv   = ADC _ SOFTWARE _ START;      /* Trig of conversion start done
manually by software, without external event */

    if(HAL_ADC_Init(&AdcHandle) != HAL_OK)
    {
        /* ADC initialization error */
        Error_Handler();
    }

    /* Configuration of channel on ADCx regular group on sequencer rank 1 */
    /* Note:Considering IT occurring after each ADC conversion(IT by DMA end   */
    /*       of transfer), select sampling time and ADC clock with sufficient */
    /*       duration to not create an overhead situation in IRQHandler. */
    /* Note:Set long sampling time due to internal channels(VrefInt, */
    /*       temperature sensor)constraints. Refer to device datasheet for */
    /*       min/typ/max values. */
```

```
    sConfig. Channel      = ADCx_CHANNELa;
    sConfig. Rank         = ADC_REGULAR_RANK_1;
    sConfig. SamplingTime = ADC_SAMPLETIME_71CYCLES_5;

    if( HAL_ADC_ConfigChannel( &AdcHandle, &sConfig) != HAL_OK)
    {
      / * Channel Configuration Error * /
      Error_Handler( );
    }

    / * Configuration of channel on ADCx regular group on sequencer rank 2 * /
    / * Replicate previous rank settings, change only channel and rank * /
    sConfig. Channel      = ADC_CHANNEL_TEMPSENSOR;
    sConfig. Rank         = ADC_REGULAR_RANK_2;

    if( HAL_ADC_ConfigChannel( &AdcHandle, &sConfig) != HAL_OK)
    {
      / * Channel Configuration Error * /
      Error_Handler( );
    }

    / * Configuration of channel on ADCx regular group on sequencer rank 3 * /
    / * Replicate previous rank settings, change only channel and rank * /
    sConfig. Channel      = ADC_CHANNEL_VREFINT;
    sConfig. Rank         = ADC_REGULAR_RANK_3;

    if( HAL_ADC_ConfigChannel( &AdcHandle, &sConfig) != HAL_OK)
    {
      / * Channel Configuration Error * /
      Error_Handler( );
    }
}
```

ADC_Config 函数内部是通过调用 HAL_ADC_Init 函数、HAL_ADC_ConfigChannel 函数实现 ADC 配置的，接下来我们就结合 STM32F10×××参考手册来学习其实现过程。

（1）HAL_ADC_Init 函数：在调用 HAL_ADC_Init 函数前，main 函数主要配置了结构体 AdcHandle. Init 成员变量，我们可以从这些赋值语句的名称和注释中学习 ADC 的配置：设置 转换后数据存储的对齐方式为右对齐（ADC_DATAALIGN_RIGHT）；设置扫描模式为使能 （ADC_SCAN_ENABLE）；设置连续转换模式（ContinuousConvMode）为禁止（DISABLE），如注 释语句中的描述，连续转换模式被禁止后，每次触发只能执行一次转换；设置转换通道数目 （NbrOfConversion）为 3；设置间断转换模式（DiscontinuousConvMode）为使能（ENABLE），该参数主要在函数 HAL_ADC_Init 的实现代码中作为判断条件用；间断模式通道数设置 （NbrOfDiscConversion）为 1，也就是每次触发后，仅转换一个 ADC 通道；设置通道外部触发转换模式（ExternalTrigConv）为软件触发（ADC_SOFTWARE_START），即不使用外部事件触发，由软件代码设置。

查看函数 HAL_ADC_Init 的实现代码可以看到以上参数配置到相关寄存器 ADC 控制寄存器 1（ADC_CR1）、ADC 控制寄存器 2（ADC_CR2）、ADC 规则序列寄存器 1（ADC_SQR1）的实现过程。

（2）HAL_ADC_ConfigChannel 函数：在 ADC_Config 函数中，接下来是相关 ADC 转换通道的设置：

```
sConfig. Channel      = ADCx_CHANNELa;
sConfig. Rank         = ADC_REGULAR_RANK_1;
sConfig. SamplingTime = ADC_SAMPLETIME_71CYCLES_5;

if( HAL_ADC_ConfigChannel( &AdcHandle, &sConfig) != HAL_OK)
{
   / * Channel Configuration Error * /
   Error_Handler( );
}
```

设置转换通道为 ADCx_CHANNELa（即 ADC_CHANNEL_4）；设置该通道在转换组中的序列为 ADC_REGULAR_RANK_1（即第 1 个）；设置 ADC 采样时间为 ADC_SAMPLETIME_71CYCLES_5（即 71.5 个 ADC_CLK 周期）。

最后，通过在 HAL_ADC_ConfigChannel 函数内部设置 ADC 控制寄存器（ADC_CR2）、ADC 规则序列寄存器x（ADC_SQRx）和 ADC 采样时间寄存器 x（ADC_SMPRx）实现以上参数寄存器的配置。有关这些寄存器相应位的具体意义及设置，可以参考 STM32F10×××参考手册进一步学习。

在 ADC_Config 函数内部共有 3 个 ADC 通道的设置，另外两个通道是温度传感器（ADC_CHANNEL_TEMPSENSOR）和内部参照电压（ADC_CHANNEL_VREFINT），分别设置其转换组序列为 2 和 3，它们的采样周期是一样的，均为 71.5 个 ADC_CLK 周期。

3. 启动 ADC 校准

在 HAL_ADCEx_Calibration_Start 内部，先通过设置 ADC 控制寄存器 2（ADC_CR2）的复位校准位（RSTCAL 位）对校准寄存器进行初始化，等待校准寄存器初始化完成后，设置 ADC_CR2 的 AD 校准位（CAL 位），启动 ADC 校准功能。

4. 启动 A/D 转换

完成以上设置后，main 函数通过调用 HAL_ADC_Start_DMA 函数启动 A/D 转换（使用 DMA 控制器传输转换结果的规则组）。

在 main 函数调用 HAL_ADC_Start_DMA 函数时，传入的参数有外设句柄（AdcHandle），DMA 控制器要保存的数据存储器地址（aADCxConvertedValues），以及要传输数据的个数（ADCCONVERTEDVALUES_BUFFER_SIZE，其宏定义为3）。

HAL_ADC_Start_DMA 函数内部通过设置 ADC 控制寄存器 2（ADC_CR2）的 DMA 访问模式位（DMA 位）实现 ADC 的 DMA 访问模式使能；另外调用 HAL_DMA_Start_IT 函数配置 DMA 通道（DMA1 的通道 1，即 ADC1 通道）的中断传输模式；最后配置 ADC 控制寄存器 2

（ADC_CR2）规则组通道的外部触发转换模式位（EXTTRIG）和开始转换规则组通道位（SWSTART），启动 A/D 转换。

有关 ADC 的 DMA 控制器的配置，还有一个函数须要介绍，那就是在 stm32f1xx_hal_msp.c 文件中定义的 HAL_ADC_MspInit 函数。该函数中定义了 DMA 控制器传输数据的方向——从外设到存储器（DMA_PERIPH_TO_MEMORY）、外设地址增量模式 DMA_PINC_DISABLE、存储器地址增量模式 DMA_MINC_ENABLE、外设数据宽度为半字（DMA_PDATAALIGN_HALFWORD）、存储器数据宽度为半字（DMA_MDATAALIGN_HALFWORD）、循环模式（执行循环）（DMA_CIRCULAR）、DMA 通道优先级（DMA_PRIORITY_HIGH）。这些设置都是后续使用开发工具 STM32CubeMX 重建例程配置 DMA 控制器时要用到的。

5. while 循环体

在 main 函数的 while 循环体内部，其实现流程是：等待用户操作按键，当用户操作按键时，调用 HAL_ADC_Start 函数启动一次 ADC 规则组通道转换；而后调用 HAL_ADC_PollForConversion 函数等待 A/D 转换完成；最后通过全局变量 ubSequenceCompleted 判断是否正常完成 A/D 转换。若转换失败，则熄灭 LED1；若转换成功，则计算外部模拟电压、内部参照电压和温度传感器的值。

> **【注意】** 在 main.c 文件中重新定义了两个中断回调函数：一是有关按键的外部中断函数 HAL_GPIO_EXTI_Callback，在其内部实现全局变量 ubUserButtonClickEvent 值的修改，以表明有用户操作按键；二是 A/D 转换完成中断回调函数 HAL_ADC_ConvCpltCallback，在其内部实现全局变量 ubSequenceCompleted 值的修改，用以告诉 main 函数的 while 循环体规则组 ADC 通道是否转换完成。

有关例程 ADC_Sequencer 的源代码，我们就介绍这么多。若要系统了解 STM32 微控制器的 ADC，还要进一步阅读 STM32F10×××参考手册，不仅要了解其相关寄存器，而且要阅读其功能描述，学习其工作原理。

10.2.3 重建例程

1. 使用 STM32CubeMX 重建例程

（1）新建文件夹：在 E:\KeilMDK 文件夹下新建 ADC 文件夹。

（2）新建 STM32CubeMX 工程，选择 "Start My project from MCU"。

（3）选择微控制器 STM32F103RBTx。

（4）配置 MCU 引脚。本工程中将要用到的外设有：LED2，用以提示程序运行状态；按键，用以等待用户操作，然后完成一次 A/D 转换；ADC1 的通道 4，用以测量一路外部模拟电压；两个内部通道。因此，这里要按照图 10-2 所示：配置 PA5（连接 LED2）的工作模式为 GPIO_Output；配置 PC13（按键）的工作模式为 GPIO_EXTI13；在左侧的 Categories/Analog 列表中选中 ADC1、通道 4（IN4）、温度传感器 Temperature Sensor Channel、内部参照电压 Verfint Channel，其他配置项按默认配置（其中，通道 5 即 IN5 被用作外部 GPIO 端口，以红色显示）。设置 Categories/System Core 列表中的 SYS；设置调试器 Debug 使用 Serial Wire（方便后面调试例程）。

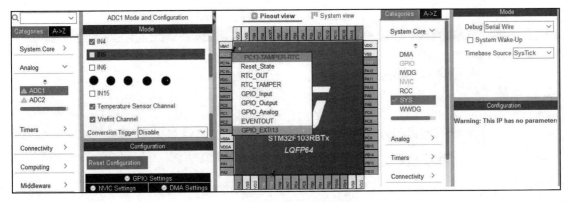

图 10-2 配置 MCU 引脚

（5）保存 STM32CubeMX 工程：将工程保存在建立的 ADC 文件夹中，将其命名为 MyADC_Sequencer。

（6）生成报告。

（7）配置 MCU 时钟树：根据 STM32F10×××参考手册 RM0008 第 11.1 节 ADC Introduction 中的介绍，ADC 的输入时钟频率不能超过 14MHz。我们可以设置系统时钟 System Clock 的时钟源为 PLLCLK，设置 PLLMul 为 x14，最终配置 HCLK 为 56MHz；设置 APB2 Prescaler 为/2，PCLK2 为 28MHz；设置 ADC Prescaler 为/2，ADC_CLK 为 14MHz。具体设置如图 10-3 所示。

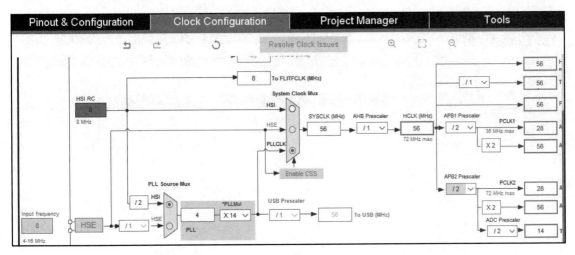

图 10-3 配置时钟树

（8）配置 MCU 外设：在 STM32CubeMX 主窗口的"Categories"标签页，有 4 个外设需要设置：GPIO、ADC1、NVIC 和 DMA。有关 GPIO 的配置，我们可以在 Categories/System Core 列表的 GPIO "Mode and Configuration"页面将 PA5 命名为 LED2，同时将 PC13 引脚命名为 USER_BUTTON。具体设置如图 10-4 所示。

有关 ADC1 的配置，我们可以重点参考例程 ADC_Config 函数中 ADC 的配置参数在 Categories/Analog 列表的"ADC1 Mode and Configuration"配置 ADC1 的各个属性项。首先要配置 ADC_Regular_ConversionMode 项的 Number of Conversion（转换通道数目）为 3；然后设置 Data Alignment（数据对齐方式）为 Right alignment；设置 Scan Conversion Mode（扫描模式）

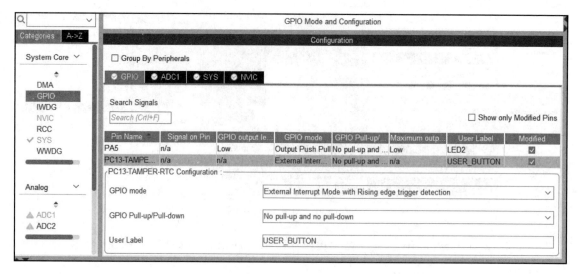

图 10-4　GPIO 配置

为 Enabled；设置 Continuous Conversion Mode（连续转换模式）为 Disabled；设置 Discontinuous Conversion Mode（间断转换模式）为 Enabled；设置 Number of Discontinuous Conversions（间断转换模式通道个数）为 1；设置 External Trigger Conversion Source（外部触发源）为 Regular Conversion launched by software，如图 10-5 所示。

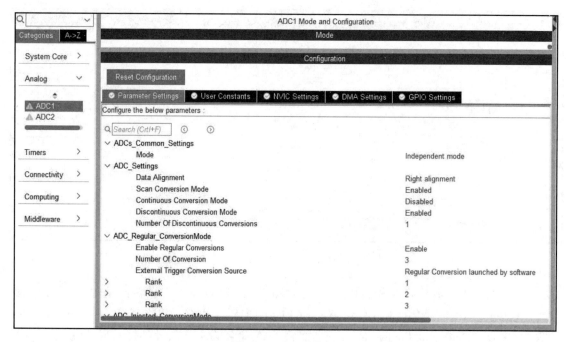

图 10-5　ADC1 配置

另外，有关规则组（ADC_Regular_ConversionMode）3 个通道的具体设置如图 10-6 所示，第 1 个转换通道为 ADC1_Channel 4；第 2 个转换通道为温度传感器（Channel Temperature Sensor）；第 3 个转换通道为内部参照电压（Channel Verfint）；3 个通道的采样周期（Sampling Time）均为 71.5 个 ADC_CLK 周期。

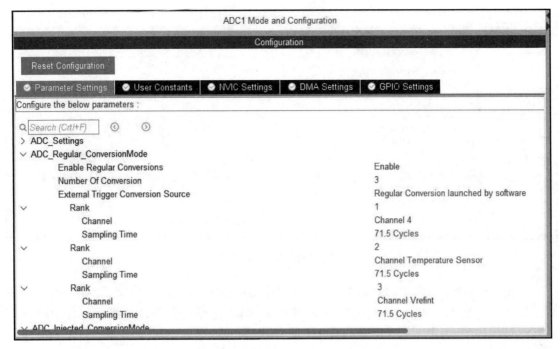

图 10-6 规则组 3 个 ADC 通道的设置

有关 DMA 的配置，我们在 Categories/System Core 列表中选择 DAM 进入 "DMA Mode and Configuration" 窗口，单击 "Add" 按钮添加 DMA 通道 ADC1（DMA1_Channel 1），配置参数可以参考 stm32f1xx_hal_msp. c 文件中 HAL_ADC_MspInit 函数有关 DMA 控制器的设置，设置数据传输方向为 Memory To Peripheral，设置优先级 Priority 为 High；在 DMA 请求设置（DMA Request Settings）中，循环模式 Mode 为循环模式（Circular），数据宽度为 Half Word（半字）。具体设置如图 10-7 所示。

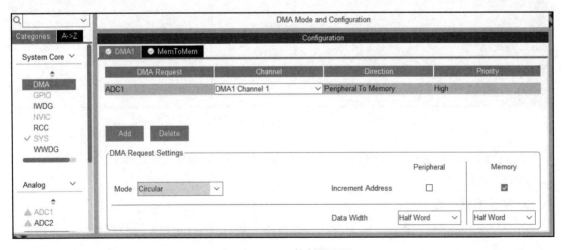

图 10-7 DMA 控制器配置

有关 NVIC 的配置，重点是配置 System Tick Timer、DMA1 channel1 global interrupts、ADC1 and ADC2 global interrupts、ExTI line [15：10] interrupts 等中断的抢占优先级（Preemption Priority）。具体设置如图 10-8 所示。

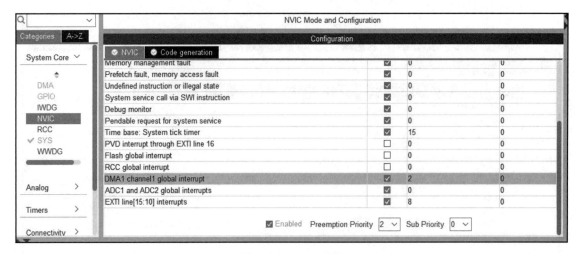

图 10-8　NVIC 配置

配置中断的抢占优先级时，通常配置系统嘀嗒时钟的优先级最低（数值最大），其他中断根据其重要性而定。例如，本例中的 ADC 中断和 DMA 中断的重要性就高于外部中断（按键），可以设置外部中断 EXTI 的优先级稍低（数值稍大），而 ADC 和 DMA 的中断优先级稍高。

（9）生成 C 代码工程：如图 10-9 所示，选择 "Project Manager" 标签页，在此选择开发工具 MDK-ARM、软件版本：V5.27 等。

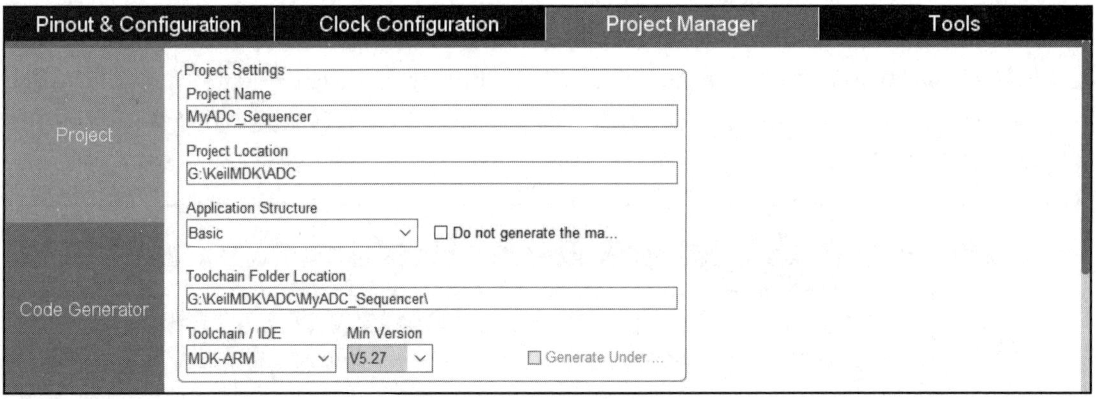

Pinout & Configuration	Clock Configuration	Project Manager	Tools

Project Settings
Project Name
MyADC_Sequencer

Project Location
G:\KeilMDK\ADC

Application Structure
Basic ☐ Do not generate the ma...

Toolchain Folder Location
G:\KeilMDK\ADC\MyADC_Sequencer\

Toolchain / IDE　　Min Version
MDK-ARM　　V5.27　　☐ Generate Under ...

Project / Code Generator

图 10-9　配置工程

单击 "GENERATE CODE" 按钮生成 C 代码工程，并在 MDK-ARM 中打开该工程。

（10）编译工程。

2. 完善例程

通过 STM32CubeMX 重新生成工程后，我们仿照例程将 main.c 文件补充完善，实现例程功能的重现。

（1）校准、启动 ADC：在 main 函数的 /* USER CODE BEGIN 2 */ 与 /* USER CODE END 2 */ 之间补充代码，调用 HAL_ADCEx_Calibration_Start 函数，实现 ADC 校准；调用 HAL_ADC_Start_DMA 函数，启动使用 DMA 控制器传输转换结果的规则组进行 A/D 转换。

```
/ * USER CODE BEGIN 2 * /
/ * Run the ADC calibration * /
if (HAL_ADCEx_Calibration_Start(&hadc1) != HAL_OK)
{
    / * Calibration Error * /
    Error_Handler();
}

    / * Start ADC conversion on regular group with transfer by DMA * /
if (HAL_ADC_Start_DMA (&hadc1,
                        (uint32_t *) aADCxConvertedValues,
                        ADCCONVERTEDVALUES_BUFFER_SIZE
                        ) != HAL_OK)
{
    / * Start Error * /
    Error_Handler();
}
/ * USER CODE END 2 * /
```

【注意】修改 HAL_ADCEx_Calibration_Start 函数和 HAL_ADC_Start_DMA 函数的参数 AdcHandle 为 hadc1，与 main.c 文件中的定义全局变量保持一致。

（2）定义变量、数组：在 main.c 文件的/ * USER CODE BEGIN PV * /与/ * USER CODE END PV * /之间定义 HAL_ADC_Start_DMA 函数用到的数组 aADCxConvertedValues，以及后面代码要用到的其他几个全局变量。

```
/ * USER CODE BEGIN PV * /
/ * Private variables ------------------------------------------------ * /
/ * Variable containing ADC conversions results * /
__IO uint16_t    aADCxConvertedValues[ADCCONVERTEDVALUES_BUFFER_SIZE];

/ * Variables for ADC conversions results computation to physical values * /
uint16_t    uhADCChannelToDAC_mVolt = 0;
uint16_t    uhVrefInt_mVolt = 0;
int32_t     wTemperature_DegreeCelsius = 0;

/ * Variables to manage push button on board: interface between ExtLine interruption and main program * /
__IO uint8_t ubUserButtonClickEvent = RESET;/ * Event detection: Set after User Button interrupt * /

/ * Variable to report ADC sequencer status * /
uint8_t ubSequenceCompleted = RESET;    / * Set when all ranks of the sequence have been converted * /
/ * USER CODE END PV * /
```

（3）定义 ADCCONVERTEDVALUES_BUFFER_SIZE：在 main.c 文件的/ * USER CODE BEGIN PV * /与/ * USER CODE END PV * /之间定义定义数组 aADCxConvertedValues 大小用到的宏 ADCCONVERTEDVALUES_BUFFER_SIZE，同时定义后面计算电压、温度要用到的宏。

```
/* USER CODE BEGIN PV */
/* Private define ----------------------------------------------------- */
#define VDD_APPLI      ((uint32_t) 3300)   /* Value of analog voltage supply Vdda (unit:mV) */
#define RANGE_12BITS   ((uint32_t) 4095)   /* Max value with a full range of 12 bits */
#define USERBUTTON_CLICK_COUNT_MAX      ((uint32_t)  4)   /* Maximum value of variable
"UserButtonClickCount" */

#define ADCCONVERTEDVALUES_BUFFER_SIZE      ((uint32_t)  3)   /* Size of array containing ADC
converted values:set to ADC sequencer number of ranks converted, to have a rank in each address */

/* Internal temperature sensor:constants data used for indicative values in   */
/* this example. Refer to device datasheet for min/typ/max values.   */
/* For more accurate values, device should be calibrated on offset and slope   */
/* for application temperature range.   */
#define INTERNAL_TEMPSENSOR_V25          ((int32_t) 1430)      /* Internal temperature sensor,
parameter V25 (unit:mV). Refer to device datasheet for min/typ/max values. */
#define INTERNAL_TEMPSENSOR_AVGSLOPE     ((int32_t) 4300)      /* Internal temperature sensor,
parameter Avg_Slope (unit:uV/DegCelsius). Refer to device datasheet for min/typ/max values. */
/* This calibration parameter is intended to calculate the actual VDDA from Vrefint ADC measurement. */

/* Private macro ----------------------------------------------------- */

/**
  * @brief   Computation of temperature (unit:degree Celsius) from the internal
  *          temperature sensor measurement by ADC.
  *          Computation is using temperature sensor standard parameters (refer
  *          to device datasheet).
  *          Computation formula:
  *          Temperature = (VTS-V25)/Avg_Slope+25
  *          with VTS = temperature sensor voltage
  *               Avg_Slope = temperature sensor slope (unit:uV/DegCelsius)
  *               V25 = temperature sensor @ 25degC and Vdda 3.3V (unit:mV)
  *          Calculation validity conditioned to settings:
  *          - ADC resolution 12 bits (need to scale value if using a different
  *            resolution).
  *          - Power supply of analog voltage Vdda 3.3V (need to scale value
  *            if using a different analog voltage supply value).
  * @param TS_ADC_DATA:Temperature sensor digital value measured by ADC
  * @retval None
  */
#define COMPUTATION_TEMPERATURE_STD_PARAMS(TS_ADC_DATA)                             \
  (((((int32_t)(INTERNAL_TEMPSENSOR_V25-(((TS_ADC_DATA) * VDD_APPLI)/RANGE_12BITS)  \
    ) * 1000)/INTERNAL_TEMPSENSOR_AVGSLOPE)+25)
```

```
/**
  * @brief   Computation of voltage (unit:mV) from ADC measurement digital
  *             value on range 12 bits.
  *          Calculation validity conditioned to settings:
  *             - ADC resolution 12 bits (need to scale value if using a different
  *               resolution).
  *             - Power supply of analog voltage Vdda 3.3V (need to scale value
  *               if using a different analog voltage supply value).
  * @param ADC_DATA:Digital value measured by ADC
  * @retval None
  */
#define COMPUTATION_DIGITAL_12BITS_TO_VOLTAGE(ADC_DATA)                          \
  ((ADC_DATA) * VDD_APPLI/RANGE_12BITS)
```

（4）补充 while 循环体：在 main 函数的 while 循环体的/ * USER CODE BEGIN 3 * /与
/ * USER CODE END 3 * /之间补充等待用户操作按键、启动 A/D 转换、等待 A/D 转换完成、
计算转换数据的代码。

```
/ * USER CODE BEGIN 3 * /
/ * Wait for event on push button to perform following actions * /
while ((ubUserButtonClickEvent)= =RESET)
{

}
/ * Reset variable for next loop iteration * /
ubUserButtonClickEvent=RESET;

    / * Start ADC conversion * /
/ * Since sequencer is enabled in discontinuous mode,this will perform       * /
/ * the conversion of the next rank in sequencer.                            * /
/ * Note:For this example,conversion is triggered by software start,         * /
/ *       therefore "HAL_ADC_Start()" must be called for each conversion.    * /
/ *       Since DMA transfer has been initiated previously by function       * /
/ *       "HAL_ADC_Start_DMA()",this function will keep DMA transfer         * /
/ *       active.                                                            * /
HAL_ADC_Start(&hadc1);

/ * Wait for conversion completion before conditional check hereafter * /
HAL_ADC_PollForConversion(&hadc1,1);

/ * Turn-on/off LED1 in function of ADC sequencer status * /
/ * -Turn-off if sequencer has not yet converted all ranks * /
/ * -Turn-on if sequencer has converted all ranks * /
if (ubSequenceCompleted= =RESET)
{
```

```
        HAL_GPIO_WritePin( LED2_GPIO_Port,LED2_Pin,GPIO_PIN_RESET);
}
else
{
        HAL_GPIO_WritePin( LED2_GPIO_Port,LED2_Pin,GPIO_PIN_SET);

        /* Computation of ADC conversions raw data to physical values */
        /* Note:ADC results are transferred into array "aADCxConvertedValues"   */
        /*        in the order of their rank in ADC sequencer.                   */
        uhADCChannelToDAC_mVolt = COMPUTATION_DIGITAL_12BITS_TO_VOLTAGE( aADCxConverted Values
[0]);
        uhVrefInt_mVolt=COMPUTATION_DIGITAL_12BITS_TO_VOLTAGE(aADCxConvertedValues[2]);
        wTemperature_DegreeCelsius = COMPUTATION_TEMPERATURE_STD_PARAMS( aADCxConverted Values
[1]);
            /* Reset variable for next loop iteration */
            ubSequenceCompleted=RESET;
        }
}
/* USER CODE END 3 */
```

> **【注意】** 复制例程的代码时，要修改 ADC 句柄为 hadc1，用 HAL_GPIO_WritePin 函数重写 LED 的控制函数。

（5）重写回调函数：在 main.c 文件的/* USER CODE BEGIN 4 */与/* USER CODE END 4 */之间补充外部中断回调函数、A/D 转换完成的回调函数和 ADC 错误回调函数。

```
/* USER CODE BEGIN 4 */
/**
    * @ brief EXTI line detection callbacks
    * @ param GPIO_Pin:Specifies the pins connected EXTI line
    * @ retval None
    */
void HAL_GPIO_EXTI_Callback( uint16_t GPIO_Pin)
{
    if ( GPIO_Pin= =USER_BUTTON_Pin)
    {
    /* Set variable to report push button event to main program */
    ubUserButtonClickEvent=SET;
    }
}

/**
    * @ brief   Conversion complete callback in non blocking mode
```

```
 * @ param    AdcHandle:AdcHandle handle
 * @ note     This example shows a simple way to report end of conversion
 *            and get conversion result. You can add your own implementation.
 * @ retval None
 */
void HAL_ADC_ConvCpltCallback(ADC_HandleTypeDef * AdcHandle)
{
  / * Report to main program that ADC sequencer has reached its end */
  ubSequenceCompleted = SET;
}


/ **
 * @ brief   ADC error callback in non blocking mode
 *           (ADC conversion with interruption or transfer by DMA)
 * @ param   hadc:ADC handle
 * @ retval None
 */
void HAL_ADC_ErrorCallback(ADC_HandleTypeDef * hadc)
{
  / * In case of ADC error,call main error handler */
  Error_Handler();
}
/ * USER CODE END 4 */
```

（6）完善 Error_Handler 函数：在异常处理函数 Error_Handler 的/ * USER CODE BEGIN Error_Handler */与/ * USER CODE END Error_Handler */之间补充 LED 闪烁提示发生错误的代码。

```
void Error_Handler(void)
{
  / * USER CODE BEGIN Error_Handler */
  / * User can add his own implementation to report the HAL error return state */
  while(1)
  {
    / * Toggle LED2 */
    HAL_GPIO_TogglePin(LED2_GPIO_Port,LED2_Pin);
    HAL_Delay(500);
  }
  / * USER CODE END Error_Handler */
}
```

（7）编译、下载：完成以上修改、补充后，在开发环境 MDK-ARM 中编译、下载新建工程到 Nucleo-F103RB 开发板；然后，按复位键（黑色按键）运行程序；再操作 USER Button（蓝色按键），观察 LED2（绿色 LED）的状态（熄灭的）；再次操作 USER Button，观察 LED2 的状态；如此往复，对照 main 函数的 while 循环体中的代码，理解代码运行的流程。

（8）仿真、调试：使用 ST-LINK/V2 调试器进行仿真调试，查看程序运行的结果。在调试前，应做一些准备：其一是开发板的硬件连接，ADC1 的通道 4 现在是悬空的，可以给它提供一个稳定的电平（如 3.3V 电压或 GND），参考 Nucleo-F103RB 开发板的接口电路图（如图 10-10 所示），可以连接 ADC1_IN4（PA4，即 CN8 的第 3 插孔）到 GND（即 CN6 的第 6 或第 7 插孔）；其二是修改 main.c 文件 MX_ADC1_Init 函数中的参数，修改结构体变量的一个赋值参数 hadc1.Init.NbrOfDiscConversion 为 3。这样，我们操作一次按键就可以得到 A/D 转换完成的结果。

```
/** Common config
 */
hadc1.Instance = ADC1;
hadc1.Init.ScanConvMode = ADC_SCAN_ENABLE;
hadc1.Init.ContinuousConvMode = DISABLE;
hadc1.Init.DiscontinuousConvMode = ENABLE;
hadc1.Init.NbrOfDiscConversion = 3;
hadc1.Init.ExternalTrigConv = ADC_SOFTWARE_START;
hadc1.Init.DataAlign = ADC_DATAALIGN_RIGHT;
hadc1.Init.NbrOfConversion = 3;
if (HAL_ADC_Init(&hadc1) != HAL_OK)
{
    Error_Handler();
}
```

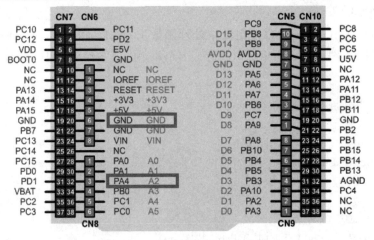

图 10-10　Nucleo-F103RB 引脚图

完成以上修改后，重新编译工程，并将其下载到开发板，再操作复位键和用户按键，观察程序运行的结果。对于第二部分代码，我们可以借助开发工具 STM32CubeMX，在 STM32CubeMX 中打开工程 My_ADC_Sequencer.ioc，在"Pinout & Configuration"标签页选择 Categories/Analog 列表的 ADC1 对其进行配置。如图 10-11 所示，在"ADC1 Configuration"窗口的 Parameter Setting 标签页，修改 Number of Discontionuous Conversions 项为 3，修改完成后，单击"GENERATE CODE"按钮重新生成 C 语言工程。

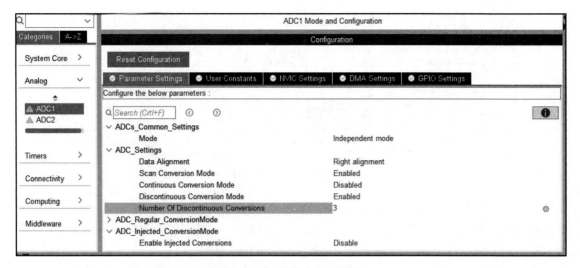

图 10-11　修改 ADC1 配置

在 MDK-ARM 开发环境中打开修改后的工程，可以发现前面补充的代码还在，而且 MX_ADC1_Init 函数中有关 ADC1 的配置也改变了。

完成以上准备工作后，我们就可以在 MDK-ARM 开发环境下进行仿真调试例程了。执行菜单命令"Debug"→"Start/Stop Debug Session"或单击工具栏中的"Start/Stop Debug Session"按钮，进入调试环境（使用 STM32CubeMX 生成的工程，默认调试器就是 ST-LINK，不用修改配置）。

在 MDK-ARM 的调试模式下，找到 main 函数的处理 A/D 转换结果的代码行"uhADCChannelToDAC_mVolt=COMPUTATION_DIGITAL_12BITS_TO_VOLTAGE(aADCxConvertedValues [0])"，使用工具栏中的"Insert/Remove Breakpoint"按钮在该行添加断点，如图 10-12 所示。然后，单击工具栏中的"Run"按钮运行程序。

```
main.c    stm32f1xx_hal.c    startup_stm32f103xb.s    stm32f1xx_it.c    stm32f1xx_hal_adc.c    stm32f1xx_hal_msp.c
207        else
208 □      {
209            HAL_GPIO_WritePin(LED2_GPIO_Port, LED2_Pin, GPIO_PIN_SET);
210
211            /* Computation of ADC conversions raw data to physical values */
212            /* Note: ADC results are transferred into array "aADCxConvertedValues"  */
213            /*       in the order of their rank in ADC sequencer.              */
214            uhADCChannelToDAC_mVolt    = COMPUTATION_DIGITAL_12BITS_TO_VOLTAGE(aADCxConvertedValues[0]);
215            uhVrefInt_mVolt            = COMPUTATION_DIGITAL_12BITS_TO_VOLTAGE(aADCxConvertedValues[2]);
216            wTemperature_DegreeCelsius = COMPUTATION_TEMPERATURE_STD_PARAMS(aADCxConvertedValues[1]);
217
218            /* Reset variable for next loop iteration */
219            ubSequenceCompleted = RESET;
220        }
221    }
222    /* USER CODE END 3 */
```

图 10-12　添加断点

此时程序并未响应，我们可以操作开发板上的用户按键（蓝色按键），观察 MDK-ARM 中的代码窗口，程序会运行到断点处停下来。此时，使用菜单命令"View"→"Watch Windows"→"Watch1"打开"Watch1"窗口，在此添加变量 uhADCChannelToDAC_mVolt、uhVrefInt_mVolt、wTemperature_DegreeCelsius 和数组 aADCxConvertedValues，如图 10-13 所示。

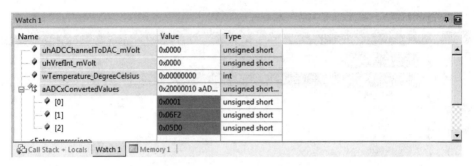

图 10-13 "Watch1" 窗口

单击工具栏中的"Step Over"按钮 ⓘ，逐语句运行程序，并观察"Watch1"窗口中变量数值的变换。然后，将连接 ADC1_IN4 的杜邦线连接到 3.3V 电源上（CN6 的第 4 插孔），再次运行仿真，观察变量 uhADCChannelToDAC_mVolt 的转换结果。

有关例程 ADC_Sequencer，我们就先了解这么多，读者可以考虑添加串口通信功能，将计算结果通过串口上传到 PC 的串口调试助手，这样就可以在正常工作模式观察 ADC 测量的结果。另外，在 STM32CubeF1 软件包的 STM32Cube_FW_F1_V1.8.0/Projects/STM32F103RB-Nucleo/Examples/ADC 目录下提供了基于 Nucleo-F103RB 开发板的 ADC 例程 ADC_AnalogWatchdog，读者可以仿照学习例程 ADC_Sequencer 的过程学习。两个例程很类似，不同的是：例程 ADC_AnalogWatchdog 启用了 ADC 的模拟看门狗的功能，可以根据设定的阈值区间产生 ADC 中断；另外，例程 ADC_AnalogWatchdog 有两种触发模式可以选择，一种是软件触发（SWSTART）连续转换，另一种是外部事件（TIM）触发。

除了这两个例程，我们通过 STM32CubeF1 软件的应用手册 AN4724 可知，基于开发板 STM3210C-EVAL 的关于 ADC 的例程还有另外两个：ADC_DualModeInterleaved 和 ADC_Regular_injected_groups。其中，例程 ADC_DualModeInterleaved 使用两个 ADC 外设实现交叉模式的转换；例程 ADC_Regular_injected_groups 实现的是两个 ADC 组（规则组和注入组）的混合模式转换。读者可以结合 STM32F10×××参考手册 RM0008 的第 11.9 节 Dual ADC mode（双 ADC 模式）及第 11.12 节 ADC registers（ADC 寄存器）进行学习。

思考与练习

（1）通过 STM32CubeF1 用户手册 UM1850 复习与 ADC 相关的驱动函数。

（2）复习 STM32F10×××参考手册 RM0008 的第 7、9、10 章中与 ADC 相关的时钟、GPIO 端口复用以及外部中断。

（3）复习 STM32F10×××参考手册 RM0008 的第 13 章 DMA 控制器中与 ADC 相关的内容。

（4）阅读 STM32F10×××参考手册 RM0008 的第 11 章，学习 STM32 的 ADC 相关操作。

（5）学习 STM32CubeF1 软件包提供的其他 ADC 例程，特别是基于 Nucleo-F103RB 开发板的例程 ADC_AnalogWatchdog。

第 11 章　实时操作系统 FreeRTOS

本章要介绍的是 STM32CubeF1 软件包中间件组件的应用。STM32CubeF1 软件包提供的中间组件可以分为两种：一种是协议比较复杂的外设驱动，如 USB 驱动、TCP/IP 栈等；另一种就是相对复杂的综合应用，如操作系统、文件系统、图形用户界面等。本章以实时操作系统 FreeRTOS 为例，介绍如何在图形配置工具 STM32CubeMX 中实现中间组件的应用。

11.1　了解操作系统

所谓操作系统，就是管理和控制硬件与软件资源的程序，是运行在硬件资源上的最基本的程序，其他应用程序必须在操作系统的支持下才能运行。

有些读者会问，我们之前写的程序不都是直接在开发板上运行的吗？没有操作系统不是一样运行吗？这种程序通常是独占了微控制器的所有资源，程序最终停留在 main 函数的 while 循环体中形成死循环。这种程序的独占性造成了微控制器 CPU 资源的浪费。例如，在使用延时函数 HAL_Delay 时，其内部实现的就是一个无意义的空循环：

```
__weak void HAL_Delay( __IO uint32_t Delay)
{
    uint32_t tickstart = 0;
    tickstart = HAL_GetTick( );
    while( ( HAL_GetTick( ) - tickstart) < Delay)
    {
    }
}
```

而且，这种独占性使程序空循环等待时又不能有其他程序运行。当然，使用硬件中断的形式，也可以实现一些简单应用的嵌套。为了有更多的程序能够同时运行在一个 CPU 上，让用户感觉到有多个应用在同时工作，就需要用到操作系统。操作系统的作用不仅是一个程序在调用延时函数等待时启动另一个程序，而是使用更为复杂的运算、管理方法实现多个程序并行运行的"假象"，让用户感觉每个程序都是在独占硬件资源。操作系统中管理程序最常见的方法就是分时间片管理，每个程序运行时有一个时间片，当它的时间片用完时，操作系统就会收回使用权，重新分配给另一个（也可以还是刚才那个）程序；当然，这其中还会有优先级管理、抢占管理、程序之间的通信等。对于用户，手机或 PC 上通常每个程序都是一个软件或一个应用；而对于开发人员或操作系统，每个程序都是一个任务，对程序的管理也就是任务管理。

根据其运行的硬件环境不同，操作系统有很多种。在微控制器上运行的常见的操作系统有 μcOS、FreeRTOS、VxWorks、RTLinux、QNX 等，特别是轻量级的操作系统 μcOS、FreeRTOS，更适合在 STM32F103RBT6 这样的微控制器上运行。

要学习 FreeRTOS，有几份文档是很好的教材，首先就是 ST 公司官网的 STM32CubeF1 软件包的介绍页面列举的用户手册：

UM1722：Developing Applications on STM32Cube with RTOS。

> **【注意】** 在 ST 公司的中文官网搜索关键字 "UM1722"，可以找到该文档的中文版。

登录 FreeRTOS 公司官网，在 "PDF books" 页面可看到另外两份文档：

Mastering the FreeRTOS Real Time Kernel—a Hands On Tutorial Guide；

FreeRTOS V9.0.0 Reference Manual。

其中，Mastering the FreeRTOS Real Time Kernel 有中文版的《FreeRTOS 实时内核使用指南》。

这 3 份文档可以相互借鉴使用。其中，用户手册 UM1722 主要介绍 STM32CubeF1 软件包所提供的例程，另外两份文档更为详细地介绍了 FreeRTOS 的使用和 API 函数的说明（参考手册）。在学习的过程中，我们可以先从 UM1722 开始，再通过另外两份文档深入学习。

下面就结合用户手册 UM1722 在具有 RTOS 的 STM32Cube 上开发应用（Developing Applications on STM32Cube with RTOS）来了解 FreeRTOS 的部分特性。

☺ Free RTOS 示例生成器内核：优先式、合作式及混合式配置选项。

☺ 官方支持 ARM7、ARM Cortex M3 等 27 种架构。

☺ 设计目标为小尺寸，简单、易用；生成内核二进制映像可控制到 4KB 大小。

☺ 代码结构易移植，主要用 C 语言编写。

☺ 支持任务和协调例程。

☺ 可通过队列、二进制信号量、计数信号量、递归信号量、互斥量在任务间、任务和中断间通信和同步。

☺ 互斥量有优先级继承。

☺ 支持高效的软件定时器。

☺ 可创建的任务数无软件限制。

☺ 可使用的优先级数无软件限制。

☺ 免费的嵌入式软件源代码。

理解操作系统，一方面是要理解任务。简单来说，每个任务就是一个应用，也就相当于我们写单机程序（裸机程序）时的每个 main 函数。通常每个任务都有一个 while 循环函数，始终不会跳出（特殊情况下，任务也可以被删除或自删除）。另一方面，就是要理解任务之间的同步和通信，这就须要引入队列、信号量（二进制信号量、计数信号量、互斥量等）等概念。

11.2 例程 FreeRTOS_ThreadCreation

我们通过 STM32CubeF1 软件包的例程 FreeRTOS_ThreadCreation 来学习 FreeRTOS 的相关应用。该例程的保存路径是 STM32Cube_FW_F1_V1.8.0/Projects/STM32F103RB-Nucleo/Applications/FreeRTOS/FreeRTOS_ThreadCreation（注意，该例程在 Nucleo-F103RB 开发板目录的 Applications 子目录下）。

11. 2. 1　例程介绍

在开发环境 MDK-ARM 中执行菜单命令"Project"→"Open project"，打开工程所在目录下 MDK-ARM 文件夹中的工程文件 Project. uvprojx，然后在工程列表中打开 Doc 文件夹下的说明文档 readme. txt：

@ par Description
How to implement thread creation using CMSIS RTOS API.

Thread 1 toggles LED2 every 250 milliseconds for 5 seconds then resumes Thread 2
and suspends itself. Thread 2 resumes and toggles LED2 every 500 milliseconds
for 10 seconds, then Thread 2 resumes Thread 1 and suspends itself.

@ note Care must be taken when using HAL_Delay(), this function provides accurate
　　　　delay (in milliseconds) based on variable incremented in SysTick ISR. This
　　　　implies that if HAL_Delay() is called from a peripheral ISR process, then
　　　　the SysTick interrupt must have higher priority (numerically lower)
　　　　than the peripheral interrupt. Otherwise the caller ISR process will be blocked.
　　　　To change the SysTick interrupt priority you have to use HAL_NVIC_SetPriority() function.
@ note The application need to ensure that the SysTick time base is always set to 1 millisecond
　　　　to have correct HAL operation.

@ note The FreeRTOS heap size configTOTAL_HEAP_SIZE defined in FreeRTOSConfig. h is set
　　　　accordingly to the OS resources memory requirements of the application with+10%
　　　　margin and rounded to the upper Kbyte boundary.

For more details about FreeRTOS implementation on STM32Cube, please refer to UM1722
"Developing Applications on STM32Cube with RTOS".

@ par Directory contents
　　－ FreeRTOS/FreeRTOS_ThreadCreation/Src/main. c　　　　　　　Main program
　　－ FreeRTOS/FreeRTOS_ThreadCreation/Src/stm32f1xx_it. c　　　　Interrupt handlers
　　－ FreeRTOS/FreeRTOS_ThreadCreation/Src/system_stm32f1xx. c　　STM32F1xx system clock configuration
file
　　－ FreeRTOS/FreeRTOS_ThreadCreation/Inc/main. h　　　　　　　Main program header file
　　－ FreeRTOS/FreeRTOS_ThreadCreation/Inc/stm32f1xx_hal_conf. hHAL Library Configuration file
　　－ FreeRTOS/FreeRTOS_ThreadCreation/Inc/stm32f1xx_it. h　　　　Interrupt handlers header file
　　－ FreeRTOS/FreeRTOS_ThreadCreation/Inc/FreeRTOSConfig. h　　FreeRTOS Configuration file

@ par Hardware and Software environment
　　－ This example runs on STM32F1xx devices.

　　－ This example has been tested with STM32F103RB-Nucleo board and can be
　　　　easily tailored to any other supported device and development board.

@ par How to use it ?

In order to make the program work, you must do the following:
   – Open your preferred toolchain
   – Rebuild all files and load your image into target memory
   – Run the example

从例程的 readme. txt 文档可知，例程实现的功能是：演示如何使用 CMSIS RTOS API 实现线程（Thread，也称任务）的创建。同时，文档进一步描述了例程的功能和实现过程：创建两个具有相同优先级的线程（任务），它们的执行周期为 15s；其中前 5s 运行线程 1（每隔 0.25s LED2 闪烁 1 次）；随后，唤醒线程 2（就绪状态），线程 1 挂起；运行线程 2，LED2 闪烁 10s（每间隔 0.5s LED2 闪烁 1 次）；然后，唤醒线程 1（就绪状态），线程 2 挂起。

了解了例程实现的功能，我们可以编译例程，然后将例程下载到 Nucleo-F103RB 开发板（下载完成后按黑色的复位键运行程序），观察例程运行时，LED2 的闪烁状态是否与 readme. txt 文档描述的一致。观察运行结果：前 5s 线程 1 控制 LED2 闪烁的频率，比接下来 10s 线程 2 控制 LED2 闪烁的频率稍快（线程 1 是间隔 250ms，线程 2 是间隔 500ms），如此周而复始。

11.2.2　分析例程

分析例程，还是要从 main 函数入手。本例的 main 函数代码如下：

```
int main(void)
{
    /* STM32F103xB HAL library initialization    */
    HAL_Init();

    /* Configure the System clock to 64 MHz */
    SystemClock_Config();

    /* Initialize LED */
    BSP_LED_Init(LED2);

    /* Thread 1 definition */
    osThreadDef(THREAD_1,LED_Thread1,osPriorityNormal,0,configMINIMAL_STACK_SIZE);

    /*    Thread 2 definition */
    osThreadDef(THREAD_2,LED_Thread2,osPriorityNormal,0,configMINIMAL_STACK_SIZE);

    /* Start thread 1 */
    LEDThread1Handle=osThreadCreate(osThread(THREAD_1),NULL);

    /* Start thread 2 */
    LEDThread2Handle=osThreadCreate(osThread(THREAD_2),NULL);

    /* Set thread 2 in suspend state */
```

```
osThreadSuspend( LEDThread2Handle );

/ * Start scheduler * /
osKernelStart( );

/ * We should never get here as control is now taken by the scheduler * /
for ( ;; );

}
```

这里粗看 main 函数的大致结构，会感觉和外部中断的应用例程有点类似，前面是系统初始化或外设初始化部分，最后留一个 while 循环（这里是 for 循环），不过在 for 循环语句前有一句注释值得注意：

/ * We should never get here as control is now taken by the scheduler * /

也就是说，程序不允许运行到 for 循环语句，这还是与外部中断的例程有区别的。另外，该注释语句也提示，系统的控制权由调度器（scheduler）接手了。这就让我们不得不关注有关任务控制的另外 3 个函数：osThreadDef、osThreadCreate、osKernelStart。下面我们就通过开发工具 MDK-ARM 的右键菜单来认识这 3 个函数。

1. 线程定义函数 osThreadDef

main 函数初始化系统和系统时钟后，首先是调用 osThreadDef 函数定义两个线程：

```
/ * Thread 1 definition * /
osThreadDef( THREAD_1 , LED_Thread1 , osPriorityNormal , 0 , configMINIMAL_STACK_SIZE );

/ *    Thread 2 definition * /
osThreadDef( THREAD_2 , LED_Thread2 , osPriorityNormal , 0 , configMINIMAL_STACK_SIZE );
```

使用 MDK-ARM 的右键菜单可以发现，其实 osThreadDef 仅仅是一个宏定义，其功能是将参数赋值给一个结构体 osThreadDef_t 的成员变量。我们查看结构体 osThreadDef_t 的定义：

```
/// Thread Definition structure contains startup information of a thread.
/// \note CAN BE CHANGED: \b os_thread_def is implementation specific in every CMSIS-RTOS.
typedef struct os_thread_def  {
    char          * name;          ///<Thread name
    os_pthread    pthread;         ///<start address of thread function
    osPriority    tpriority;       ///<initial thread priority
    uint32_t      instances;       ///<maximum number of instances of that thread function
    uint32_t      stacksize;       ///<stack size requirements in bytes;0 is default stack size
} osThreadDef_t;
```

从结构体定义的注释中就可以简单了解其成员参数的意义：线程名称、线程函数地址（指针）、线程优先级、线程函数实例的最大个数、堆栈大小等。这里先对它们有一个感性（名称）的认识，在下一个函数中还会用到它们。

2. 线程创建函数 osThreadCreate

在 main 函数中定义两个线程后，紧接着就是调用 osThreadCreate 函数创建两个线程：

```
/* Start thread 1 */
LEDThread1Handle = osThreadCreate( osThread( THREAD_1), NULL);

/* Start thread 2 */
LEDThread2Handle = osThreadCreate( osThread( THREAD_2), NULL);
```

这里首先要看的是 osThread 函数，通过 MDK-ARM 的右键菜单找到其定义，读者会发现它其实是一个宏定义：

```
#define osThread( name)    &os_thread_def_##name
```

以 osThread(THREAD_1) 为例，就是 &os_thread_def_0，其在 main.c 中 THREAD_1 的定义是枚举类型 Thread_TypeDef，值为 0；而 C 语言宏定义中的连续两个"#"（即##）表示连接符（concatenate），因而 osThread(THREAD_1) 就是 osThread(0)，也就是 &os_thread_def_0。连接符（##）在宏定义 osThreadDef 中也有使用，刚好与这里一致，读者可以对照两者理解。

理解了 osThread(THREAD_1)，回头再看线程创建函数 osThreadCreate：

```
/**
 * @brief Create a thread and add it to Active Threads and set it to state READY.
 * @param thread_def thread definition referenced with \ref osThread.
 * @param argument pointer that is passed to the thread function as start argument.
 * @retval thread ID for reference by other functions or NULL in case of error.
 * @note MUST REMAIN UNCHANGED: \b osThreadCreate shall be consistent in every CMSIS-RTOS.
 */
osThreadId osThreadCreate ( const osThreadDef_t * thread_def, void * argument)
{
    TaskHandle_t handle;

    if ( xTaskCreate(( TaskFunction_t) thread_def->pthread, ( const portCHAR * ) thread_def->name,
                thread_def->stacksize, argument, makeFreeRtosPriority( thread_def->tpriority),
                &handle) != pdPASS) {
        return NULL;
    }

    return handle;
}
```

其实，内部调用是由 xTaskCreate 函数实现的，而函数 xTaskCreate 所用的实参就是前面定义线程语句 osThreadDef 赋值的结构体成员和 osThreadCreate 函数的参数 argument。读者可以通过《Mastering the FreeRTOS Real Time Kernel》的中文版本《FreeRTOS 实时内核使用指南》来学习 xTaskCreate 函数。

参数 thread_def->pthread 表示一个指向线程（任务）的实现函数的指针，其效果类似于函数名。

参数 thread_def->name 是描述线程函数的名称，但在 FreeRTOS 内部并不使用，只是用于辅助调试，方便程序员阅读代码。

参数 thread_def->stacksize 表示内核需要给该线程分配多大的栈空间。这里根据前面线程的定义，传入的参数是 configMINIMAL_STACK_SIZE，该值是在 FreeRTOSConfig.h 文件中定义的。通常这个值是线程运行所需栈的最小建议值，因此在定义线程时也可以传入比该值大的数，当然，设定值太大会造成内存资源（RAM 空间）浪费。

参数 argument 也是函数 osThreadCreate 的参数，是线程函数的指针。以 "osThreadCreate(osThread(THREAD_1),NULL);" 为例，参数 argument 就是空指针 NULL，线程函数对应的就是 os_thread_def_0->name，即 LED_Thread1，在 main.c 文件的 main 函数上方有该函数的声明：

```
static void LED_Thread1(void const * argument);
```

这就是第一个线程函数 LED_Thread1 的声明函数。创建该线程时，传入的参数为空 NULL。

参数 makeFreeRtosPriority(thread_def->tpriority) 用来设定线程运行的优先级。根据前面的定义，线程传入的参数是 osPriorityNormal，其在 cmsis_os.h 中的定义是 0。理解线程的优先级时，可以和微控制器内部的中断调用的优先级类比，就是在系统内部调用线程执行时，会先执行优先级高的线程（甚至出现高优先级线程抢占低优先级线程的情况）。但与 Cortex-M3 中断的优先级不同的是，线程的优先级定义数值小的优先级低，数值大的优先级高。

参数 handle 是创建线程的句柄，这个句柄将是后面所有线程控制函数要使用的参数。当然，如果 xTaskCreate 函数创建线程失败，则 handle 的值为 NULL。

最后，xTaskCreate 的返回值有两种可能：一种是创建线程成功，返回 pdTRUE（即代码中的 pdPASS）；另一种是 errCOULD_NOT_ALLOCATE_REQUIRED_MEMORY，表示内存堆栈空间不足，没有足够的空间用来保存线程结构数据和线程栈，因而无法创建线程。

> **【注意】** 如 osThreadCreate 函数定义前面的注释语句描述的那样，调用该函数创建线程，生成的线程并没有运行，而是被设定为就绪状态（State READY）。

3. 执行线程

完成线程定义、创建线程后，线程处于就绪状态，main 函数接下来通过调用 osKernelStart 执行线程：

```
/**
* @ brief Start the RTOS Kernel with executing the specified thread.
* @ param thread_def thread definition referenced with \ref osThread.
* @ param argument pointer that is passed to the thread function as start argument.
* @ retval status code that indicates the execution status of the function
* @ note MUST REMAIN UNCHANGED: \b osKernelStart shall be consistent in every CMSIS-RTOS.
*/
osStatus osKernelStart (void)
{
```

```
        vTaskStartScheduler( ) ;

        return osOK;
}
```

查看 osKernelStart 函数的定义可以发现，其功能是通过调用 vTaskStartScheduler 函数实现的。这是 FreeRTOS 的任务启动调度函数，它将在所有就绪状态线程中找到优先级最高（优先级的值最大）的线程首先运行。而我们创建的两个线程 LED_Thread1 和 LED_Thread2 的优先级是相同的，都是 osPriorityNormal，因此会根据在就绪队列中的创建顺序去执行，也就是先执行线程 LED_Thread1。

后续所有的工作都是由操作系统 FreeRTOS 的线程（任务）管理函数完成的，也就是系统会去执行创建的线程 LED_Thread1、LED_Thread2，而不会运行到 main 函数中的 for 循环语句。

4. 线程 LED_Thread1

接下来，我们看看线程函数的编写方式与普通函数相比有什么不同：

```
/ **
  * @ brief    Toggle LED2 thread
  * @ param    thread not used
  * @ retval None
  */
static void LED_Thread1( void const  * argument)
{
  uint32_t count = 0;
  ( void) argument;

  for ( ; ; )
  {
    count = osKernelSysTick( ) + 5000;

    / * Turn on LED2 */
    BSP_LED_On( LED2) ;

    while ( count > osKernelSysTick( ))
    {
      / * Toggle LED2 every 250ms */
      osDelay( 250) ;
      BSP_LED_Toggle( LED2) ;
    }

    / * Turn off LED2 */
    BSP_LED_Off( LED2) ;

    / * Resume Thread 2 */
```

```
        osThreadResume(LEDThread2Handle);
        /* Suspend Thread1 : current thread */
        osThreadSuspend(LEDThread1Handle);
    }
}
```

我们重点关注两个线程调度函数 osThreadSuspend 和 osThreadResume。

（1）osThreadSuspend 函数：其作用是挂起线程。查看其定义函数可以发现，函数内部是通过调用 vTaskSuspend 函数实现的。其参数是创建线程时 osThreadCreate 函数返回的任务句柄，当参数为 NULL 时，表示将线程挂起。这里，在线程 1 的实现函数内部实现 LED2 闪烁 5s 后，熄灭 LED2，调用 osThreadSuspend 函数，且传入参数为 LEDThread1Handle，即表示将线程 1 挂起。

【**注意**】在函数 osThreadSuspend 的调用函数 vTaskSuspend 内部，将线程 1 挂起后，LED_Thread1 函数就停止运行了，系统的任务调度函数会从就绪（Ready）队列中选择优先级最高的线程执行。根据前面的分析，就绪队列中余下的线程就是线程 2（LED_Thread2），该线程经过 osThreadCreate 函数创建后，进入就绪态并开始等待了。经过这样的线程调度，就实现了线程 1 运行 5s，然后切换到线程 2，线程 2 运行 10s 后，再经过线程调度函数切换回线程 1。

这里简单介绍线程的几种状态：就绪状态（Ready），即准备运行状态，线程创建后就进入该状态；运行状态（Running），每个时间点只能有一个线程在运行；挂起状态（Suspended），是一种非运行状态，像线程 1 那样，可由线程本身调用 vTaskSuspend 函数使其从运行状态进入挂起状态，也可以别的线程在运行状态调用 vTaskSuspend 函数，传入另外一个任务的句柄，使其进入挂起状态；阻塞状态（Blocked），这也是一种非运行状态，进入该状态的线程大多是等待延时或等待另一个线程传递数据，在同步或线程间通信时会经常遇到。图 11-1 所示为状态变换示意图。

（2）osThreadResume 函数：其功能是将线程从挂起状态变为就绪状态。通过 MDK-ARM 的右键菜单可以看到，该函数是通过调用 vTaskResume 函数实现的。从图 11-1 也可以看到，线程进入挂起状态是通过调用

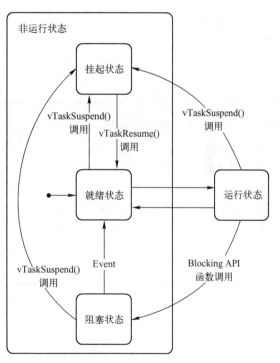

图 11-1　线程状态变换示意图

vTaskSuspend 函数实现的，而从挂起状态回到就绪状态要通过 vTaskResume 函数实现。

理解了 osThreadSuspend 函数和 osThreadResume 函数，再比较两个线程的实现代码，见

表 11-1，就容易理解程序的运行流程了。

表 11-1　两个线程的实现代码比较

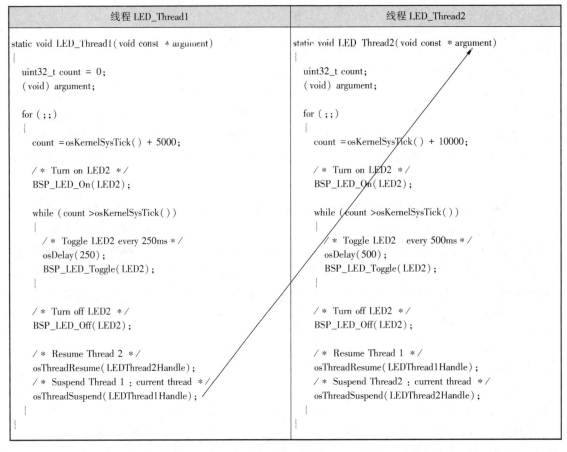

线程 LED_Thread1	线程 LED_Thread2
| ```c
static void LED_Thread1(void const * argument)
{
  uint32_t count = 0;
  (void) argument;

  for (;;)
  {
    count = osKernelSysTick() + 5000;

    /* Turn on LED2 */
    BSP_LED_On(LED2);

    while (count > osKernelSysTick())
    {
      /* Toggle LED2 every 250ms */
      osDelay(250);
      BSP_LED_Toggle(LED2);
    }

    /* Turn off LED2 */
    BSP_LED_Off(LED2);

    /* Resume Thread 2 */
    osThreadResume(LEDThread2Handle);
    /* Suspend Thread 1 : current thread */
    osThreadSuspend(LEDThread1Handle);
  }
}
``` | ```c
static void LED_Thread2(void const * argument)
{
  uint32_t count;
  (void) argument;

  for (;;)
  {
    count = osKernelSysTick() + 10000;

    /* Turn on LED2 */
    BSP_LED_On(LED2);

    while (count > osKernelSysTick())
    {
      /* Toggle LED2 every 500ms */
      osDelay(500);
      BSP_LED_Toggle(LED2);
    }

    /* Turn off LED2 */
    BSP_LED_Off(LED2);

    /* Resume Thread 1 */
    osThreadResume(LEDThread1Handle);
    /* Suspend Thread2 : current thread */
    osThreadSuspend(LEDThread2Handle);
  }
}
``` |

main 函数通过调用 osThreadCreate 函数创建两个线程，然后调用 osKernelStart 函数运行线程；线程 LED_Thread1 先运行 5s，每 250ms 闪烁一次；然后熄灭 LED2，调用 osThreadSuspend 函数将自身挂起，进入挂起状态。接着，系统 osKernelStart 函数会从就绪队列中找到线程 LED_Thread2 并运行该线程。该线程是使 LED2 每 500ms 闪烁 1 次，运行 10s 后，熄灭 LED2，调用 osThreadResume 函数唤醒线程 LED_Thread1 使其处于就绪状态；最后，调用 osThreadSuspend 函数将自身挂起。然后，系统 osKernelStart 函数会从就绪队列中找到线程 LED_Thread1，重新运行该线程，如此周而复始。两个线程循环执行的过程如图 11-2 所示。

图 11-2　两个线程循环执行的过程

11.2.3　重建例程

（1）新建文件夹：在 E:\KeilMDK 文件夹下新建 FreeRTOS 文件夹。

（2）新建 STM32CubeMX 工程，选择"Start My project from MCU"。

（3）选择微控制器：STM32F103RBTx。

（4）选择中间组件、配置 MCU 引脚：这一步比前面的例程多出的是要选择中间组件，即在左侧列表中设置 MiddleWares 中的 FREERTOS 为 CMSIS_V2。另外，和其他例程一样，还要配置 MCU 的引脚。通过前面的学习我们知道，例程的两个线程都用到的外设是 LED2，连接它的是 PA5，因此可以设置 PA5（连接 LED2）的工作模式为 GPIO_Output。同时，为了方便使用 ST-Link/V2 调试程序，可以在左侧列表中选择 Categories/System Core 的 SYS，设置 Debug 项为 Serial Wire 模式。另外，为了更好地观察线程运行过程，可以使用串口输出打印信息，设置 Connectivity 中 USART1 的工作模式 Mode 为 Asynchronous（异步模式），硬件控制流 Hardware Flow Control 为 Disable。具体配置结果如图 11-3 所示。

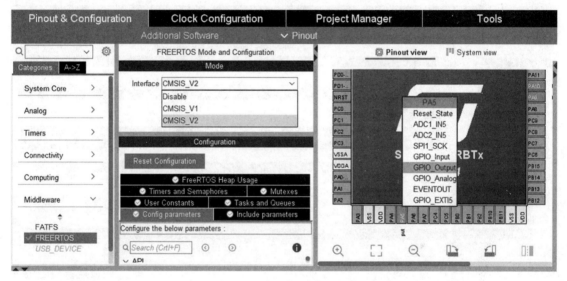

图 11-3　选择中间组件、配置 MCU 引脚

（5）保存 STM32CubeMX 工程：将工程保存在建立的 FreeRTOS 文件夹中，将其命名为 MyThreadCreation。

（6）生成报告。

（7）配置 MCU 时钟树：设置系统时钟 System Clock 的时钟源为 PLLCLK，设置 PLLMul 为 x16，最终设置 HCLK 为 64MHz；设置 APB1 Prescaler 为/2，PCLK1 为 32MHz。具体设置如图 11-4 所示。

（8）配置 MCU 外设：在 STM32CubeMX 主窗口的"Pinout & Configuration"标签页，有 4 个外设须要设置：FREERTOS、GPIO、USART1 和 NVIC。

☺ FreeRTOS：在"FREERTOS Mode and Configuration"窗口的"Tasks and Queues"标签页将默认任务 defaultTask 更名为 LED_Task01，修改 Entry Function 项为 StartTask1。另外，再仿照 LED_Task01 添加一个任务 LED_Task02。具体设置如图 11-5 所示。

有关 FreeRTOS 还有很多标签页，如 Config Parameters、Include Parmeters、FreeRTOS Heap

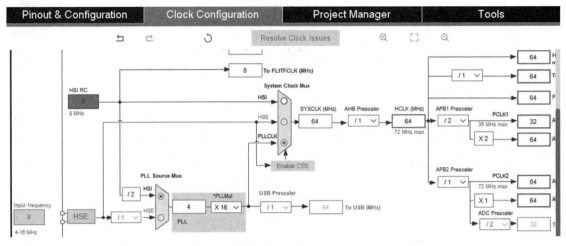

图 11-4　配置时钟树

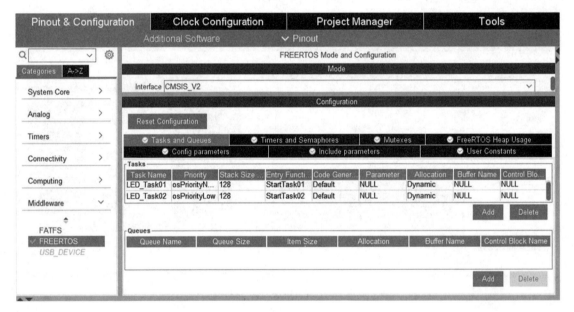

图 11-5　配置 FreeRTOS

Usage、Timers and Semaphores 等，读者可以参考例程中的 FreeRTOSConfig. h 学习了解。

　　☺ USART1：按照默认配置，不做修改（波特率使用默认的 115200bit/s），如图 11-6 所示。

　　☺ GPIO：为了与例程保持一致，将 PA5 引脚命名为 LED2（User Lebel 属性项），如图 11-7所示。

　　☺ NVIC：重点配置 SysTick、USART1 的抢占优先级（Preemption Priority），具体设置如图 11-8所示。

　　（9）生成 C 代码工程：如图 11-9 所示，选择 "Project Manager" 标签页，然后选择开发工具 MDK-ARM、软件版本：V5. 27 等。

　　配置工程后，单击 "GENERATE CODE" 按钮，生成 C 代码工程，并在 MDK-ARM 中打开该工程。

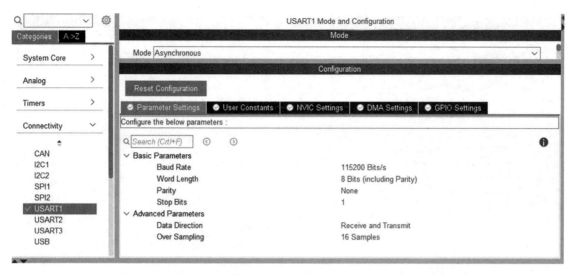

图 11-6　配置 USART1

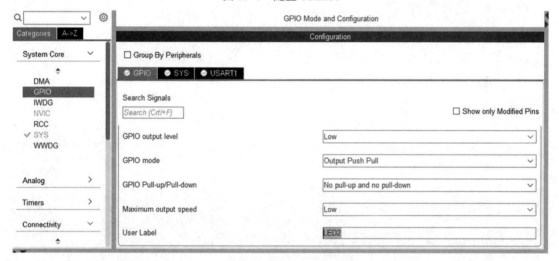

图 11-7　配置 GPIO

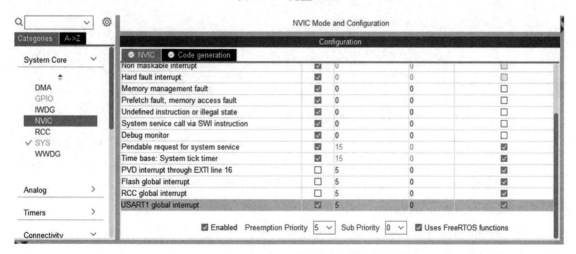

图 11-8　配置 NVIC

267

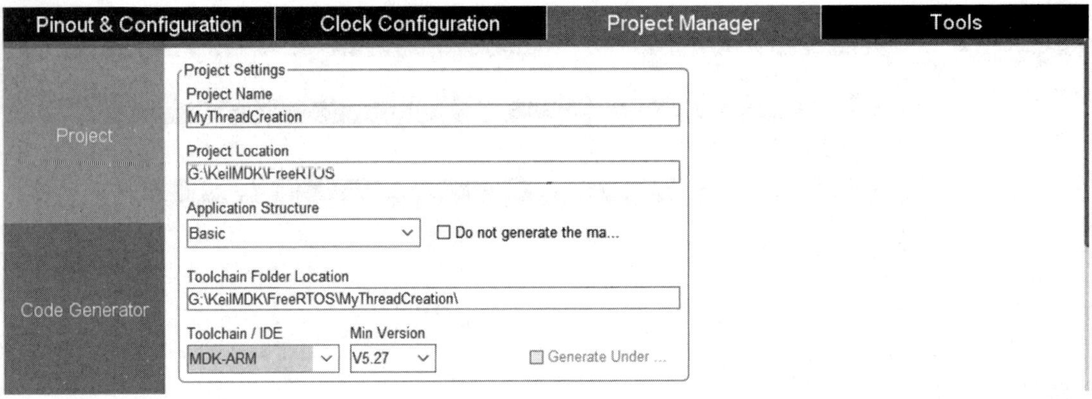

图 11-9　配置工程

（10）编译工程。

11.2.4　完善例程

通过 STM32CubeMX 重新生成工程后，我们将新建例程的 main 函数与 STM32CubeF1 软件包例程的 main 函数做比较，可以发现两个例程的 main 函数几乎是一样的，在新建例程的 main 函数中连创建线程的过程都有了：

```
/* Create the thread(s) */
/* definition and creation of LED_Task01 */
const osThreadAttr_t LED_Task01_attributes = {
    .name = "LED_Task01",
    .priority = (osPriority_t) osPriorityNormal,
    .stack_size = 128
};
LED_Task01Handle = osThreadNew(StartTask01, NULL, &LED_Task01_attributes);

/* definition and creation of LED_Task02 */
const osThreadAttr_t LED_Task02_attributes = {
    .name = "LED_Task02",
    .priority = (osPriority_t) osPriorityLow,
    .stack_size = 128
};
LED_Task02Handle = osThreadNew(StartTask02, NULL, &LED_Task02_attributes);
```

用 STM32CubeMX 创建例程时，选择的 FreeRTOS 是 CMSIS_V2，因此系统函数有些变化，这里用的是 osThreadNew，若选择 CMSIS_V1，FreeRTOS 就是例程中的 osThreadCreate。接下来，我们参照例程完善两个线程函数 StartTask01、StartTask02。

1. 修改线程函数 StartTask01

仿照例程的 LED_Thread01 函数，修改线程函数 StartTask01。注意，完善代码在/* USER CODE BEGIN 5 */与/* USER CODE END 5 */之间。

```c
/* USER CODE END Header_StartTask01 */
void StartTask01(void * argument)
{
  /* USER CODE BEGIN 5 */
  /* Infinite loop */
  uint32_t count = 0;
  (void) argument;

  for (;;)
  {
    count = osKernelSysTick() + 5000;

    /* Turn on LED2 */
    BSP_LED_On();

    while (count > osKernelSysTick())
    {
      /* Toggle LED2 every 250ms */
      osDelay(250);
      BSP_LED_Toggle();
    }

    /* Turn off LED2 */
    BSP_LED_Off();

    /* Resume Thread 2 */
    osThreadResume(LED_Task02Handle);
    /* Suspend Thread1 : current thread */
    osThreadSuspend(LED_Task01Handle);
  }
  /* USER CODE END 5 */
}
```

在复制例程代码时，要修改 osThreadResume 函数的参数为 LED_Task02Handle。另外，在线程函数中要用到 LED 的开关控制函数 BSP_LED_On、BSP_LED_Toggle、BSP_LED_Off，我们可以直接修改为 HAL_GPIO_WritePin 函数，也可以参考例程定义一个 BSP_LED_On、BSP_LED_Toggle、BSP_LED_Off 函数。注意，补充的三个函数要写在 main.c 文件的/* USER CODE BEGIN 4 */与/* USER CODE END 4 */之间，简单起见，我们将函数参数设置为空（void）：

```c
/* USER CODE BEGIN 4 */
/**
  * @brief  Turns selected LED On.
  * @param  Led: Specifies the Led to be set on.
```

```
     *     This parameter can be one of following parameters:
     *        @ arg LED2
     */
void BSP_LED_On( void)
{
    HAL_GPIO_WritePin( LED2_GPIO_Port, LED2_Pin, GPIO_PIN_SET);
}


/ **
    * @ brief    Turns selected LED Off.
    * @ param    Led: Specifies the Led to be set off.
    *     This parameter can be one of following parameters:
    *        @ arg LED2
    */
void BSP_LED_Off( void)
{
    HAL_GPIO_WritePin( LED2_GPIO_Port, LED2_Pin, GPIO_PIN_RESET);
}


/ **
    * @ brief    Toggles the selected LED.
    * @ param    Led: Specifies the Led to be toggled.
    *     This parameter can be one of following parameters:
    *                @ arg    LED2
    */
void BSP_LED_Toggle( void)
{
    HAL_GPIO_TogglePin( LED2_GPIO_Port, LED2_Pin);
}
/ * USER CODE END 4 */
```

2. 修改线程函数 StartTask02

和修改任务函数 StartTask01 一样，我们可以参考例程的 LED_Thread02 函数修改任务函数 StartTask02。注意，完善代码在/ * USER CODE BEGIN StartTask02 */与/ * USER CODE END StartTask02 */之间：

```
/ * USER CODE END Header_StartTask02 */
void StartTask02( void * argument)
{
    / * USER CODE BEGIN StartTask02 */
    / * Infinite loop */
    uint32_t count;
```

```
    (void) argument;

    for (;;)
    {
        count = osKernelSysTick() + 10000;

        /* Turn on LED2 */
        BSP_LED_On();

        while (count > osKernelSysTick())
        {
            /* ToggleLED2   every 500ms */
            osDelay(500);
            BSP_LED_Toggle();
        }

        /* Turn off LED2 */
        BSP_LED_Off();

        /* Resume Thread 1 */
        osThreadResume(LED_Task01Handle);
        /* Suspend Thread2 : current thread */
        osThreadSuspend(LED_Task01Handle);
    }
    /* USER CODE END StartTask02 */
}
```

至此，我们已经完成了例程 FreeRTOS_ThreadCreaton 的模仿工作，现在可以编译、下载新建工程到开发板，然后按一下复位键（黑色按键），运行程序，比较新建工程实现的功能与例程是否相同。

完成新建工程的运行之后，我们可以考虑补充 UART 打印提示信息的功能。

11.2.5　扩展例程

由于 Nucleo-F103RB 开发板上仅有一个 LED 可以在程序中控制，因此观察程序运行状态时并不是很清晰，所以考虑添加串口输出功能，在程序中通过串口输出提示信息来了解程序运行的状态。

在使用 STM32CubeMX 生成 C 语言工程时，我们已经配置了 UART1 外设，在例程的 main 函数中也通过 MX_USART1_UART_Init 函数对 USART1 进行了初始化，因此仅须补充一个串口输出函数。

1. 补充串口输出函数

我们可以参考第 7 章的例程 UART_TwoBoards_ComPolling 编写一个串口输出函数，将该代码补充在 main.c 文件的 /* USER CODE BEGIN 4 */ 与 /* USER CODE END 4 */ 之间：

```
void PrintInfo( uint8_t * pSend)
{
    while( * pSend ! ='\0')
    {
        if( HAL_UART_Transmit(&huart1,(uint8_t * )(pSend++),1,5000)! =HAL_OK)
        {
            Error_Handler( );
        }
    }
}
/ * USER CODE END 4 */
```

2. 修改线程 1 函数

在线程 1 函数 StartTask01 中调用 PrintInfo 函数打印提示信息，以方便观察程序运行的状态：

```
/ * USER CODE END Header_StartTask01 */
void StartTask01( void * argument)
{
  / * USER CODE BEGIN 5 */
  / * Infinite loop */
  uint32_t count = 0;
  (void) argument;

  for ( ;;)
  {
    count = osKernelSysTick( ) + 5000;

    / * Turn on LED2 */
    BSP_LED_On( );

    while (count > osKernelSysTick( ))
    {
      / * Toggle LED2 every 250ms */
      osDelay(250);
      BSP_LED_Toggle( );
    }

    PrintInfo( "Task 1 run second 5000 millisecond!\r\n");    / *补充打印提示信息 */
    / * Turn off LED2 */
    BSP_LED_Off( );

    / * Resume Thread 2 */
```

```
        osThreadResume(LED_Task02Handle);
        /* Suspend Thread 1 : current thread */
        osThreadSuspend(LED_Task01Handle);
    }
    /* USER CODE END 5 */
}
```

3. 修改线程 2 函数

在线程 2 函数 StartTask02 中调用 PrintInfo 函数打印提示信息，以方便观察程序运行的状态：

```
void StartTask02(void * argument)
{
    /* USER CODE BEGIN StartTask02 */
    /* Infinite loop */
    uint32_t count;
    (void) argument;

    for( ; ; )
    {
        count = osKernelSysTick() + 10000;

        /* Turn on LED2 */
        BSP_LED_On();

        while (count > osKernelSysTick())
        {
            /* Toggle LED2    every 500ms */
            osDelay(500);
            BSP_LED_Toggle();
        }

        /* Turn off LED2 */
        BSP_LED_Off();

        PrintInfo("Task 2 run 10000 millisecond!\r\n");
        /* Resume Thread 1 */
        osThreadResume(LED_Task01Handle);
        /* Suspend Thread2 : current thread */
        osThreadSuspend(LED_Task01Handle);
    }
    /* USER CODE END StartTask02 */
}
```

4. 编译、下载程序

完成修改、补充以上代码后，我们可以通过开发工具 Keil MDK-ARM 的快捷键 F7 重新编译例程，然后下载例程到开发板。

5. 硬件连接

仿照第 7 章连接串口的方式，连接 USB 转串口模块 PL2303HX 到开发板，将 PL2303HX 模块的黑色线（GND）插到开发板 CN10 接口的第 9 插针（GND）上，白色线（RXD）插到开发板 CN10 接口的第 21 插针（TXD）上，绿色线（TXD）插到开发板 CN10 接口的第 33 插针（RXD）上。开发板 Nucleo-F103RB 接口 CN10 的第 9、21、33 插针的具体位置如图 11-10 所示。

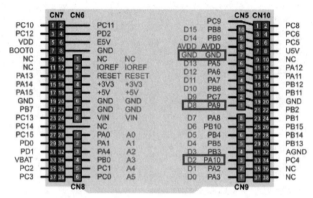

图 11-10　开发板 Nucleo-F103RB 接口

6. 串口接收

完成以上工作后，我们就可以在 PC 端打开串口调试助手，准备接收开发板串口输出的提示信息了。在打开串口之前，要根据在软件 STM32CubeMX 中配置串口的参数——波特率为 115200bit/s、字长为 8 位、停止位为 1 位、无校验位来配置串口调试助手；然后打开串口，按 Nucleo-F103RB 开发板上的复位键运行程序，观察接收信息。具体通信结果如图 11-11 所示。

在补充串口打印信息时，我们修改两个线程函数，将 PrintInfo 函数放在了 LED 控制之后，是否可以放在其前面呢，特别是放在 "count＝osKernelSysTick()＋5000;" 语句之前？读者可以尝试修改例程，看看 PrintInfo 函数放置的位置不同，程序是否会有不同的运行结果。

两个线程使用同一个硬件资源 UART1 时，为保证两个线程使用资源的独立性，就要用到信号量。有关信号量和 FreeRTOS，我们可以通过 UM1722：Developing applications on STM32Cube with RTOS 和 Mastering the FreeRTOS Real time kernel -a hands on tutorial guide、FreeRTOS V9.0.0 reference manual 深入学习。

另外，本书仅仅是引导读者通过使用图形配置工具 STM32CubeMX 生成 STM32 的 C 语言工程，从而快速使用 STM32 微控制器，想要深入学习 STM32 微控制器，还得借助于以下参考书：

☺ ARM Cortex-M3 权威指南；

☺ RM0008：STM32F10××× Reference manual；

☺ PM0056：STM32F10××× Cortex-M3 Programming manual；

☺ PM0075：STM32F10××× Flash memory microcontrollers；

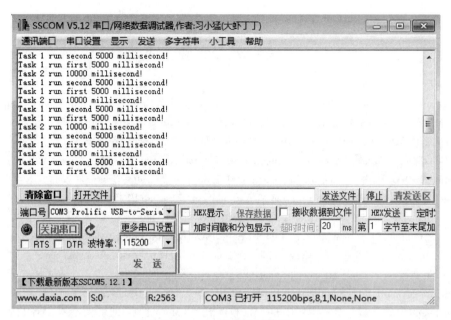

图 11-11　程序运行结果

☺ UM1850：Description of STM32F1×× HAL drivers。

同时，也可以参考 STM32CubeF1 软件包提供的大量实例来学习。软件包提供了 87 个 HAL 例程，其中不重复例程共 53 个，几乎涵盖了 STM32 微控制器的所有基本外设；它还提供了 30 个中间层应用例程，其中不重复例程共 20 个，涵盖了 EEPROM、FATFS、FreeRTOS、IAP、LwIP、STemWin、USB_Device、USB_Host 等所有中间层组件。

另外，有关 STM32CubeF1 软件包的中间层组件 FreeRTOS、FATFS、STemWin、USB Library、LwIP 等，还可以借助电商平台上开发板提供商提供的电子教程进行深入学习。例如，正点原子、秉火科技（野火）、大硬石科技、安富莱等都提供 FATFS、FreeRTOS、STemWin 相关的独立教程。

思考与练习

（1）通过 UM1722 学习 FreeRTOS 信号量、队列等相关内容。

（2）选择一家国内电商平台开发板卖家，深入学习其有关 FreeRTOS 的电子教程。

（3）初步了解 FatFS 的相关内容。

（4）初步了解 STemWin 的相关内容。

（5）初步了解 LwIP 的相关内容。

（6）初步了解 USB Device 和 USB Host 的相关内容。

（7）初步了解 EEPROM 和 IAP 的相关内容。

参 考 文 献

［1］ ARM. Cortex-M3 Technical Reference Manual(Revision r0p0 and Revision r2p1). http://www. arm. com.

［2］ ST. STM32F10xxx Reference manual(RM0008, Revision 10 and Revision 20). http://www. st. com.

［3］ ST. STM32F103xB datasheet(Revision 10 and Revision17). http://www. st. com.

［4］ ST. STM32F10xxx Cortex™-M3 programming manual(RM0056, Revision 6). http://www. st. com.

［5］ ST. STM32F10xxx Flash programming manual(RM0075, Revision 2). http://www. st. com.

［6］ ST. Getting started with STM32CubeF1 firmware package for STM32F1 series(UM1847, Revision 3). http://www. st. com.

［7］ ST. Description of STM32F1xx HAL drivers(UM1850, Revision 2). http://www. st. com.

［8］ ST. STM32Cube firmware examples for STM32F1 Series(AN4724, Revision 2). http://www. st. com.

［9］ Freescale Semiconductor, Inc. SPI Block Guide(Revision 4. 01). http://www. freescale. com.

［10］ Philips Semiconductors. I2S bus specification. http://www. philips. com.

［11］ Robert Bosch GmbH. CAN Specification(Revision 2. 0). http://www. bosch. com.

［12］（英）Joseph Yiu. 宋岩，译. ARM Cortex-M3 权威指南 ［M］. 北京：北京航空航天大学出版社，2009.

［13］ 谭浩强. C 程序设计 ［M］. 2 版. 北京：清华大学出版社，2000.

［14］ Brian W Kernighan, Dennis M Ritchie. C 程序设计语言 ［M］. 徐宝文，李志，译. 2 版（新版）. 北京：机械工业出版社，2004.

［15］ 林锐. 高质量程序设计指南——C++/C 语言 ［M］. 北京：电子工业出版社，2002.

［16］ 杨百军，王学春，黄雅琴. 轻松玩转 STM32 微控制器 ［M］. 北京：电子工业出版社，2016.